“十三五”精品课程规划教材——土建类

互联网+工学结合创新教材

建筑构造与施工图设计

JIANZHU GOUZAO YU SHIGONGTU SHEJI

主编 尹竣 徐运明 王江涛

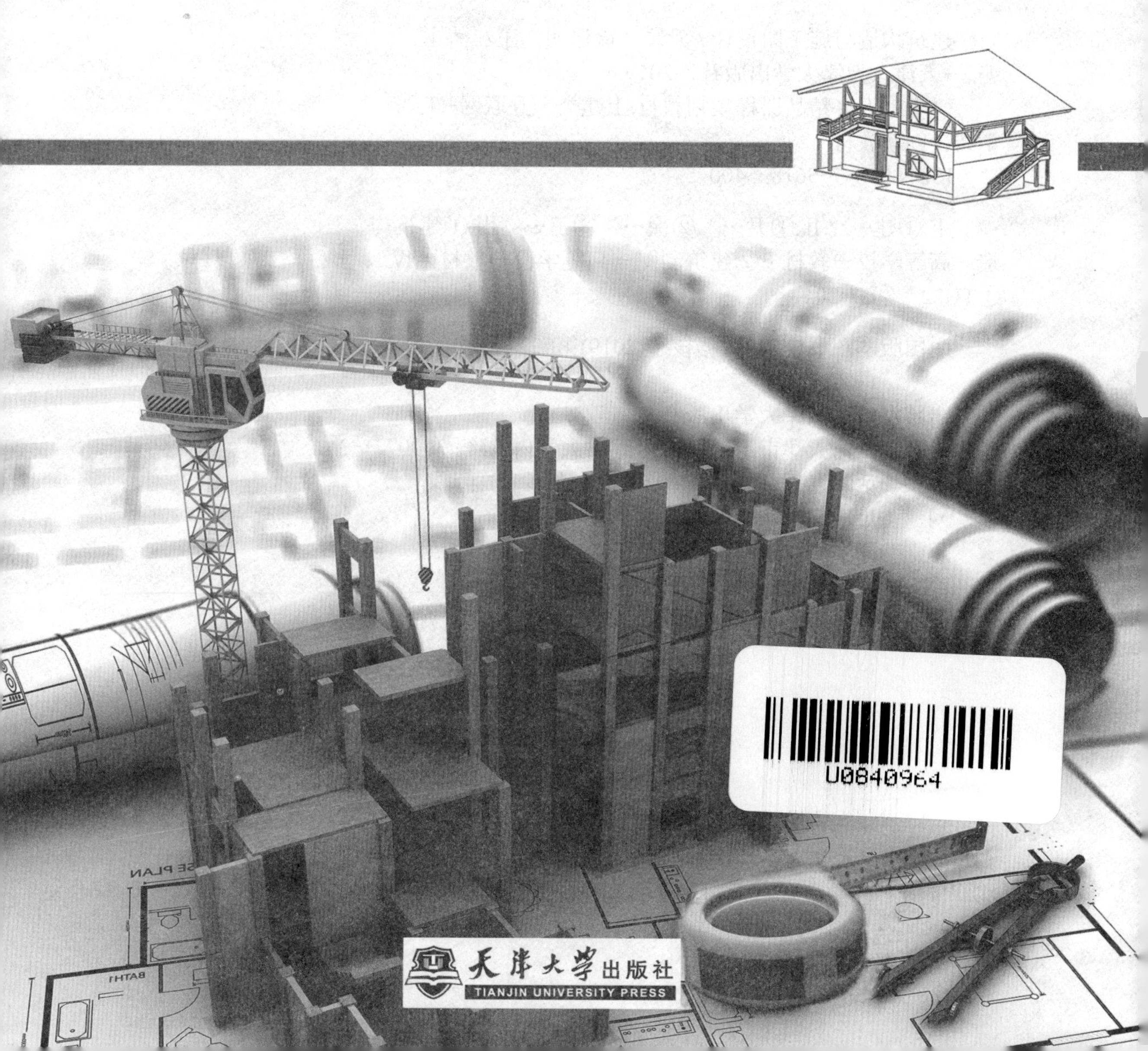

天津大学出版社
TIANJIN UNIVERSITY PRESS

图书在版编目(CIP)数据

建筑构造与施工图设计 / 尹竣，徐运明，王江涛主编. —天津：天津大学出版社，2019.6

“十三五”精品课程规划教材.土建类　互联网+工学结合创新教材

ISBN 978-7-5618-6400-5

Ⅰ.①建…　Ⅱ.①尹…　②徐…　③王…　Ⅲ.①建筑构造－高等学校－教材　②建筑制图－高等学校－教材　Ⅳ.①TU22　②TU204

中国版本图书馆CIP数据核字(2019)第093216号

出版发行　天津大学出版社
地　　址　天津市卫津路92号天津大学内(邮编:300072)
电　　话　发行部:022-27403647
网　　址　publish.tju.edu.cn
印　　刷　廊坊市鸿煊印刷有限公司
经　　销　全国各地新华书店
开　　本　185mm×260mm
印　　张　13.75
字　　数　343千
版　　次　2019年6月第1版
印　　次　2019年6月第1次
定　　价　42.00元

编委会名单

主　编　尹　竣　徐运明　王江涛

副主编　吴　凡　唐　妮　刘　兵　邹玉广

史　翔　王怀珠　刘　芳

前　　言

建筑构造是研究建筑物的构造组成、各组成部分的组合原理和构造方法的学科。其主要任务是根据建筑物的使用功能、技术经济和艺术造型要求，提供合理的构造方案，作为建筑设计的依据。

简单地说，建筑构造可以归纳为两句话：建筑由什么构成？怎么造？作为高职院校土建大类的一门专业核心课程，“建筑构造”课程的教学目标是让学生认知建筑（建筑由什么构成？）并学习建筑技术设计（怎么造？），其终极目标是让学生掌握施工图的绘制与设计，这是基于对学生今后工作岗位典型工作任务的分析得来的。因此，“建筑构造”课程不能只偏重对建筑的认知，而缺乏系统的实践环节，这会使学生学习的知识与将来就业岗位的工作任务间缺乏逻辑性关联，使得学生在学习过程中较为盲目，目的性不强，无法将书本上的知识串联起来。

我们编写本书的目的是将建筑构造知识与建筑施工图相关联，通过对建筑施工图规范要求的学习和建筑施工图的实践，串接传统的“建筑构造”知识点，让学生对知识点在实际工作中的应用有一个完整的体验，掌握建筑施工图设计与绘制的基本技能。

本书共8章，介绍了施工图的概念、建筑施工图的相关规定和施工图设计，重点介绍了建筑构造的六大部分，即墙体、楼地层、楼梯、屋盖、门窗、基础等的功能作用和特点。

本书由重庆艺术工程职业学院尹竣、王江涛和湖南城建职业技术学院徐运明担任主编；重庆艺术工程职业学院吴凡、唐妮，遵义职业技术学院刘兵，南京理工大学泰州科技学院邹玉广，河南财政金融学院史翔，山东理工职业学院王怀珠，湖南信息学院刘芳担任副主编。

由于时间仓促，编者水平有限，书中难免存在不足之处，恳请读者批评指正。

编　者

2019年5月

目　录

第 1 章 概论

1.1 施工图

1.1.1 施工图的概念

所谓施工图设计,是指在二阶段设计或者三阶段设计中,根据前面已批准的技术设计文件,详细给出各有关专业工程的尺寸、细部做法等,使得设计文件能够指导现场施工安装、安排材料设备、作出详细预算的最后阶段的设计工作。施工图的主要内容应包括:总平面、建筑、结构、给排水、电气、采暖通风及其他有关的专业设备系统的设计;精确详细地交代它们的位置净距、坐标、标高、构造形式、节点详图、用料做法、尺寸、坡向、材质型号、设备规格或选用的标准图纸构件详图索引号、施工安装的技术要求和特殊部位的检验方法等。

任何一个建筑设计,一定要实施(修建)才有意义,否则只能是空中楼阁,而一个建筑设计从方案创意阶段到实施阶段,必然要经过技术设计阶段,技术设计阶段中一个最主要的环节就是施工图设计。简单地说,施工队的工人在现场修建建筑,而设计师是在图纸上修建建筑,进而用图纸去指导工人(施工队)修建。

1.1.2 建筑施工图的相关规定

施工图根据工种、专业分为建筑施工图、结构施工图、水电施工图等很多种类,有关建筑设计的称为“建筑施工图”,简称“建施图”(JS)。

一般建筑施工图的内容包括 9 个部分:封面、目录、设计说明、平面图、立面图、剖面图、详图、门窗立面图及门窗表、计算书。

建筑施工图的相关规定(参见中华人民共和国住房和城乡建设部印发的《建筑工程设计文件编制深度规定(2016 版)》),在后面的章节中会详细讲述。

1.2 建筑构造

建筑构造是研究建筑物的构成以及各构成部分的组合原理和构造方法的学科,其主要任务是根据建筑物的使用功能、技术经济和艺术造型要求提供合理的构造方案,为建筑设计中综合解决技术问题及进行施工图设计、绘制大样图提供依据。

建筑构造作为建筑学的专业必修课,是实践性较强的综合技术学科,是建筑设计的重要组成部分,对建筑设计本身及其深化起着重要作用。其特点是实践性强、综合性强。

建筑构造的原理:综合多方面技术知识,根据多种客观因素,以选材、选型、工艺、安装为依据,研究各构配件及其细部构造的合理性,更有效地满足建筑的使用功能。

建筑构造的方法:在理论指导下,进一步研究如何运用各种材料有机组合各种构配件,并提出各构配件之间相互连接的方法以及这些构配件在使用中的安全防范措施。

1.2.1 建筑的构造组成

一幢建筑物一般由承重结构、围护结构和装修装饰配件等几个部分组成。按使用部位和功能的不同,其通常又可分为屋顶、墙柱、楼地层、楼梯、门窗和基础六大部分,如图 1-1 和图 1-2 所示。

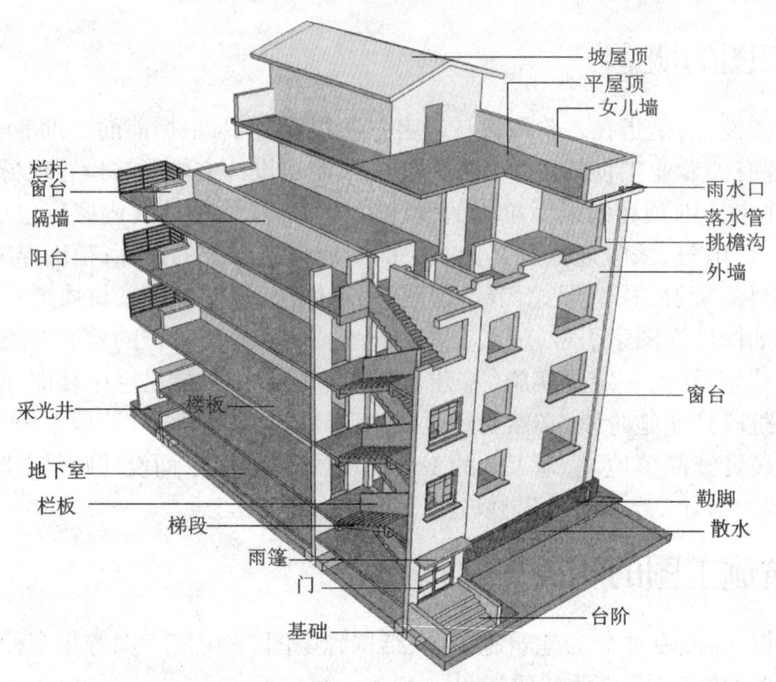

图 1-1 砖混结构建筑组成部分示意

每一种部件都有各自的功能、作用和特点。其中,基础是建筑地面以下的结构部件,整个建筑物通过基础支承在地基上;墙柱是房屋垂直向的支承结构,墙同时又是房屋空间的分隔和围护结构部件,除承重外还有隔声、保温等作用;楼地层是房屋的水平向部件,承受楼地面的荷载,其面层兼有装饰的作用;屋顶是房屋上部的围护结构部件,具有防雨雪和保温、隔热等作用;楼梯是上下层间的交通通道,同时也具有一定的装饰作用;门窗是空间的围护部件,其中门又是出入交通和屏障部件,窗是起采光、通风作用的必要部件。

例如坡屋顶,其中屋架、檩条是承重结构,承受屋面和风雪等荷载,同时又是房屋上部横向稳定结构;屋面是房屋上部的围护结构,能防雨、保温、隔热,它的形式、用料和色彩是房屋造型美观的重要条件;顶棚是室内上部空间装修的界面,也是室内照明、保温和装饰的一个重要方面。房屋的其他各组成部分与此类似。

因此,进行建筑设计时,在建筑构造上要综合考虑结构的选型、材料的选用、构配件的制造、施工的方法以及技术经济和艺术处理等各方面的问题,处理好整体和局部的关系,为建筑工程的实施提供合理和科学的条件。

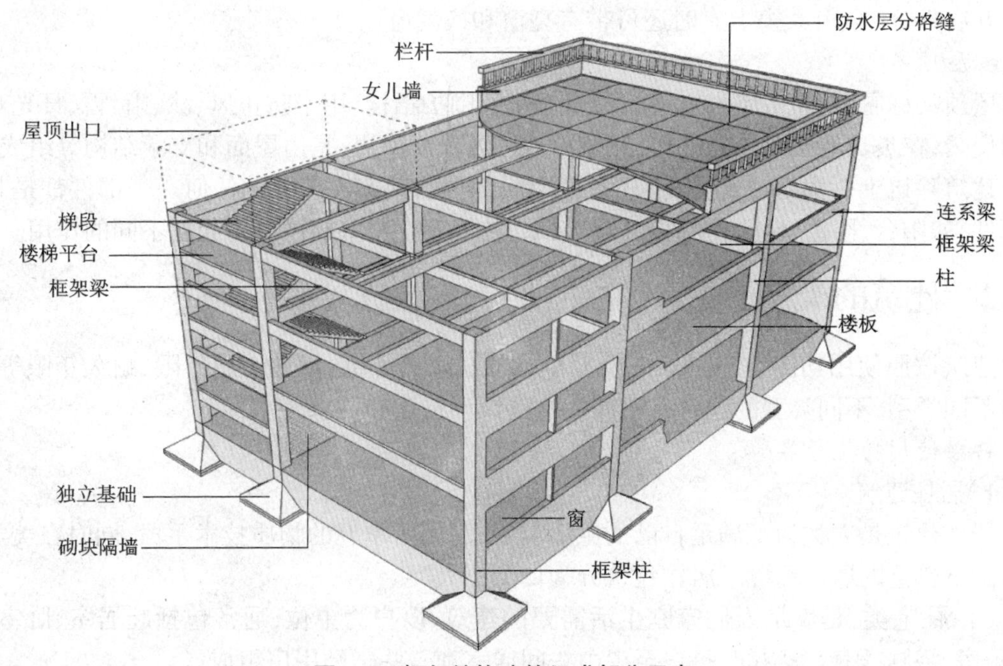

图 1-2　框架结构建筑组成部分示意

1. 基础

基础是将建筑物上部荷载传给地基的结构部分。其按埋置深度可分为浅基础、深基础和不埋基础等；按建筑材料可分为灰土基础、三合土基础、砖基础、毛石基础、毛石混凝土基础、混凝土基础和钢筋混凝土基础等；按基础变形特性可分为柔性基础和刚性基础；按结构形式可分为独立基础、条形基础、联合基础、筏式基础、箱形基础和桩基础等。

2. 墙柱

墙是指建筑物竖直方向起围护、分隔和承重等作用，并具有保温、隔热、隔声及防火等功能的主要构件。柱又称柱子，在古代文献中称为“楹”，为建筑中主要承受轴向压力的纵长形构件，一般用于支承梁、枋、屋架，常用木材、石材、砖等制成。

3. 楼地层

楼层又称楼盖、楼板层，是多、高层建筑物中沿高度方向水平分隔空间（上下两面临空）的承重构件。地层位于建筑底层，直接支承在地基上，承受房屋中家具、设备和人的荷载，并把这些荷载连同自身的重量直接传递给地基的地面构造。

4. 楼梯

楼梯又称扶梯，古称胡梯，是建筑物中楼层间垂直交通用的构件，一般由楼梯段（又称梯跑）、楼梯平台（休息平台）、楼梯栏杆（或栏板）、扶手等围护构件组成。

5. 门窗

门是指建筑物内、外或内部两个空间的出入口，它是联系或分隔建筑空间的可启闭的建筑构件，具有联系、分隔、保温、隔热、隔声、防护等功能。房屋外门是建筑立面处理的重点之一，必要时可加大门的尺度，以取得理想的立面效果。

窗是指为采光、通风、日照、眺望而装设在墙洞口中的建筑配件，它还具有保温与隔热功能，并对建筑立面有一定的装饰与美化作用。窗通常包括固定部分（窗框）和一个及一个以上可开启部分(窗扇),窗上有时还可带有亮窗和换气窗。

6. 屋顶

屋顶又称屋盖,是房屋最上层起覆盖作用的围护结构,用于防止风、沙、雨、雪、日光对室内的侵袭,在炎热地区要求能隔热,在寒冷地区要求能保温,是由屋面和支承结构等组成的。

建筑除以上六大组成部分外,还有些附属部分。其实建筑上的任何一个部件都是其附属部件,如阳台、雨篷、台阶、坡道、气囱、散水、装修等。这些部件分别起着不同的作用。

1.2.2 建筑的类型

建筑按照使用功能、修建量、规模大小、层数、耐火等级、设计使用年限、耐久年限等,可分为不同类型,不同类型的建筑有不同的构造设计特点和要求。

1. 按使用功能分类

1)居住建筑

居住建筑是人类为了满足自己的生活需要,利用所掌握的物质技术手段,同时在美学法则支配下创造的居住环境。居住建筑分为如下三大类。

(1)住宅类,是满足人们家庭生活需要的建筑,以户为单位,通常包括起居室、卧室、书房、厨房、浴厕、阳台等空间,每户至少由一间居室和一些辅助用房组成。

(2)宿舍类,供单身人员集体居住,由居室、浴厕和其他一些公共辅助空间组成。

(3)旅馆类,包括旅馆、招待所、休养所等,供人们短期居住、休养用,由客房、公共活动空间和各种服务用房组成。

居住建筑与人们的日常生活密切相关,因此要创造良好的日照、通风等条件。由于自然环境不同,各地区、各民族生活习惯的差异以及社会发展、生活方式的不断变化,人们在长期适应自然、改造自然的过程中创造了丰富多彩的居住建筑。

2)公共建筑

公共建筑是供人们进行各项社会活动的建筑物,按使用功能和特点,大致可分为以下几类:政治和文化教育类公共建筑,如纪念堂、博物馆、展览馆、图书馆、学校、幼儿园等;行政办公、科研建筑,如办公楼、科学实验室等;供游憩、娱乐、体育活动用的公共建筑,如剧场、电影院、俱乐部、体育场馆、公园等;供商业、旅游及其他服务事业用的公共建筑,如商场、旅馆、餐厅、医院、客运站、航空港等。此外,近年来集商业、行政办公和居住于一体的综合大楼也属公共建筑。公共建筑除要解决好面向广大群众和特殊要求的问题外,其建筑物的风格、规模、形体和外观必须符合城市的总体规划,要起到丰富城市面貌、改善地区环境质量的作用。

建筑按使用功能分类时应对照执行不同功能的设计规范。例如,在做一个旅馆建筑设计时,由于旅馆建筑既属于居住建筑,同时又属于公共建筑,所以既要查阅与居住建筑相关的规范,又要查阅旅馆建筑的相关规范。

2. 按修建量和规模大小分类

1)大量性建筑

大量性建筑是量大面广、与生活密切相关的建筑,如住宅、学校、商店、医院等。这类建筑在大中小城市和村镇都是不可少的,修建量大,故称大量性建筑。

2)大型性建筑

大型性建筑是指规模宏大的建筑,如大型办公楼、大型体育馆、大型剧院、大型火车站和航空港、大型博览馆等。这类建筑规模大、耗资多,与大量性建筑相比,修建量有限,但对城市面貌影响较大。

3. 按层数分类

根据《建筑设计防火规范(2018 版)》(GB 50016—2014)的规定,民用建筑根据其建筑高度和层数可分为单、多层民用建筑和高层民用建筑。高层民用建筑根据其建筑高度、使用功能和楼层的建筑面积可分为一类和二类。

1)单、多层民用建筑

对住宅建筑而言,单、多层民用建筑是指建筑高度不大于 27 m 的住宅建筑(包括设置商业服务网点的住宅建筑)。对公共建筑而言,单、多层民用建筑是指建筑高度大于 24 m 的单层公共建筑和建筑高度不大于 24 m 的其他公共建筑。

2)高层民用建筑

(1)一类高层民用建筑。对住宅建筑而言,一类高层民用建筑是指建筑高度大于 54 m 的住宅建筑(包括设置商业服务网点的住宅建筑)。对公共建筑而言,一类高层民用建筑是指:

①建筑高度大于 50 m 的公共建筑;

②建筑高度 24 m 以上部分任意楼层建筑面积大于 1 000 m^2 的商店、展览、电信、邮政、财贸金融建筑和其他多种功能组合的建筑;

③医疗建筑、重要公共建筑,独立建造的老年人照料设施;

④省级及以上的广播电视和防灾指挥调度建筑、网局级和省级电力调度建筑;

⑤藏书超过 100 万册的图书馆、书库。

(2)二类高层民用建筑。对住宅建筑而言,二类高层民用建筑是指建筑高度大于 27 m,但不大于 54 m 的住宅建筑(包括设置商业服务网点的住宅建筑)。对公共建筑而言,二类高层民用建筑是指除一类高层公共建筑外的其他高层公共建筑。

民用建筑按层数划分的目的是能够对照执行《建筑设计防火规范》。

4. 按耐火等级分类

民用建筑的耐火等级可分为一、二、三、四级。耐火等级按耐火极限和燃烧性能两个因素确定。一级耐火性能最好,四级最差。重要的或规模大、有代表性的建筑,通常按一、二级耐火等级设计;大量性的建筑一般按二、三级设计;次要的或临时建筑按四级设计。表 1-1 为不同耐火等级的建筑相应构件的燃烧性能和耐火极限的技术指标。

5. 按设计使用年限分类

建筑合理使用年限是指建筑主体结构的设计使用年限。按设计使用年限,建筑可分为如下四类。

(1)一类建筑:设计使用年限 5 年,适用于临时性建筑。

(2)二类建筑:设计使用年限 25 年,适用于易替换结构构件的次要建筑。

(3)三类建筑:设计使用年限 50 年,适用于普通建筑和构筑物。

(4)四类建筑:设计使用年限 100 年,适用于纪念性和特别重要的建筑物。

表 1-1 不同耐火等级建筑相应构件的燃烧性能和耐火极限 (h)

构件名称		耐火等级			
		一级	二级	三级	四级
墙	防火墙	不燃性 3.00	不燃性 3.00	不燃性 3.00	不燃性 3.00
	承重墙	不燃性 3.00	不燃性 2.50	不燃性 2.00	难燃性 0.50
	非承重外墙	不燃性 1.00	不燃性 1.00	不燃性 0.50	可燃性
	楼梯间和前室的墙 电梯井的墙 住宅建筑单元之间的墙和分户墙	不燃性 2.00	不燃性 2.00	不燃性 1.50	难燃性 0.50
	疏散走道两侧的隔墙	不燃性 1.00	不燃性 1.00	不燃性 0.50	难燃性 0.25
	房间隔墙	不燃性 0.75	不燃性 0.50	难燃性 0.50	难燃性 0.25
柱		不燃性 3.00	不燃性 2.50	不燃性 2.00	难燃性 0.50
梁		不燃性 2.00	不燃性 1.50	不燃性 1.00	难燃性 0.50
楼板		不燃性 1.50	不燃性 1.00	不燃性 0.50	可燃性
屋顶承重构件		不燃性 1.50	不燃性 1.00	可燃性 0.50	可燃性
疏散楼梯		不燃性 1.50	不燃性 1.00	不燃性 0.50	可燃性
吊顶(包括吊顶搁栅)		不燃性 0.25	难燃性 0.25	难燃性 0.15	可燃性

注:①除本规范另有规定外,以木柱承重且墙体采用不燃材料的建筑,其耐火等级应按四级确定;
②住宅建筑构件的耐火极限和燃烧性能可按现行国家标准《住宅建筑规范》中的相关规定执行。

6. 按建筑主体结构确定的耐久年限分类

(1)一级建筑:耐久年限为 100 年以上,适用于重要的建筑和高层建筑。

(2)二级建筑:耐久年限为 50~100 年,适用于一般性建筑。

(3)三级建筑:耐久年限为 25~50 年,适用于次要的建筑。

(4)四级建筑:耐久年限为 15 年以下,适用于临时性建筑。

此外,建筑还可以按照空间组合形式、主要承重结构及材料、结构形式等来进行分类,搞清楚这些不同形式的建筑,有助于我们今后的建筑设计。(详细内容请扫描二维码在补充知识 1-1 中查看)

1.2.3 影响建筑构造的因素和建筑构造的设计原则

1. 影响建筑构造的因素

影响建筑构造的因素包括自然因素和人为因素,主要体现在以下几个方面。

1)建筑的结构方式

不同的建筑会采用不同的结构方式,而建筑的结构方式的不同,必然会带来建筑构造措施的不同。如砖混结构建筑和框架结构建筑,由于两者结构方式不同,使用的材料必然不同,在一些细部的构造上也会采取不同的方式。

2)使用功能

建筑需要满足人体尺度和人体活动所需的空间尺度、家具设备尺寸及使用空间以及人们精神上所需求的空间,因而要求在建筑构造设计时,对构造实体、构造细部进行考虑。

3）自然界的影响

房屋要经受日晒、雨淋、冰冻、地下水侵蚀等影响，自然条件对建筑设计的影响非常大，建筑构造设计需要从气象条件、地形地质条件、地震烈度、水文条件、外界作用力等方面进行考虑，要在相关部位采取保温、隔热、防水、防冻等构造措施。

4）人为因素

人们从事的各种活动影响房屋的构造，如机械振动、化学腐蚀、爆炸、火灾等。因此，房屋在相应的部位要采取防震、耐腐蚀、隔声、防爆、防火等措施。

5）施工技术条件

施工技术条件包括材料供应及施工技术，建筑设计规范、规程、通则，建筑模数和模数制等方面。

6）建筑物理

建筑物理又称环境物理学，包括建筑热工学、建筑声学与建筑光学。建筑物理与建筑群规划、建筑设计及局部的建筑构造设计，甚至施工管理均有密切关系。

7）建筑经济因素

建筑经济因素对建筑构造的影响，主要指特定建筑的造价要求对建筑装修标准和建筑构造的影响。标准高的建筑，其装修质量和档次要求高，构造做法考究；反之，建筑构造只能采取一般的简单做法。因此，建筑的构造方式、选材、选型和细部做法需根据装修标准来确定。一般来说，大量性建筑多属一般标准的建筑，构造方法往往也是常规的做法，而大型性的公共建筑，标准则要求高，构造做法对美观性也更考究。

2. 建筑构造的设计原则

影响建筑构造的因素繁多，错综复杂的因素交织在一起，因此设计时需分清主次轻重，权衡利弊，进而妥善处理。一般来说，应符合以下构造设计原则：

（1）满足建筑使用功能的要求；

（2）坚固实用，确保结构安全；

（3）技术适宜，适应建筑工业化和建筑施工的需要；

（4）经济合理，注重社会、经济和环境效益；

（5）美观大方，注重美观。

1.2.4　建筑模数协调

1. 建筑模数

为了实现建筑工业化大规模生产产品标准化，使不同材料、不同形式和不同制造方法的建筑构配件、组合件具有一定的通用性和互换性，统一选定的协调建筑尺度的增值单位。建筑模数是指选定的尺寸基数，作为尺度协调中的增值单位，也是建筑设计、建筑施工、建筑材料与制品、建筑设备、建筑组合件等各部门进行尺度协调的基础，其目的是使构配件安装吻合，并有互换性，便于装配化建设。我国建筑设计和施工中，必须遵循《建筑模数协调标准》（GB/T 50002—2013）。

尺度协调：房屋构配件及其组合的房屋在尺度协调中与尺度有关的规则，供建筑设计、建筑施工、建筑设备制作和安装时采用。其目的是使构配件在现场组装时能相互吻合，无须割去或补充一部分,并使不同的构配件间有互换性。

构配件:由建筑材料制成的独立部件,其三个方向均有规定的尺寸。构配件是构件与配件之统称,构件如柱、梁、楼板、墙板、屋面板、屋架等,配件如门、窗、壁柜、窗帘盒等。

2. 基本模数

基本模数是模数协调中选用的基本尺寸单位,数值规定为 100 mm,符号为 M,即 1M=100 mm。建筑物和建筑部件以及建筑组合件的模数化尺寸,应是基本模数的倍数,目前世界上绝大部分国家均采用 100 mm 作为基本模数值。

3. 导出模数

导出模数指基本模数的倍数(扩大模数)或分数(分模数)。它是组成模数数列的基础,其基数应符合下列规定。

(1)扩大模数指基本模数的整数倍,扩大模数的基数为 3M、6M、12M、15M、30M、60M,共 6 个,其相应的尺寸分别为 300 mm、600 mm、1 200 mm、1 500 mm、3 000 mm、6 000 mm。扩大模数主要作为建筑尺寸,各国所采用的扩大模数不一样,我国的建筑扩大模数主要采用 3M。

(2)分模数指整数除基本模数的数值,分模数的基数为 M/10、M/5、M/2,共 3 个,其相应的尺寸为 10 mm、20 mm、50 mm。分模数主要为大样节点尺寸和构配件断面尺寸。

4. 模数数列

模数数列是以基本模数、扩大模数、分模数为基础扩展成的一系列尺寸。在各类型建筑的应用中,其尺寸统一与协调应减小尺寸的范围,但又应使尺寸叠加和分割有较大的灵活性。常用的模数数列见表 1-2。

表 1-2　常用的模数数列 (mm)

模数名称	基本模数	扩大模数						分模数		
模数基数	1M	3M	6M	12M	15M	30M	60M	M/10	M/5	M/2
模数数值	100	300	600	1 200	1 500	3 000	6 000	10	20	50
模数数列	100	300						10		
	200	600	600					20	20	
	300	900						30		
	400	1 200	1 200	1 200				40	40	
	500	1 500			1 500			50		50
	600	1 800	1 800					60	60	
	700	2 100						70		
	800	2 400	2 400	2 400				80	80	
	900	2 700						90		
	1 000	3 000	3 000		3 000	3 000		100	100	100
	1 100	3 300						110		
	1 200	3 600	3 600	3 600				120	120	
	1 300	3 900						130		

续表

模数名称	基本模数	扩大模数						分模数		
模数数列	1 400	4 200	4 200					140	140	
	1 500	4 500			4 500			150		150
	1 600	4 800	4 800	4 800				160	160	
	1 700	5 100						170		
	1 800	5 400	5 400					180	180	
	1 900	5 700						190		
	2 000	6 000	6 000	6 000	6 000	6 000	6 000	200	200	200
	2 100	6 300							220	
	2 200	6 600	6 600						240	
	2 300	6 900								250
	2 400	7 200	7 200	7 200					260	
	2 500	7 500			7 500				280	
	2 600		7 800						300	300
	2 700		8 400	8 400					320	
	2 800		9 000		9 000	9 000			340	
	2 900		9 600	9 600						350
	3 000				10 500				360	
	3 100			10 800					380	
	3 200			12 000	12 000	12 000	12 000		400	400
	3 300					15 000				450
	3 400					18 000	18 000			500
	3 500					21 000				550
	3 600					24 000	24 000			600
						27 000				650
						30 000	30 000			700
						33 000				750
						36 000	36 000			800
										850
										900
										950
										1 000
应用范围	主要用于建筑物层高、门窗洞口和构配件截面	1. 主要用于建筑物的开间或柱距、进深或跨度、层高、构配件截面尺寸和门窗洞口等处 2. 扩大模数 30M 数列按 3 000 mm 进级，其幅度可增至 360M；60M 数列按 6 000 mm 进级，其幅度可增至 360M						1. 主要用于缝隙、构造节点和构配件截面等处 2. 分模数 M/2 数列按 50 mm 进级，其幅度可增至 10M		

模数制是建筑模数尺寸协调标准，规定了总则、适用范围、基本模数、导出模数、模数数列、模数空间及定位系列和模数协调原则等。

5. 模数协调

在基本模数或扩大模数基础上的尺度协调,其目的是减少构配件的尺度变化,使房屋设计者在排列构配件时有更大的灵活性。在满足设计要求的前提下,建筑应尽可能减少构配件类型,达到标准化、系列化、通用化,从而发挥效益。不同建筑物、构筑物及其构配件的尺寸,在协调时要遵循一定的规则,使得在组合时,尺寸能协调一致,组合体具有互换性,能最大限度减少构配件的规格类型。

1)模数化空间网格

把建筑看作三向直角坐标空间网格的连续系列,当三向均为模数尺寸时,称为模数化空间网格(图 1-3),网格间距应等于基本模数或扩大模数。房屋是三向直角坐标空间网格,三向均为模数尺寸时为模数化空间网格,三向直交面中的一个应是水平的,网格中相邻两个平面间的距离应等于基本模数或扩大模数,但空间网格的三向或一向可采用不同的扩大模数,如图 1-4 至图 1-7 所示。

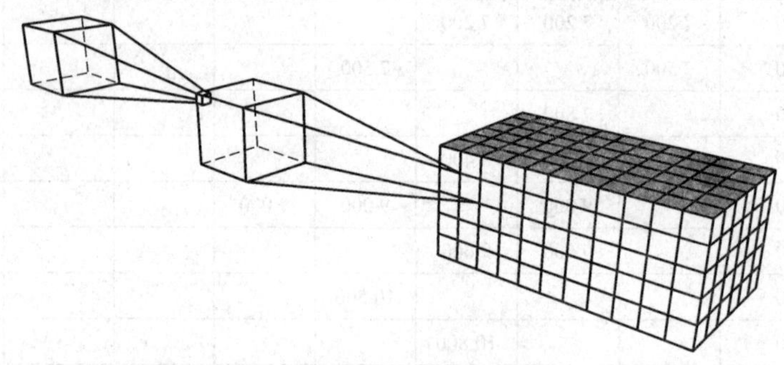

图 1-3 模数化空间网格示例

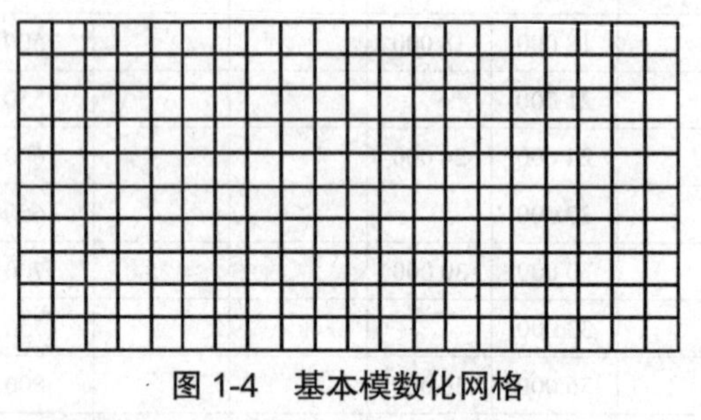

图 1-4 基本模数化网格

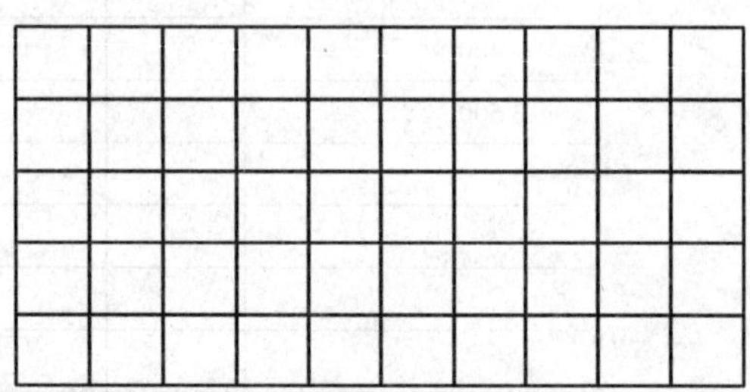

图 1-5 网格两向采用相同的扩大模数

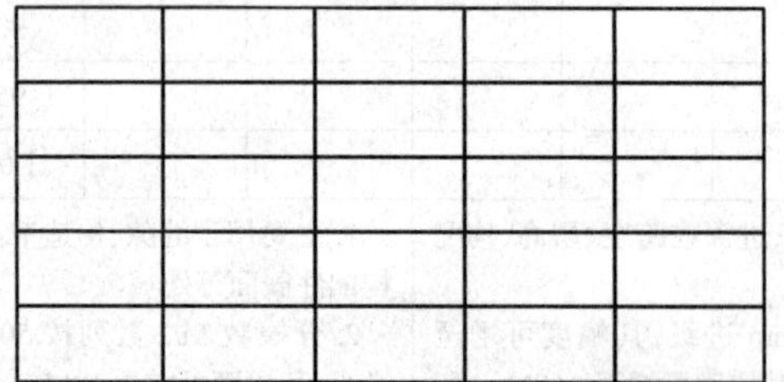

图 1-6 网格两向采用不同的扩大模数

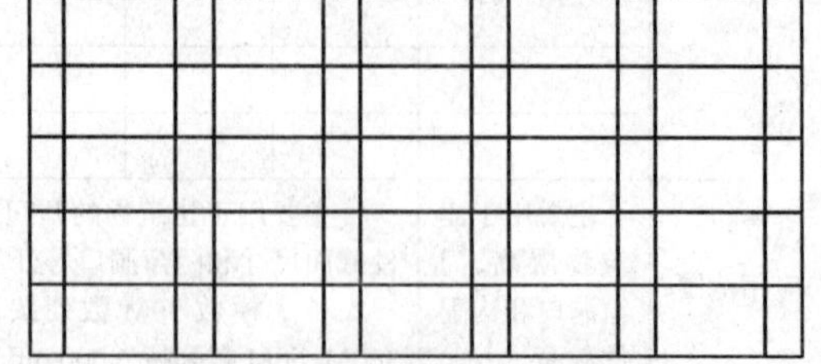

图 1-7 大小相间的模数化网格

表 1-3 为常用的砖混结构、大板结构住宅的开间、进深以及层高的参数,在设计时可参考使用。

表 1-3　砖混结构、大板结构住宅常用参数

名称	单位	数值
开间	mm	2 100、2 400、2 700、3 000、3 300、3 600、3 900、4 200
进深	mm	3 000、3 300、3 600、3 900、4 200、4 500、4 800、5 100、5 400、5 700、6 000
层高	mm	2 600、2 700、2 800

2）定位轴线

在模数化网格中，平面上确定主要结构位置关系的线，如确定开间或柱距、进深或跨度的线，称为定位轴线。除定位轴线以外的网格线均为定位线，定位线用于确定模数化构件尺寸。定位轴线如图 1-8 和图 1-9 所示。

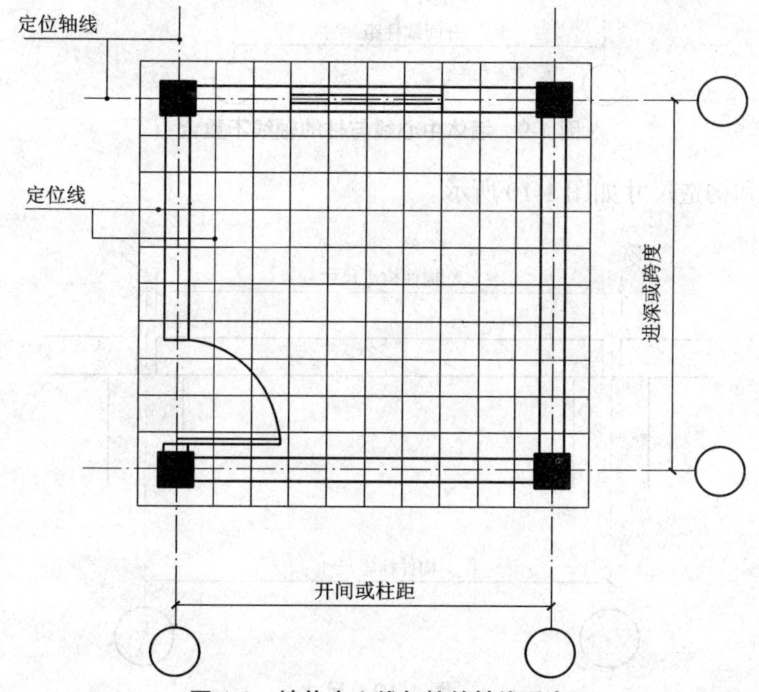

图 1-8　墙体中心线与柱的轴线重合

在实际设计中，不同结构类型（如墙承重、框架等）对定位轴线有不同的要求，目的是达到标准化、系列化、通用化，充分发挥投资效益。

3）几种尺寸

（1）标志尺寸：符合模数数列规定，用于标注建筑定位轴线、定位线之间距离（如开间或柱距、进深或跨度、层高等）以及建筑构配件、建筑组合件、建筑制品、建筑设备等界限之间的尺寸。

（2）构造尺寸：建筑构配件、建筑组合件、建筑制品等的设计尺寸。一般情况下标志尺寸扣除预留缝隙即为构造尺寸。

（3）实际尺寸：建筑构配件、建筑组合件、建筑制品等生产制作后的尺寸。实际尺寸与构造尺寸间的差数应符合建筑公差的规定。

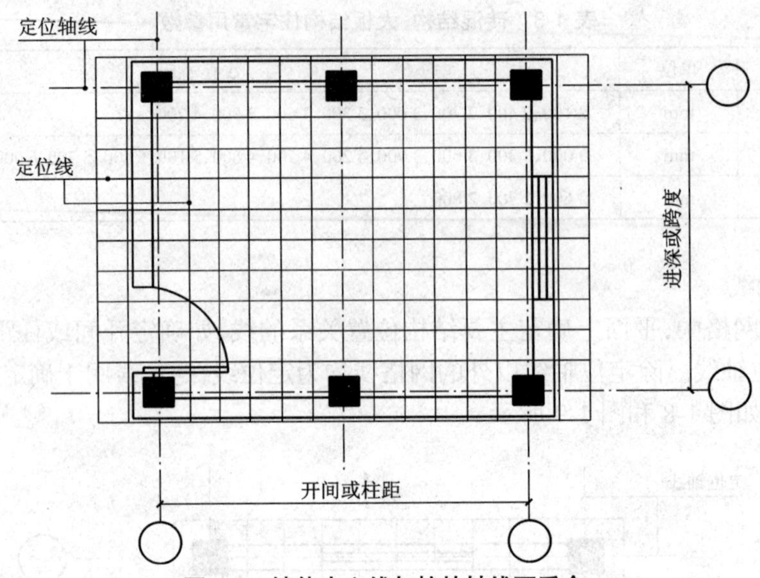

图 1-9 墙体中心线与柱的轴线不重合

标志尺寸和构造尺寸如图 1-10 所示。

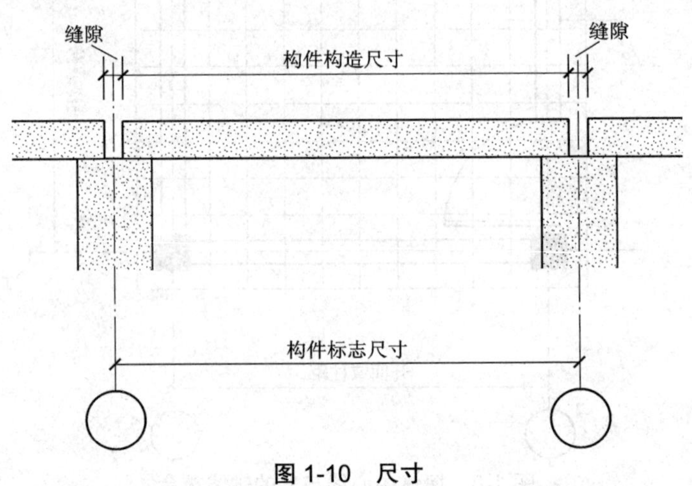

图 1-10 尺寸

6. 标高

标高分为相对标高和绝对标高。绝对标高是指任意一点相对于青岛黄海平均海平面的高度。如某地区建筑用地一点的绝对标高标注为 80.10 m，则表示该点较青岛地区黄海平均海平面高 80.10 m，绝对标高一般用于地形图及总平面图。

相对标高以建筑物的首层地面（完成表面）为起始点（称为相对标高的零点），表示某处距首层地面的高度，其尺寸数字写在标高符号的横线上方，如 ±0.000 。高于零点的为“正”，但在写尺寸数字时前面不写“+”号，如每层楼高为 3 m，三层楼地面的标高应写成 6.000 ；低于零点的为“负”，在尺寸数字前面应加符号“-”，如 -0.450 。相对标高表示建筑物各楼层及主要构件的完成表面与首层室内地面的高度差。

复习思考题

1. 什么是建筑施工图？建筑施工图的主要内容有哪些？
2. 什么是建筑构造？
3. 建筑的构造组成有哪些？
4. 建筑是如何进行分类的？
5. 简述建筑按使用功能分类的意义。
6. 简述民用建筑按层数划分的意义。
7. 民用建筑按设计使用年限如何分类？
8. 什么是建筑模数？有哪些？
9. 什么是标高？它是如何规定的？

第 2 章　墙体

2.1　墙体的类型及设计要求

2.1.1　墙体的类型

1. 按墙所处位置及方向分类

（1）墙体按所处位置可以分为外墙和内墙，如图 2-1 所示。

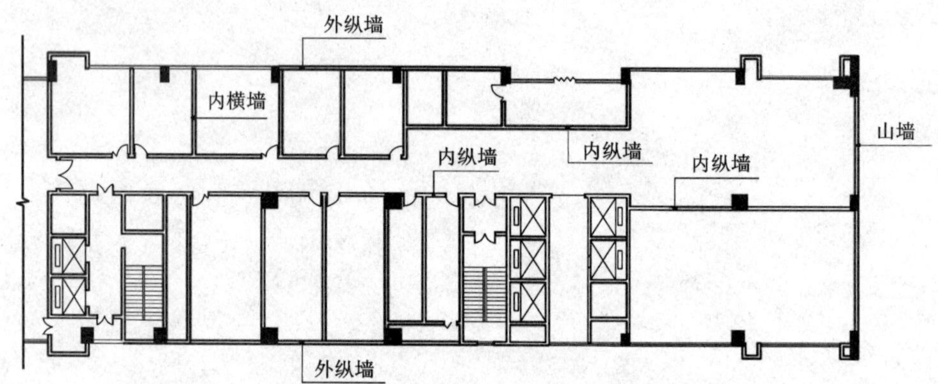

图 2-1　墙体按所处位置及方向分类

外墙是指建筑物的外围护墙体，按受力状态分为承重外墙和非承重外墙。外墙直接和大自然接触，要防风霜雨雪的侵袭、太阳辐射及声音干扰的影响和满足环境对建筑外观的要求等。应根据当地气候和室内使用条件，合理选择墙体材料、厚度和构造方式，使其满足隔热、保温、隔声等要求。如为承重墙，则要核算其强度和稳定性。

内墙是指建筑物内部的墙体，将室内分为各种不同使用要求的空间或房间。沿房屋短轴方向布置的墙体称为横向内墙（或内横墙）；沿长轴方向布置的称为纵向内墙（内纵墙）。不承重的内墙称为隔墙。应根据房屋等级及使用功能，选择墙体材料、厚度及构造方式，以达到一定的隔声、耐久及承重等能力。对有吸声、反射声光及艺术等特殊要求的内墙，可通过墙面做相应的构造处理。

（2）墙体按布置方向又可以分为纵墙和横墙。沿建筑物长轴方向布置的墙称为纵墙，沿建筑物短轴方向布置的墙称为横墙，如图 2-1 所示。在中国传统木结构建筑中，外横墙俗称山墙。此外，还有檐墙等概念，详细内容请扫描二维码在补充知识 2-1 中查看。

（3）按墙体与门窗位置的关系，平面上窗洞口之间的墙体可以称为窗间墙，立面上下窗洞口之间的墙体可以称为窗下墙。

（4）补充知识。进行建筑设计时，经常会接触到开间、进深的概念；在一些古建筑中，还会出现面阔等概念，弄清楚这些概念，有助于我们更好地进行设计（详细内容请扫描二维码在补充知识2-2中查看）。

2. 按受力情况分类

墙体按竖向的受力情况分为承重墙和非承重墙两种，如图2-2所示。

（1）承重墙，承受上部结构传来的荷载及自重的墙体，可用砖、石砌筑，也可用现浇混凝土或预制钢筋混凝土板材建造。除满足围护要求外，还要核算其强度和稳定性。当前黏土砖仍是砌筑墙体的一种基本材料，常用于多层建筑。利用围护构件的强度来承重是一种经济合理的承重方式，今后仍会普遍采用，但墙体所需的材料、生产和施工方法等还需进一步革新。

（2）非承重墙，不承受外来荷载的墙体，包括只承受自重的自承重墙，不承受自重的填充墙、悬挂墙和隔墙等，主要满足保温隔热、隔声等围护构件的要求以及自身的稳定性。

①自承重墙，不承受屋顶、楼板和梁等的荷载，仅承受自身重量，各层的自重直接由墙的基础传至地基，如图2-2所示。

②填充墙，框架结构中的墙体，如图2-3所示。墙作为框架间的填充构件，不起承重作用，只起围护和分隔作用。为了尽量减轻自重，一般采用黏土多孔砖、空心砖或预制的轻质保温复合墙板。

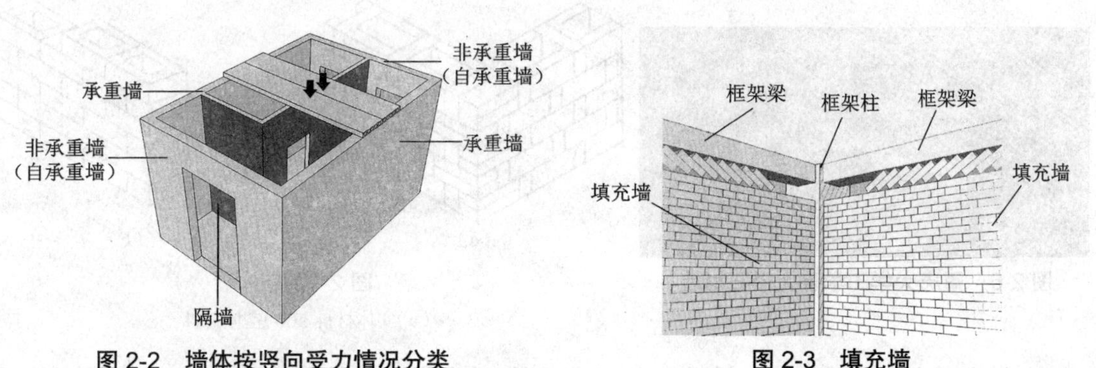

图2-2　墙体按竖向受力情况分类

图2-3　填充墙

③隔墙，分隔建筑物内部空间的墙，如图2-4所示。隔墙不承受外来荷载，且本身重量由梁或楼板来承受，一般要求轻、薄，有良好的隔声性能。对于不同等级的建筑物或不同功能的房间，隔墙有不同的要求，如高层建筑或厨房的隔墙应具有耐火性能；盥洗室等用水房间的隔墙应具有防潮能力；此外还有适应使用空间分隔的变化，易于装卸等要求。常见的隔墙有立筋抹灰、立筋面板、块材、板材、复合板及玻璃隔墙等多种构造类型。

④悬挂墙，又称幕墙，是以悬挂方式支承在建筑物主体结构（柱、梁、内承重墙等）上的非承重轻质外墙，如图2-5所示。墙体自重轻、形式多样，可用单一材料或多种材料复合制成，一般用支架安装在主体结构上，安装位置可以填充在框架间，也可贴附在框架外侧，也有填充与贴附相结合的。幕墙具有减轻建筑物自重、不用湿作业、改善劳动条件、提高施工速度、造型美观等优点，在多层及高层建筑中得到较多的应用。

图 2-4 隔墙

图 2-5 悬挂墙

3. 按材料及构造方式分类

墙体按构造方式可以分为实体墙、空体墙和组合墙三种。

（1）实体墙，由单一材料组成，如普通砖墙、石材墙、实心砌块墙、混凝土墙、钢筋混凝土墙等，如图 2-6 所示。

（2）空体墙，也是由单一材料组成，既可以用单一实体材料砌成内部空腔，例如空斗砖墙；也可用具有孔洞的材料建造墙，如空心砌块墙、空心板材墙等，如图 2-7 所示（图（a）为单一实体材料砌成空腔，图（b）为空体材料）。

图 2-6 重庆大学工学院大楼石材墙

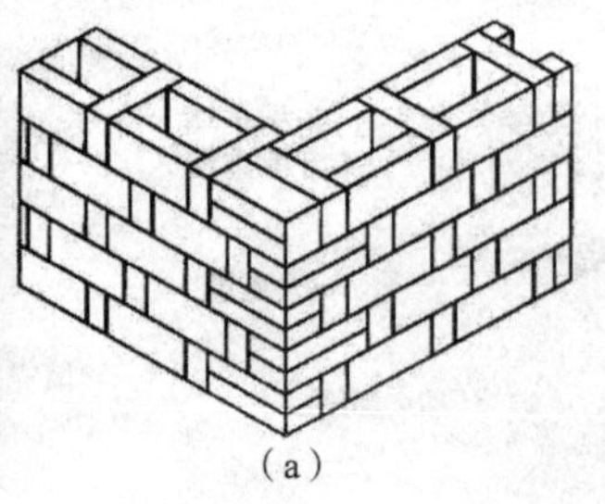

（a）

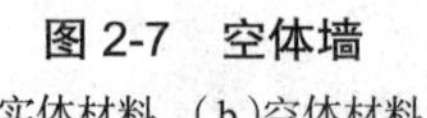

（b）

图 2-7 空体墙

（a）实体材料 （b）空体材料

（3）组合墙，由两种以上材料组合而成，例如砖混结构建筑外墙外保温复合墙，其中既有起承重作用的砖，又有起保温隔热作用的保温材料，如图 2-8 所示。

图 2-8 外墙外保温复合墙

4. 按施工方法分类

墙体按施工方法可分为块材墙、板筑墙及板材墙三种。

（1）块材墙，用砂浆等胶结材料将砖石等块体材料按一定规律组砌而成，如砖墙、石墙、各种砌块墙等，如图 2-9 所示。

图 2-9　块材墙

（2）板筑墙，在现场立模板，现浇而成的墙体，例如现浇混凝土墙、板筑土墙等，如图 2-10 所示。

（3）板材墙，预先制成墙板，施工时安装而成的墙，例如预制混凝土大板墙、各种轻质条板内隔墙等，如图 2-11 所示。板材尺寸大、坚固耐久、有一定的保温隔热性能，可用单一材料做成，也可用多种材料做成。

图 2-10　板筑墙

图 2-11　板材墙

2.1.2　墙体的设计要求

墙体的设计要求主要有两个方面：一是作为砖混结构建筑的主要承重构件，满足结构方面的要求，选择合理的墙体承重结构布置方案；二是作为围护构件还应具有保温、隔热、隔声、防火、防潮等功能。

1. 结构方面的要求

所谓结构，广义上是指建筑物和构筑物及其相关组成部分的实体；狭义上是指建筑的承重骨架。

1）结构布置方案

结构布置指墙、梁、板、柱等结构构件在房屋中的总体布局。砖混结构建筑的结构布置方案，通常有横墙承重、纵墙承重、纵横墙双向承重、半框架承重几种方式。

（1）横墙承重体系，如图 2-12 所示，是将楼板两端搁置在横墙上，纵墙只作为自承重墙，竖向荷载主要由横墙承受的体系。荷载传递路线：楼板—横墙—基础—地基。优点：房屋的空间刚度较大，整体性较好，受地基不均匀沉陷的影响较小。

（2）纵墙承重体系，如图 2-13 所示，与横墙承重体系相反，纵墙作为承重墙搁置楼板，横墙为自承重墙，竖向荷载主要由纵向墙体承受。荷载传递路线：楼板—梁（若设梁）—纵墙—基础—地基。优点：房屋空间较大，有利于空间灵活布置。缺点：整体刚度较差，对抗震不利。

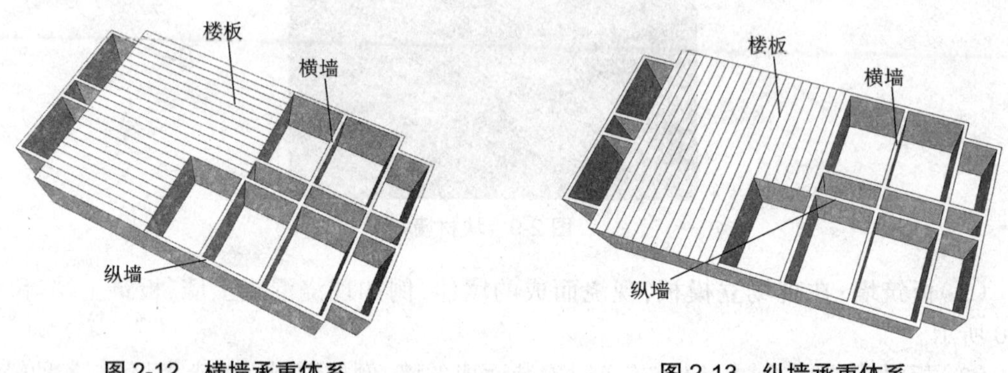

图 2-12 横墙承重体系 图 2-13 纵墙承重体系

（3）纵横墙承重体系，如图 2-14 所示，将前两种方式相结合，根据功能需要使部分横墙和部分纵墙共同作为承重墙，竖向荷载主要由纵、横墙共同承受。荷载传递路线：楼板—纵、横墙—基础—地基。这种方式布置较灵活，房屋空间刚度较好。

（4）半框架承重方案，当建筑需要大空间时，采用的框架承重与墙承重相结合的方式，称为半框架承重，因其整体性差，现已很少采用。半框架承重方案有两种方式：①内部框架承重，四周墙承重，如图 2-15 所示；②底层框架承重，上部砖墙承重，如图 2-16 所示。

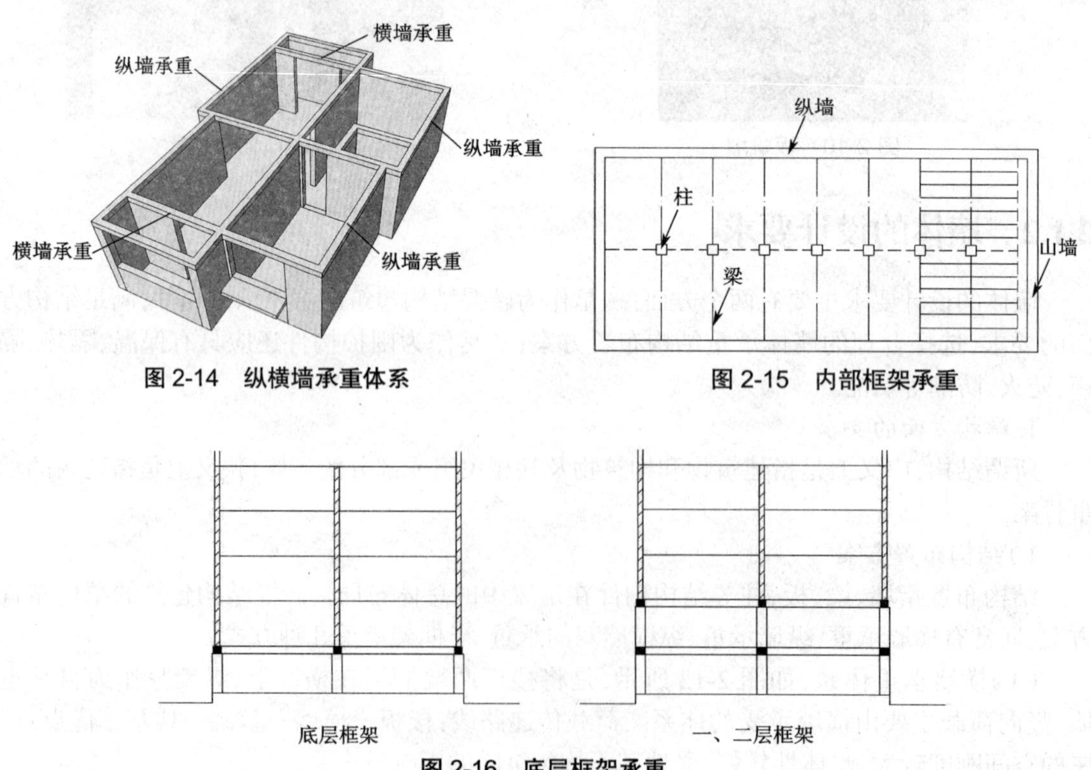

图 2-14 纵横墙承重体系 图 2-15 内部框架承重

图 2-16 底层框架承重

2）墙体的承载力和稳定性

（1）墙体的承载力，指墙体承受荷载的能力，是墙体在受力状态和工作状态下所能承受的最大荷载，又称强度。承重墙应有足够的承载力来承受竖向荷载，即对砖的强度有技术性要求。地震区还应考虑地震作用下的承载力，多层砖混结构房屋一般只考虑水平方向的地震作用。

（2）墙体的稳定性，是指墙体保持稳定状态的能力，又称刚度。墙体的高厚比是保证墙体稳定的重要措施，高厚比越大，构件越细长，稳定性越差。实际工程高厚比必须控制在允许高厚比限值以内，允许高厚比限值在结构规范上有明确的规定。

砖墙是脆性的，变形能力小，如果层数过多，重量就大，砖墙可能破碎和错位，甚至被压垮。特别是地震区，房屋破坏程度随层数增多而加重，因而对房屋的高度及层数有一定的限制，见表2-1。

表2-1　多层砖房总高和层数限值

抗震设防烈度 / 最小墙厚	6		7		8		9	
	高度（m）	层数	高度（m）	层数	高度（m）	层数	高度（m）	层数
240 mm	24	8	21	7	18	6	12	4

2. 功能方面的要求

1）保温与隔热要求

人们修建房屋的最基本想法是得到一个能遮风避雨、冬暖夏凉的舒适环境。建筑光挡风雨还不够，还要冬暖夏凉，没有人愿意住在冬天冷夏天热的房子里。要保证这一点，重要的措施就是：建筑墙体应该具备足够的保温与隔热能力。

建筑在使用中会带来一定的建筑能耗，为了节能，要求作为围护结构的外墙具有良好的热稳定性，使室内环境温度在外界环境气温变化的情况下保持相对稳定，减少对空调和采暖设备的依赖。

Ⅰ. 隔热措施

炎热地区夏季太阳辐射强烈，室外热量通过外墙传入室内，使室内温度升高，外墙应具有足够的隔热能力。可通过下列措施解决。

（1）选用热阻大、重量大的外墙材料，例如石墙、砖墙、土墙等，减少外墙内表面的温度波动。

（2）外墙表面选用光滑、平整、浅色的材料，以增强对太阳光的反射能力。

（3）建筑的规划与单体设计应合理，采取环境绿化、自然通风、遮阳和围护结构隔热等综合性措施。建筑物的总体布置，单体的平、剖面设计和门窗的设置，应有利于自然通风，尽量避免东西向日晒。向阳面，特别是东西向窗户，采取有效的遮阳措施，如图2-17所示。在建筑设计中，宜结合外廊、阳台、挑檐等达到遮阳的目的。

图 2-17 建筑遮阳

Ⅱ.保温措施

建筑的外墙应有足够的保温能力。寒冷地区冬季室内温度高于室外,热量从高温一侧向低温一侧传递。图 2-18 所示是冬季外墙的传热过程。为了减少热损失,可以从以下几个方面采取措施。

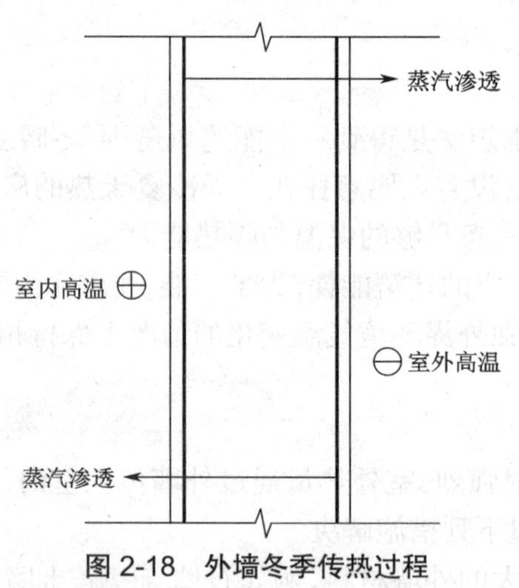

图 2-18 外墙冬季传热过程

(1)提高外墙保温能力,减少热损失。

①增加外墙厚度,使传热过程延缓,达到保温的目的。但墙体加厚,会增加结构自重,多用材料,会占用面积,使有效空间缩小。

②选用孔隙率高、密度小的材料做外墙,如加气混凝土等。这些材料导热系数小,保温效果好,但是强度不高,不能承受较大的荷载,一般用于框架填充墙等。

③采用多种材料组合墙,系统解决保温和承重双重问题。根据保温材料与承重材料的位置关系,有外墙外保温、外墙内保温和夹芯保温几种方式,目前应用较多的保温材料为聚苯乙烯泡沫塑料板或颗粒。此外,岩棉、膨胀珍珠岩、加气混凝土等也是可供选择的保温材料。外墙外保温构造大样如图 2-19 所示。

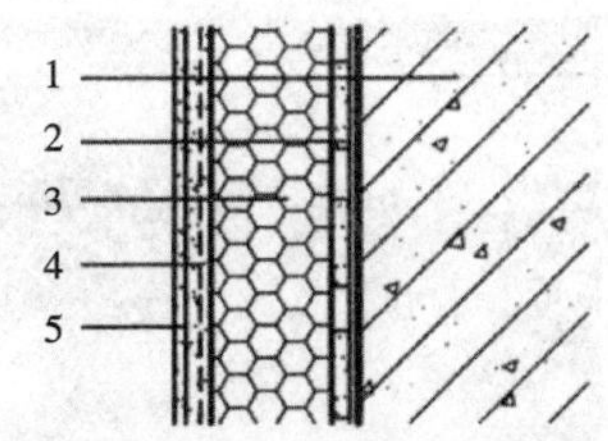

图 2-19　外墙外保温构造大样

1—基层墙体；2—黏结层；3—保温层；4—抹面层；5—饰面层

（2）防止外墙中出现凝结水。高温高湿的室内环境，空气中含有大量水蒸气，当水蒸气遇到墙体内温度较低的外墙时，在墙内形成凝结水，水的导热系数较大，于是使外墙的保温能力明显降低。为避免这种情况，应在靠室内高温一侧设置隔蒸汽层，阻止水蒸气进入墙体。隔蒸汽层常用卷材、防水涂料或薄膜等。隔蒸汽层构造大样如图 2-20 所示。

（3）防止外墙出现空气渗透。墙体材料一般都不够密实，有很多微小的孔洞。墙体安装门窗等构件，因不严密或材料收缩等，会产生一些贯通缝隙，如图 2-21 所示。这些孔洞和缝隙，使冬季室外冷空气渗透到室内，为防止外墙出现空气渗透，一般采取以下措施：选择密实度高的墙体材料、墙体内外加抹灰层、加强构件间的缝隙处理等。

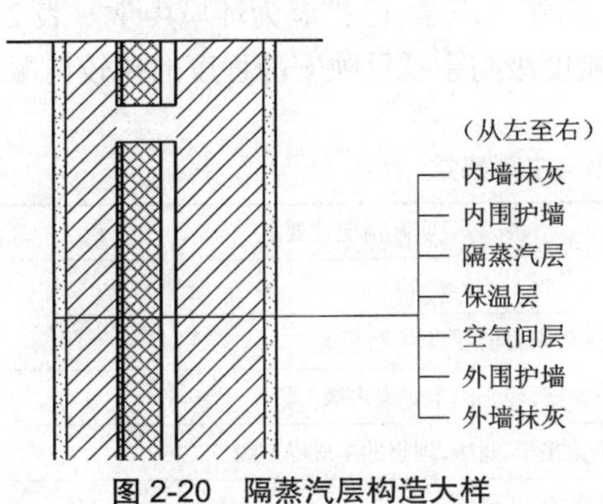

图 2-20　隔蒸汽层构造大样

图 2-21　贯通缝隙

（4）采用呼吸式幕墙，其又称双层幕墙、双层通风幕墙、热通道幕墙等，由内、外两道幕墙组成，内、外幕墙之间形成一个相对封闭的空间，空气可以从下部进风口进入，从上部排风口离开，这一空间经常处于空气流动状态，热量在这一空间流动。呼吸式幕墙如图 2-22 所示。

图 2-22 呼吸式幕墙示意

1—内层幕墙；2—外层幕墙；3—进风口；4—出风口；5—气流通道；6—雨挡；7—室内地面；8—遮阳装置

2）隔声要求

各种声环境中，包括需要的和不需要的声音。需要的声音，总希望听清楚、听好；不需要的声音，则要尽可能降低，减少干扰。19 世纪末，美国科学家赛宾提出混响时间，混响时间一直是评价室内音质的重要指标。排除不需要的声音，这是建筑声环境设计的问题。噪声已成为环境污染问题之一，现在，以建筑内部声学为主的建筑声学，已扩展为环境声学。表 2-2 和表 2-3 分别说明噪声级大小与主观感觉以及噪声响度级与主观反映安静程度的比较情况。

表 2-2 噪声级大小与主观感觉

噪声级 A(dB)	主观感觉	实际情况或要求
5	听不见	
15	勉强能听见	手表的滴答声，平稳的呼吸声
20	极其寂静	录音棚与播音室，理想的本底噪声级
25	寂静	音乐厅、夜间的医院病房，理想的本底噪声级
30	非常安静	夜间医院病房的实际噪声
35	非常安静	夜间的最大允许声级
40	安静	教室、安静区以及其他特殊区域的起居室
45	比较安静	住宅区中的起居室，要求精力高度集中的临界范围，例如，小电冰箱的噪声，撕碎小纸的噪声
50	轻度干扰	小电冰箱噪声，保证睡眠的最大值
60	干扰	中等大小的谈话声，保证交谈清晰的最大值
70	较响	普通打字机的打字声，会堂中的演讲声
80	响	盥洗室冲水的噪声，有打字机的办公室，音量开大了的收音机音乐

续表

噪声级 A(dB)	主观感觉	实际情况或要求
90	很响	印刷厂噪声，听力保护的最大值，国家《工业噪声卫生标准》规定值
100	很响	管弦乐队演奏的最强音，剪板机机械声
110	难以忍受	大型纺织机噪声，木材加工机械噪声
120	难以忍受	喷气式飞机起飞噪声(100 m 距离左右)
125	难以忍受	螺旋桨驱动的飞机噪声
130	有痛感	距离空袭警报器 1 m 处
140	有不能恢复的神经损伤的危险	在小型喷气发动机试运转的实验室里

表 2-3　噪声响度级与主观反映安静程度的比较　(dB)

名称	主观感觉		
	静	较静	不静
行政管理办公室	46	50	56
学校教室	46	53	60
住宅、旅馆、卧室	46	56	64
会堂、音乐厅、剧院	37	40	46
会议厅	50	56	60
工场、车间	73	83	93

建筑设计上，噪声形式有两种：空气噪声、固体噪声。这两者的区别在于声音传播的方式不同，空气噪声的传播如图 2-23 所示，它主要通过空气传播；固体噪声的传播如图 2-24 所示，是受到直接撞击或振动而发出的声音，也称固体声或撞击声，门的碰撞声、脚步声以及机械设备、地铁、交通运输、爆破等的声音都是固体噪声。固体噪声的声波能量能传播很远且衰减很少，再辐射到空气中。就人的感觉而言，固体噪声和空气噪声不容易分辨。

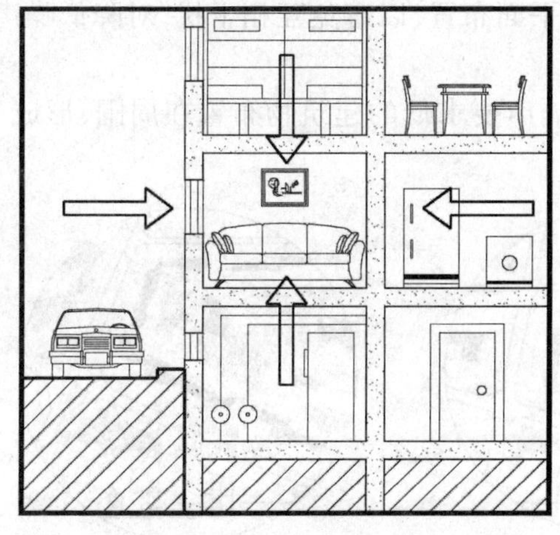

图 2-23　空气噪声传播

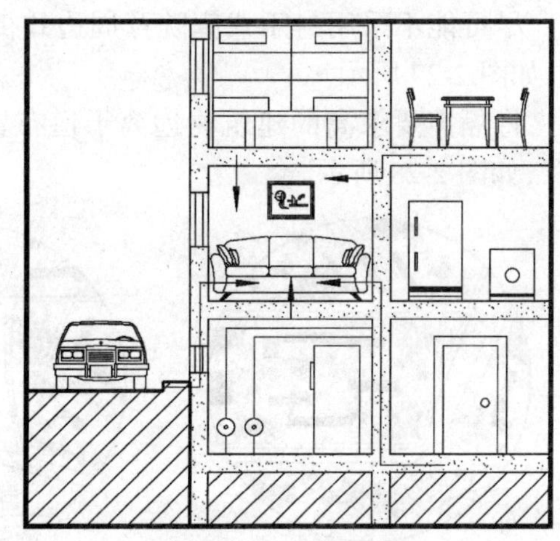

图 2-24　固体噪声传播

为了使室内有安静的环境,保证人们的工作和生活不受噪声的干扰,要求建筑根据使用性质的不同进行不同标准的噪声控制,墙体主要隔离由空气直接传播的噪声。空气噪声在墙体中的传播途径有两种:一是通过墙体的缝隙和微孔传播;二是在声波作用下墙体受到振动,声音透过墙体而传播。建筑内部的噪声(如说话声、家用电器声等)与室外噪声(如汽车声、喧闹声等),从各个构件传入室内。对墙体一般采取以下措施控制噪声。

(1)加强墙体的密封处理,例如对墙体与门窗、通风管道等的缝隙进行密封处理。

(2)增加墙体密实性及厚度,避免噪声穿透墙体及墙体振动。砖墙的隔声能力是较好的,例如 240 mm 厚砖墙的隔声量为 49 dB。当然,单纯依靠增加墙厚来提高隔声能力是不经济也是不合理的。

(3)采用有空气间层或多孔性材料的夹层墙。由于空气或玻璃棉等多孔材料具有减振和吸声作用,从而能提高墙体的隔声能力。多孔吸声材料由于其构造特点,内部有大量互相贯通的微孔或间隙,声波激发微孔内空气振动,摩擦阻力和黏滞阻力使声能不断转化为热能,从而衰减,如图 2-25 所示。此外,墙体表面应尽可能不用或少用粉刷、油漆,以免降低吸声性能。

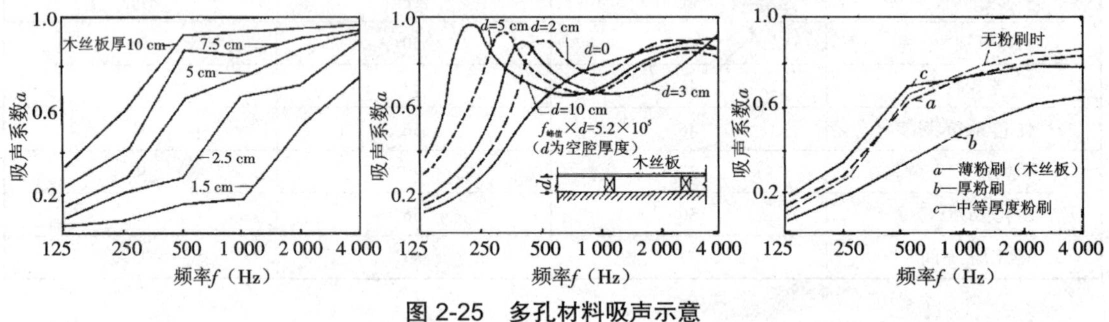

图 2-25 多孔材料吸声示意

(4)设计中,可在建筑总平面、平面以及剖面布置中考虑隔声问题,例如将不怕噪声干扰的建筑靠近城市干道布置,对后排建筑可以起隔声作用;也可选用枝叶茂密的植物、四季常青的绿化带降低噪声等。具体措施如图 2-26 和图 2-27 所示。

面临干道的建筑可适当向后退,使其远离声源,并用树木、绿篱、围墙等减弱噪声干扰,如图 2-26 所示。

尽可能不采用封闭式庭院及周边式街坊的平面布置,以避免互相干扰,对降低噪声不利,如图 2-27 所示。

将隔声要求高的建筑物远离干道布置,将隔声要求低的建筑物布置在周围,形成“障壁”,如图 2-28 所示。

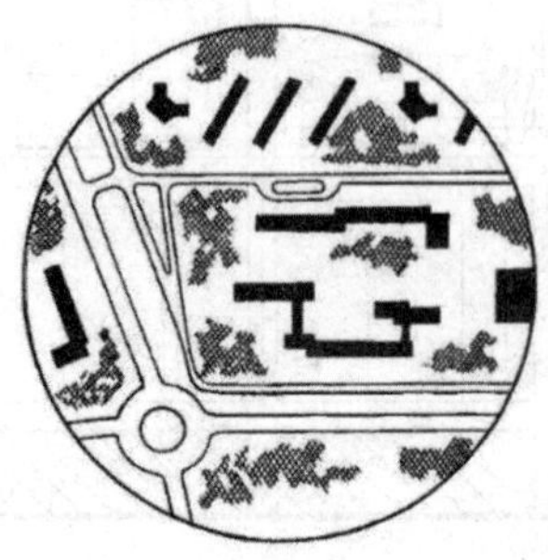
图 2-26 措施 1

图 2-27 措施 2

图 2-28 措施 3

在平面布置上将噪声源(厕所、楼梯间等)集中布置,减少噪声点,便于隔声,如图2-29所示。

利用走道(或厨房、卫生间)隔绝室外噪声,如图2-30所示,b对降低噪声更有利。

采用内天井布置时,应考虑四周房间的性质,避免干扰,否则对隔声不利,如图2-31所示。

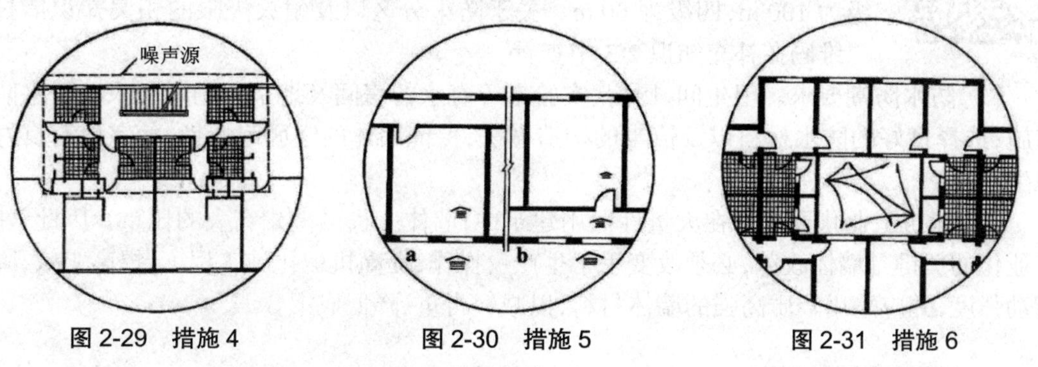

图2-29　措施4　　图2-30　措施5　　图2-31　措施6

利用壁橱、过道等提高隔声效果,如图2-32所示。

利用门斗或套间提高隔声效果,并填充吸声材料,使其成为"声闸",如图2-33所示。

交错布置房门或利用障壁墙来延长声的传递,降低噪声干扰,如图2-34所示。

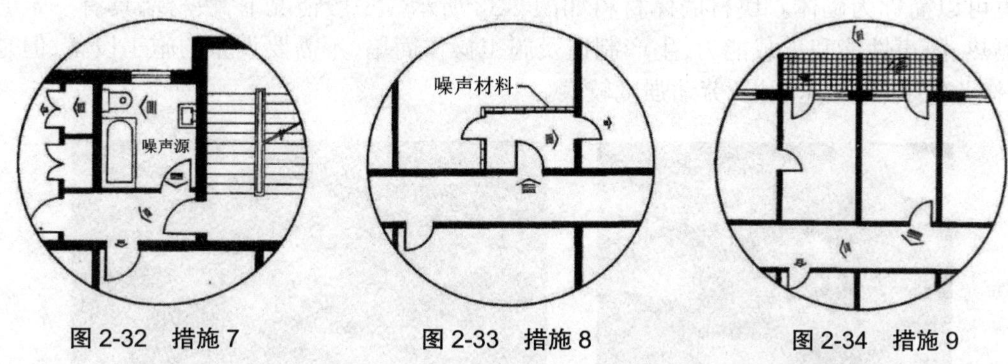

图2-32　措施7　　图2-33　措施8　　图2-34　措施9

剖面布置上,将噪声源(水箱、厨卫、水泵房、锅炉房、楼梯间等)集中布置,便于隔声,如图2-35所示。

避免不合理的房间布置,将图2-36中a布置方式的房间调整为b布置方式,可降低餐厅噪声干扰。

跃层住宅可减少楼板撞击声,对隔声有利,如图2-37所示。

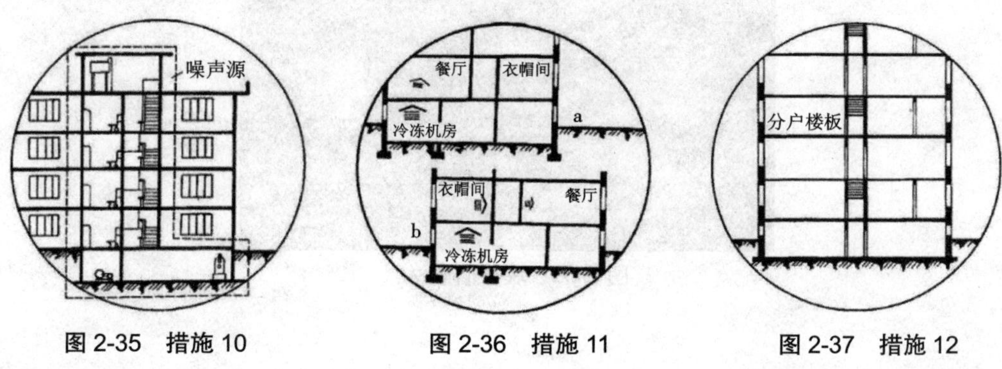

图2-35　措施10　　图2-36　措施11　　图2-37　措施12

3）其他方面的要求

（1）防火要求。选择燃烧性能和耐火极限符合防火规范规定的材料，在较大的建筑中应设置防火墙和防火分区，把建筑分成若干区段，以防止火灾蔓延。根据防火规范，一、二级耐火等级建筑，防火墙最大间距为 150 m，三级为 100 m，四级为 60 m。关于防火分区以及耐火极限的相关知识请扫描二维码在补充知识 2-3 中查看。

（2）防水防潮要求。卫生间、厨房、实验室等有水的房间及地下室的墙应采取防水防潮措施；选择良好的防水材料以及恰当的构造做法，保证墙体的坚固耐久性，使室内有良好的卫生环境。

（3）建筑工业化要求。在大量性民用建筑中，墙体工程量占相当大的比重。因此，建筑工业化的关键是墙体改革，必须改变手工生产及操作，提高机械化施工程度，提高工效，降低劳动强度，并应采用轻质高强的墙体材料，以减轻自重、降低成本。

2.2 块材墙构造

块材墙是用砂浆等胶结材料将砖石块材等组砌而成的墙，如砖墙、石墙及各种砌块墙等，也可以简称为砌体。块材墙体材料如图 2-38 所示。一般情况下，块材墙具有一定的保温、隔热、隔声性能和承载能力，生产制造及施工操作简单，不需要大型的施工设备，但是现场湿作业较多、施工速度慢、劳动强度较大。

图 2-38 块材墙体材料

2.2.1　墙体材料

1. 常用的块材

块材墙常用的块材有各种砖、石、砌块等。在进行施工图设计时，在建筑施工图设计说明的“墙体工程”部分，需用文字说明设计中采用了哪些砌体材料、用在什么部位以及各自的强度等级、砂浆的强度等级，并且说明构造措施与技术要求（一般采用标准图集）。

1）砖

砖的种类很多，按材质分为黏土砖、页岩砖、煤矸石砖、粉煤灰砖、灰砂砖、混凝土砖等；按孔洞率分为实心砖（无孔洞或孔洞率＜ 25% 的砖）、多孔砖（孔洞率≥ 25%，孔的尺寸小而数量多的砖，常用于承重部位，强度等级较高）、空心砖（孔洞率≥ 40%，孔的尺寸大而数量少的砖，常用于非承重部位，强度等级偏低）；按生产工艺分为烧结砖（经焙烧而成的砖）、蒸压砖、蒸养砖；按烧结与否分为免烧砖（水泥砖）和烧结砖（红砖）；按抗压强度（N/mm^2）分为 MU30、MU25、MU20、MU15、MU10、MU7.5 共 6 个强度等级。

烧结普通砖指烧结的各种实心砖，其制作的主要原材料是黏土、粉煤灰、煤矸石和页岩等，按功能有普通砖和装饰砖之分。常用的各类砖的相关知识请扫描二维码在补充知识 2-4 中查看。

2）砌块

砌块是砌筑用的人造块材（图 2-39），利用工业废料（煤渣、矿渣等）和地方材料制成，用于代替普通黏土砖。砌块的外形尺寸较大，介于黏土砖和大型墙板之间，施工时按照一定的排列顺序和搭接要求用砂浆砌筑，砌筑效率高，砌筑墙体的刚度和抗震性能均较好，它克服了黏土砖破坏农田、规格小、表观密度大、施工时费时费力的缺点。

图 2-39　人造块材

图 2-39 人造块材(续)

砌块按尺寸和质量的大小分为小型砌块、中型砌块和大型砌块。砌块系列中主规格的高度为 115~380 mm 的称作小型砌块;高度为 380~980 mm 的称为中型砌块;高度大于 980 mm 的称为大型砌块。工程中多使用中小型砌块。

砌块按有无孔洞分为实心砌块、空心砌块、加气砌块、泡沫砌块、微孔砌块;按原料分为普通混凝土砌块、粉煤灰硅酸盐砌块、煤矸石混凝土砌块、蒸压加气混凝土砌块等。砌块的基本尺寸和基本模数相协调,由于砌块建筑体系比较灵活,砌筑方便,故适用范围较广,但吸水率较大的砌块不能用于长期浸水、经常受干湿交替或冻融循环的建筑部位。

2. 胶结材料

块材需用胶结材料砌筑成墙体,使传力均匀。同时胶结材料还起着嵌缝作用,能提高墙体的保温、隔热和隔声能力。块材墙的胶结材料主要是砂浆。砌筑砂浆要求有一定的强度,以保证墙体的承载能力,还要求有适当的稠度和保水性(即有良好的和易性),方便施工。

通常使用的砌筑砂浆有水泥砂浆、石灰砂浆和混合砂浆三种。砂浆的性能主要体现在强度、和易性、防潮性几个方面。水泥砂浆强度高、防潮性能好,主要用于受力和防潮要求高的墙体;石灰砂浆的强度和防潮性均较差,但和易性好,用于强度要求低的墙体;混合砂浆由水泥、石灰、砂拌和而成,有一定的强度,和易性也好,使用比较广泛。

一些块材表面较光滑,如蒸压粉煤灰砖、蒸压灰砂砖、蒸压加气混凝土砌块等,砌筑时需要加强其与砂浆的黏结力,要求采用经过配方处理的专用砌筑砂浆,或采取提高块材和砂浆间黏结力的相应措施。

水泥砂浆的强度等级分为七级:M15、M10、M7.5、M5、M2.5、M1、M0.4。在同一段砌体中,砂浆和块材的强度有一定的对应关系,以保证砌体的整体强度不受影响。

砖墙的抗压强度主要取决于砖的抗压强度,砌筑砂浆的强度也影响砖砌体的抗压强度,但砖的强度等级是主要因素,砌筑砂浆更重要的作用是黏结砖块。砂浆的和易性影响整个砌体的砌筑质量。

2.2.2　组砌方式

组砌是指块材在砌体中的排列。组砌的关键是错缝搭接，使上下层块材的垂直缝交错，保证墙体的整体性。如果墙体表面或内部的垂直缝处于一条线上，即形成通缝，如图 2-40（a）所示。在荷载作用下，通缝会使墙体的承载力和稳定性显著降低。

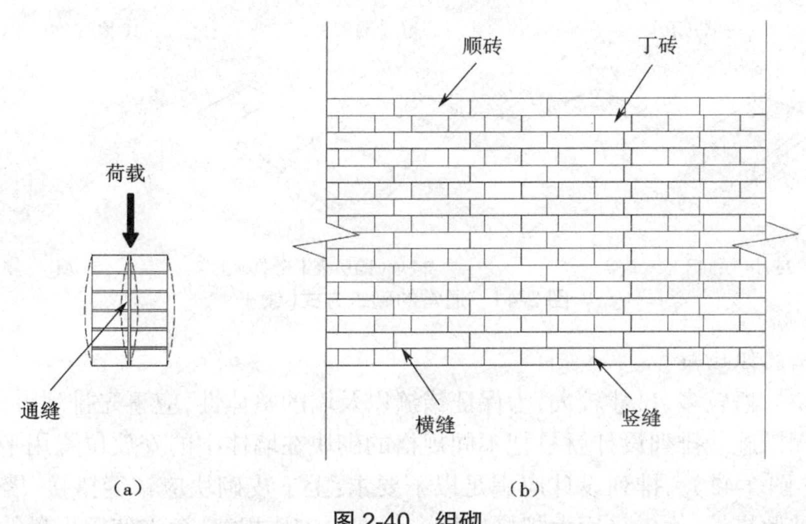

图 2-40　组砌

（a）通缝（b）顺砖、丁砖、横缝和竖缝

1. *砖墙的组砌*

在砖墙的组砌中，把砖的长度方向垂直于墙面砌筑的砖称为丁砖（砖顶面外露，即 115 mm × 53 mm 的一面外露），把砖的长度方向平行于墙面砌筑的砖称为顺砖（砖条面外露，即 240 mm × 53 mm 的一面外露）。上下两皮砖之间的水平缝称为横缝，左右两块砖之间的缝称为竖缝。标准缝宽为 10 mm，可以在 8~12 mm 间进行调节。砌筑时要求丁砖和顺砖交替砌筑，灰浆饱满、横平竖直（图 2-40（b））。丁砖和顺砖可以层层交错，也可以根据需要隔一定高度或在同一层内交错，由此带来的墙体图案变化和砌体内错缝程度不同。当墙面不抹灰为清水墙面时，应考虑块材排列方式不同带来的墙面图案效果。

通常的砌筑方式如图 2-41 所示。

图 2-41　通常的砌筑方式

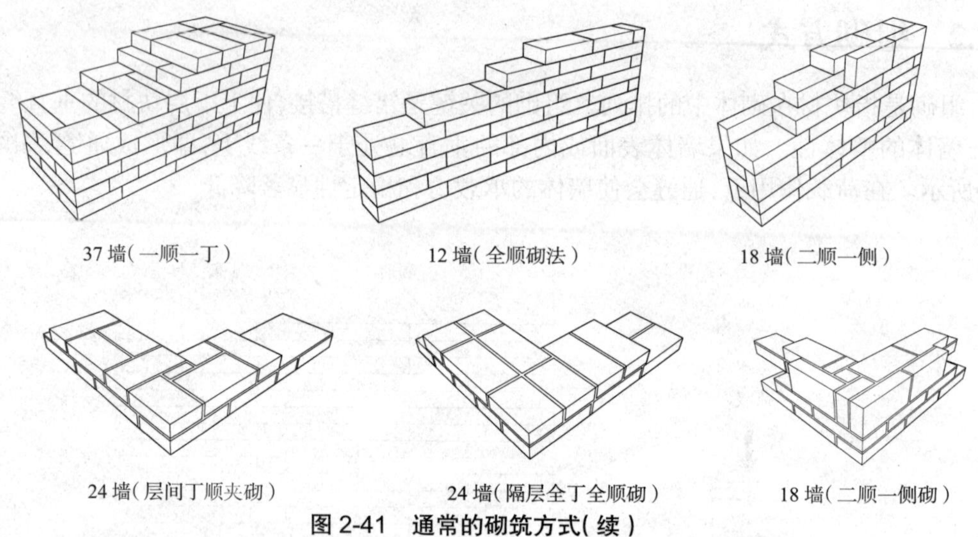

图 2-41　通常的砌筑方式（续）

2. *砌块墙的组砌*

由于砌块规格较多、尺寸较大，为保证错缝以及墙的整体性，应事先排列设计，在砌筑过程中采取加固措施。排列设计就是把不同规格的砌块在墙体中的安放位置用平面图和立面图加以表示（图 2-42）。排列设计应满足以下要求：上下皮砌块应错缝搭接、墙体交接处和转角处砌块彼此搭接、优先采用大规格砌块。为减少砌块规格，允许使用少量的砖来镶砌填缝，采用混凝土空心砌块时，上下皮砌块应孔对孔、肋对肋，以保证有足够的接触面。

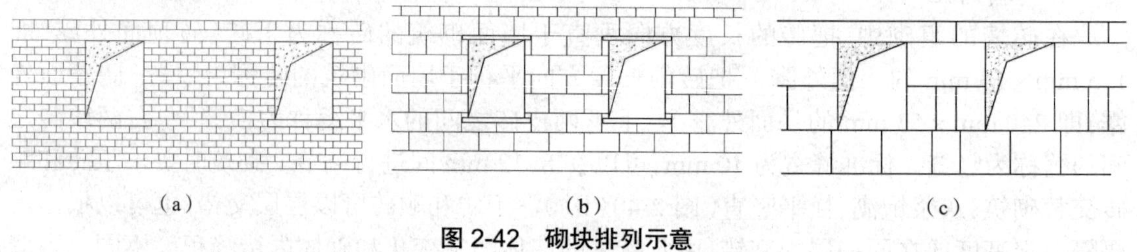

图 2-42　砌块排列示意

（a）小型砌块排列示例　（b）中型砌块排列示例之一　（c）中型砌块排列示例之二

2.2.3　墙体尺度

墙体尺度是指厚度和墙段长两个方向的尺度。墙体的尺度除应满足结构和功能要求外，还必须符合块材自身的规格尺寸。

1. *墙厚*

墙厚主要由块材和灰缝的尺寸组合而成。以常用的实心砖规格（长 × 宽 × 厚）240 mm × 115 mm × 53 mm 为例，以砖的 3 个方向尺寸作为墙厚基数，组砌很灵活。常见实心砖墙的厚度见表 2-4。当采用复合材料或带有空腔的保温隔热墙体时，墙厚尺寸在块材尺寸基数的基础上根据构造层次计算即可。

表 2-4　常见砖墙的厚度

墙厚	断面图	名称	尺寸（mm）	墙厚	断面图	名称	尺寸（mm）
1/2	115	12 墙	115	3/2	240 10 115 365	37 墙	365
3/4	53 10 115 178	18 墙	178				
1	115 10 115 240	24 墙	240	2	115 10 240 10 115 490	49 墙	490

2. 洞口尺寸

洞口主要是指门窗洞口，其尺寸应按模数协调统一标准制定，这样可以减少门窗规格，有利于工厂化生产，提高工业化的程度，如图 2-43 所示。一般情况下，1 000 mm 以内的洞口尺寸采用基本模数 100 mm 的倍数，如 600 mm、700 mm、800 mm、900 mm、1 000 mm，大于 1 000 mm 的洞口尺寸采用扩大模数 300 mm 的倍数，如 1 200 mm、1 500 mm、1 800 mm 等。

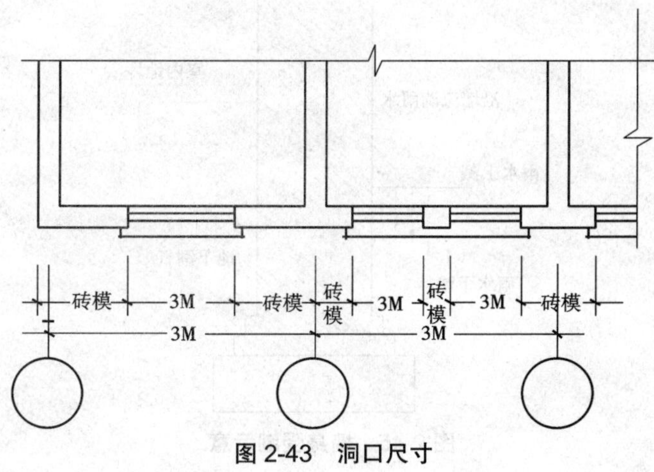

图 2-43　洞口尺寸

2.2.4　墙身的细部构造

为了保证墙体的耐久性和墙体与其他构件的连接，应在相应的位置进行构造处理。墙身的细部构造包括墙脚构造、门窗洞口构造、墙身加固措施及变形缝构造等。

1. 墙脚构造

墙脚是指室内地面以下、基础以上的这段墙体。内外墙都有墙脚，外墙的墙脚又称勒脚，如图 2-44 所示。吸水率较大、对干湿交替作用敏感的砖和砌块不能用于墙脚部位，如加气混凝土砌块等。

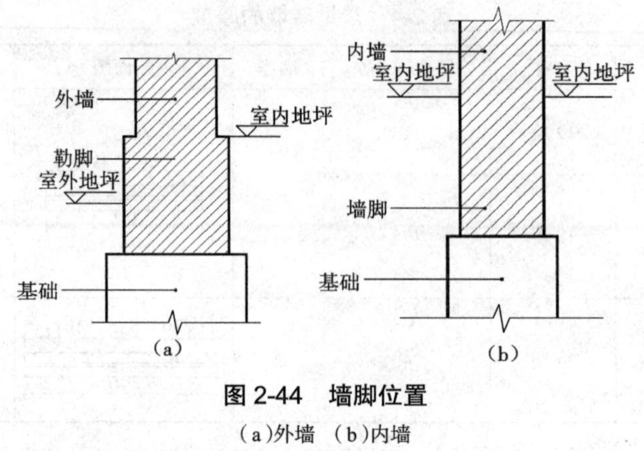

图 2-44 墙脚位置
（a）外墙 （b）内墙

1）墙身防潮

由于砌体本身有很多微孔以及墙脚所处的位置常有地表水和土壤中的水渗入，另外顺墙的雨水或檐口飞落的雨水也会反溅上来，致使墙身受潮，饰面层脱落，影响室内卫生环境，如图 2-45 所示。墙身防潮的方法是在墙脚铺设防潮层，防止水渗入砖墙体。如果墙脚采用不透水的材料（如条石或混凝土等），或设有钢筋混凝土地圈梁时，可以不设防潮层。

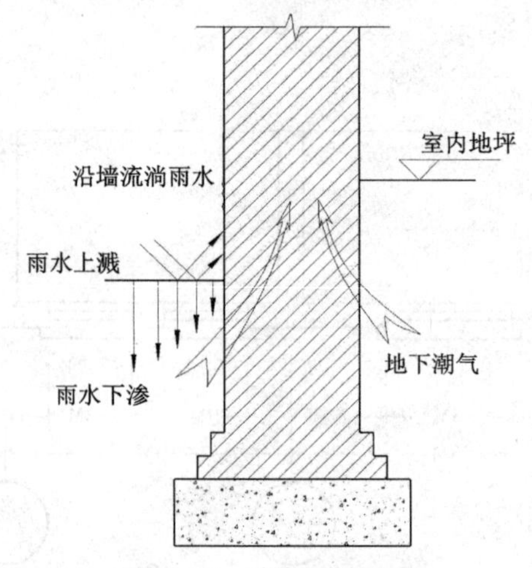

图 2-45 墙身受潮示意

防潮层的位置：当室内地面垫层为混凝土等密实材料时，防潮层应设在垫层范围内，低于室内地坪 60 mm，同时至少高于室外地面 150 mm 处（防止雨水溅湿墙面）；室内地面垫层为透水材料（如炉渣、碎石等）时，出于保护墙身不受潮的目的，防潮层应平齐或高于室内地面；内墙两侧出现高差时，还应设竖向防潮层。墙身防潮层的位置如图 2-46 所示。

图 2-47 为墙身防潮层位置设置错误以及不理想的示意说明，防潮层设置过高或过低，都起不到防止水渗透到室内或墙身的作用。水平防潮层应和地面垫层形成一个完整的阻水面，从而防止水的渗入。

墙身防潮层的构造做法，常见的有以下 4 种。

（1）油毡防潮层，先抹 10~15 mm 厚水泥砂浆找平层，上铺一毡二油。此种做法防水效果好，但有油毡隔离，削弱了砖墙的整体性，如图 2-48（a）所示。

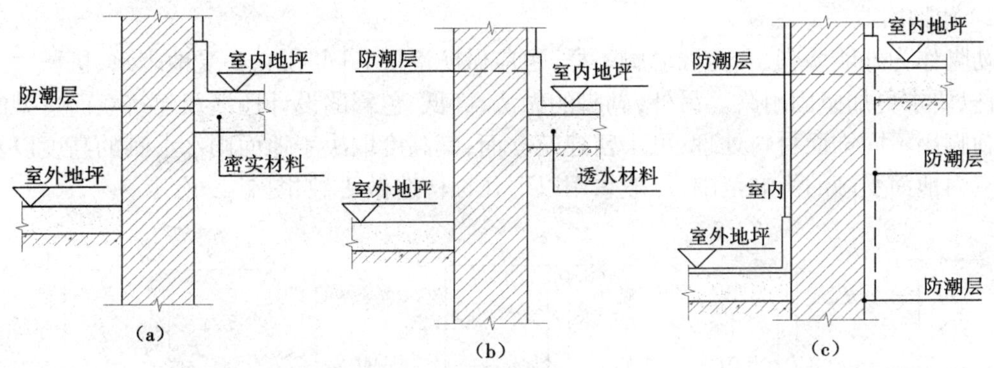

图 2-46　墙身防潮层的位置

(a)地面垫层为密实材料　(b)地面垫层为透水材料　(c)室内地面有高差

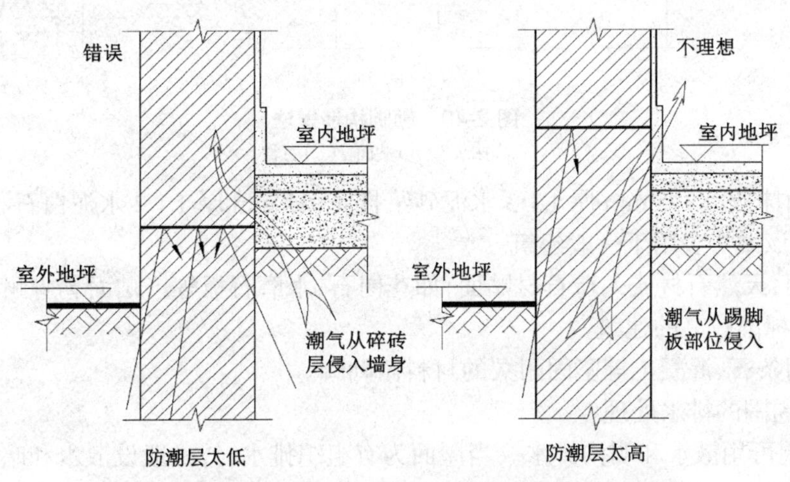

图 2-47　墙身防潮层位置设置错误以及不理想的示意说明

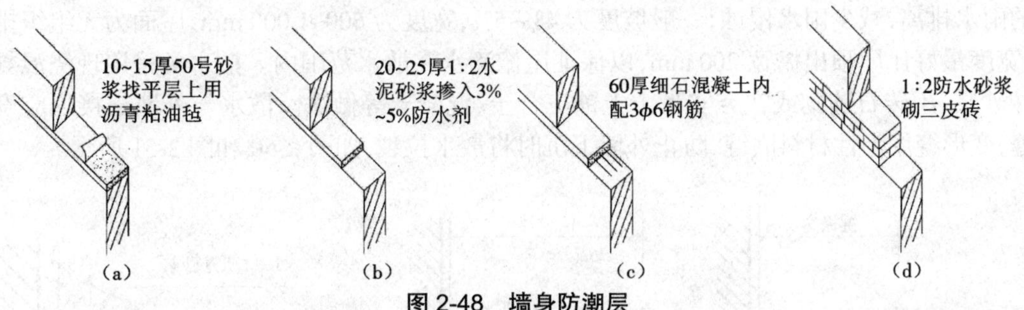

图 2-48　墙身防潮层

(a)油毡防潮层　(b)防水砂浆防潮层　(c)细石混凝土防潮层　(d)用防水砂浆砌三皮砖做防潮层

(2)防水砂浆防潮层，1:2 水泥砂浆加 3%~5% 防水剂，厚度 20~25 mm，如图 2-48(b)所示。

(3)细石混凝土防潮层，采用 60 mm 厚的细石混凝土带，内配 3 ϕ6 钢筋，其防潮性能好，如图 2-48(c)所示。

(4)用防水砂浆砌三皮砖做防潮层。此种做法构造简单，但砂浆开裂或不饱满时会影响防潮效果，如图 2-48(d)所示。

2）勒脚构造

勒脚作为外墙墙脚，和内墙墙脚一样，也应做防潮层。同时，它还受地表水、机械力等影响，所以要求更加坚固耐久。另外，勒脚的做法、高低、色彩的设计还涉及建筑立面造型的问题。勒脚用不同饰面材料处理，可丰富建筑立面，其高度取决于地面雨水上溅的高度以及墙体及室内地面受潮的影响范围，一般采用以下几种构造做法，如图 2-49 所示。

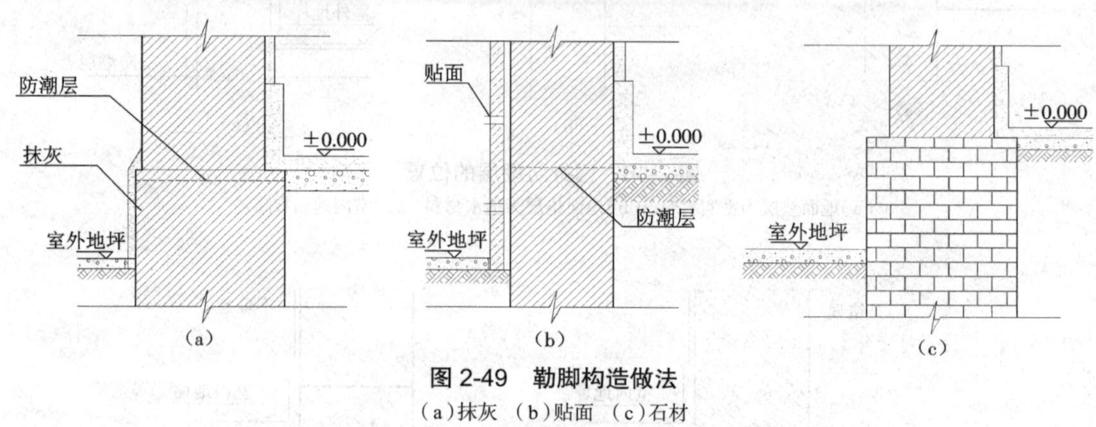

图 2-49 勒脚构造做法

（a）抹灰 （b）贴面 （c）石材

（1）表面抹灰，8~15 mm 厚 1∶3 水泥砂浆打底，12 mm 厚 1∶2 水泥白石子浆水刷石或斩假石抹面，该做法多用于一般建筑。

（2）贴面，天然石材或人造石材贴面，如花岗石、水磨石板等。贴面勒脚耐久性强、装饰效果好，用于标准较高的建筑。

（3）采用条石、混凝土等坚固耐久的材料做勒脚。

3）外墙周围的排水处理

房屋四周可用散水和明沟排水。当屋面为有组织排水时，一般设散水和暗沟；当屋面为无组织排水时，一般设散水和明沟。

（1）散水是指外墙四周地面设置的向外倾斜的排水坡，目的是保护四周地面，将屋面和墙面的雨水排离，减少雨水侵蚀，一般坡度为 4%~5%，宽度为 600~1 000 mm，屋面为无组织排水时，宽度最好比屋顶出檐宽 200 mm，以保证屋檐滴水在散水范围内。散水常采用现浇混凝土外抹砂浆、用砖石铺砌或在夯实素土上铺三合土、混凝土等做法。散水与外墙交接处应设变形缝，变形缝用弹性材料嵌缝，防止外墙下沉时将散水拉裂，如图 2-50 和图 2-51 所示。

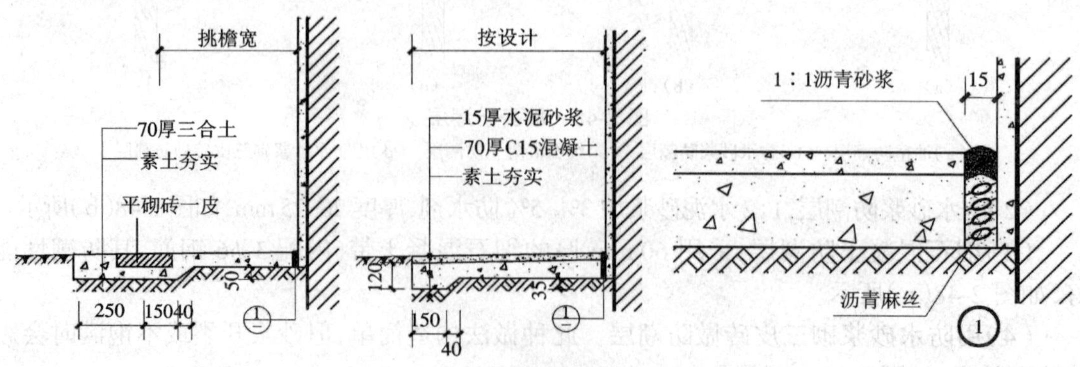

图 2-50 散水构造做法（单位：mm）

图 2-51　散水实例

(2)明沟是指建筑外墙四周设置的排水沟,用于排除屋面和墙面雨水、靠近建筑地面的雨水,一般用混凝土或砖砌筑,隔一定距离设置一个带存水弯的排水口,用管道通至附近窨井,然后排入城市排水系统。明沟多用于临时性房屋或标准较低的室外排水系统。明沟实例如图 2-52 所示。

图 2-52　明沟实例

明沟的构造做法见图 2-53,其可用砖砌、石砌、混凝土现浇,沟底应做纵坡,坡度为 0.5%~1%,坡向窨井。沟中心应正对屋檐滴水位置,外墙与明沟之间应做散水。

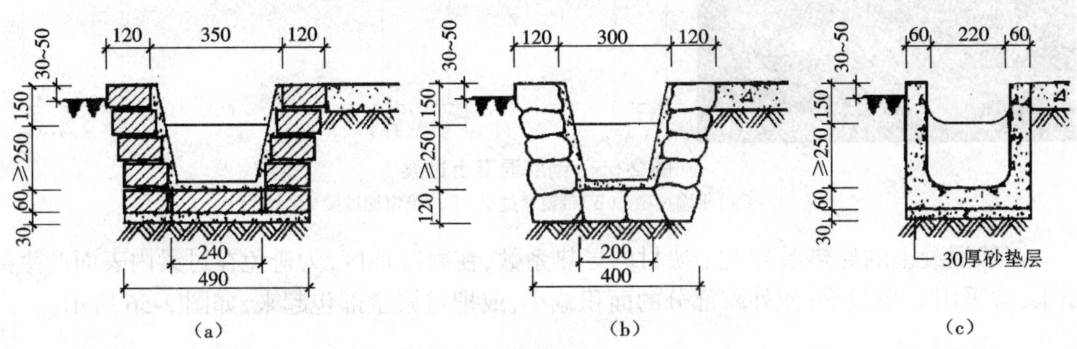

图 2-53　明沟构造做法(单位:mm)

(a)砖砌明沟　(b)石砌明沟　(c)混凝土明沟

2. 门窗洞口构造

门窗洞口的构造主要在于门窗洞口的上部和下部,门窗洞口上部必须加过梁,门窗洞口的下部必须做窗台。

1)门窗过梁构造

过梁是指墙体上的门窗及其他洞口顶部的承重梁。过梁承受洞口上方砌体三角形范围内的荷载,并将这些荷载传给两侧的墙或柱,承重墙上的过梁还要支承楼板荷载。过梁由型钢、木材、砖、石及钢筋混凝土等材料制成,其断面尺寸或配筋截面面积均根据荷载计算确定。根据材料和构造方式,常用的有钢筋混凝土过梁和平拱砖过梁等。过梁实例及过梁受力示意如图 2-54 所示。

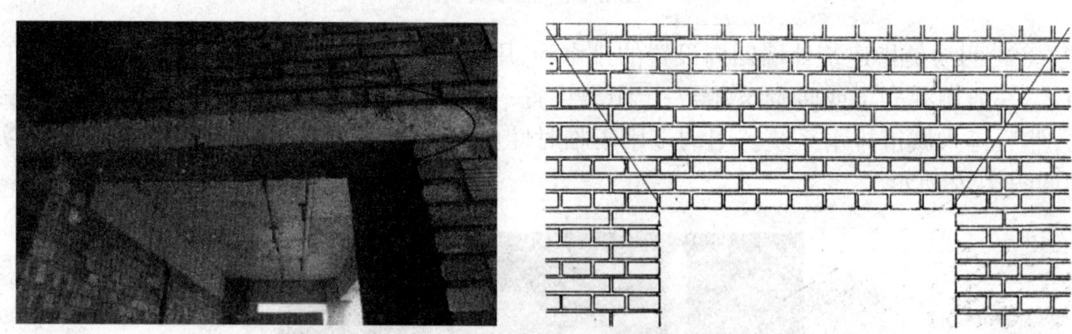

图 2-54 过梁实例及过梁受力示意

(1)钢筋混凝土过梁。钢筋混凝土制成的过梁有现浇和预制两种,预制过梁应用甚广。特殊情况下,如过梁与钢筋混凝土圈梁标高一致或相近,可与圈梁同时现浇,或预制后局部现浇成整体结构。过梁断面一般为方形、矩形,也可做成 L 形等。梁的断面尺寸应适应墙体厚度及砌块高度,方便施工。钢筋混凝土过梁承载能力强,可用于较宽的门窗洞口,对房屋不均匀下沉或振动有一定的适应性。钢筋混凝土过梁如图 2-55 所示。

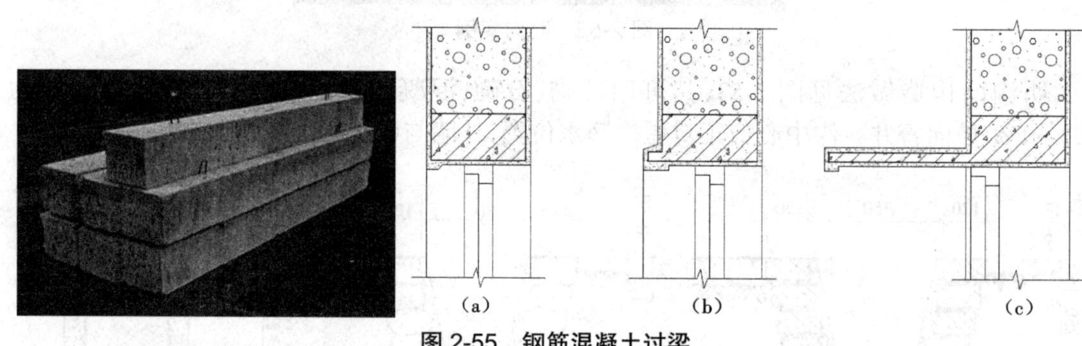

图 2-55 钢筋混凝土过梁

(a)平墙过梁 (b)带窗套过梁 (c)带窗楣过梁

钢筋混凝土的导热系数大于块材的导热系数,在寒冷地区,为避免在过梁内表面产生凝结水,常采用 L 形过梁,使外露部分的面积减小,或把过梁全部包起来,如图 2-56 所示。

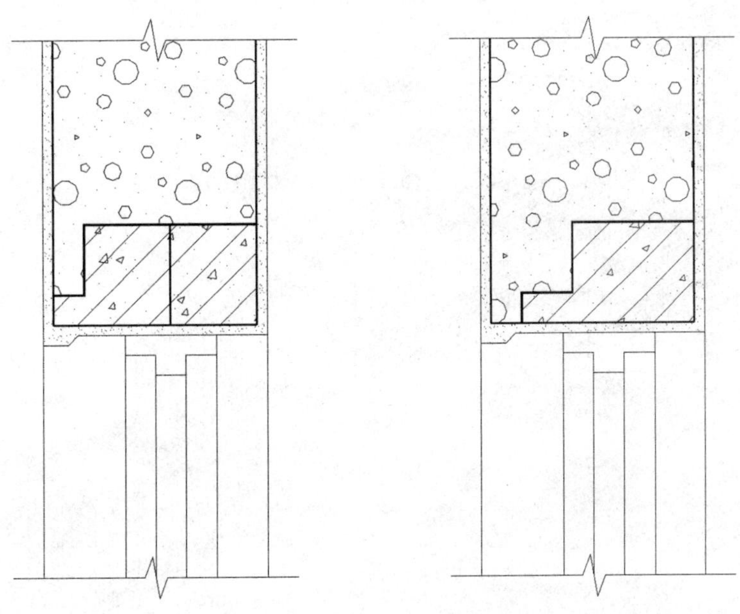

图 2-56　L 形过梁

（2）平拱砖过梁。平拱砖过梁由砖侧砌而成，灰缝上宽下窄使侧砖向两边倾斜，相互挤压形成拱的作用，两端下部伸入墙内 20~30 mm，中部的起拱高度约为跨度的 1/50。平拱砖过梁的优点是节约钢筋、水泥；缺点是墙体的整体性差，施工速度慢，仅能用于非承重墙上的门窗，洞口宽度应小于 1.2 m，因此已很少使用。平拱砖过梁如图 2-57 所示。

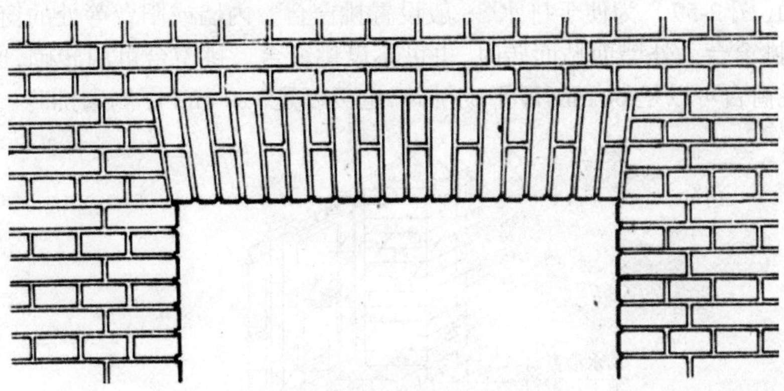

图 2-57　平拱砖过梁

（3）钢筋砖过梁。钢筋砖过梁是在梁底配置钢筋的平砌砖过梁，跨度一般不大于 2 m，与墙体砌法相同，但窗洞的宽度和高度不同，对砖和砂浆的标号要求不同。有较大振动荷载、不均匀沉降及防震区的建筑，不应采用。钢筋砖过梁如图 2-58 所示。

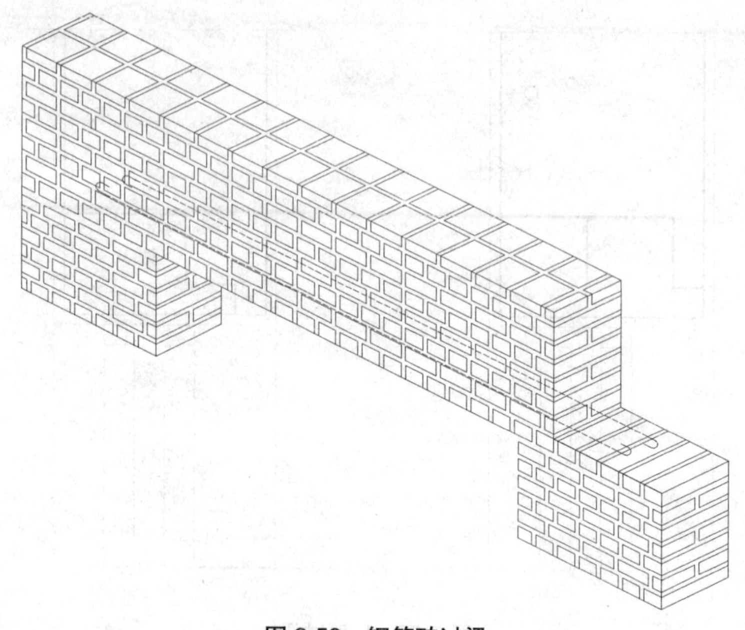

图 2-58 钢筋砖过梁

除上述几种过梁外，还有其他一些过梁形式，如传统的砖拱、石拱过梁以及因需要而设置的各种钢筋混凝土异型过梁等。

2）窗台

窗台的作用是排除沿窗面流下的雨水，防止其渗入墙身且沿窗缝渗入室内，同时避免雨水污染外墙面（图 2-59），为便于排水，一般设置挑窗台。内墙或阳台等处的窗，不受雨水冲刷，可不必设挑窗台。外墙面贴面砖时，也可不设挑窗台。挑窗台可用砖砌，也可用混凝土构件。砖砌挑窗台可以是 60 mm 厚平砌挑砖，也可以是 120 mm 厚侧砌挑砖。

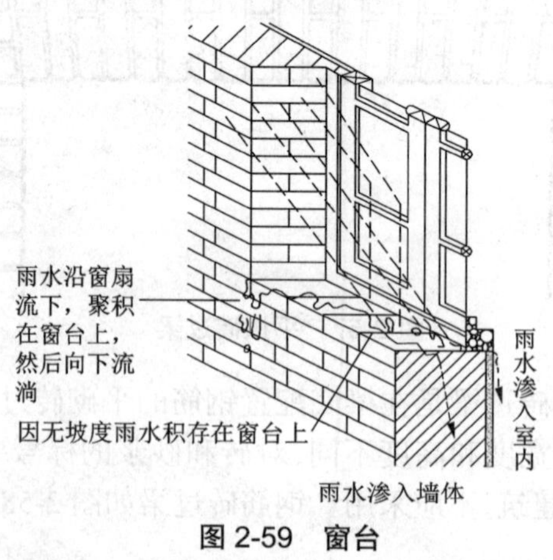

图 2-59 窗台

窗台的构造要点（图 2-60）是：

（1）悬挑窗台向外出挑 60 mm，窗台长度每边最少应超过窗宽 120 mm；

（2）窗台表面应做抹灰或贴面处理，侧砌窗台可做水泥砂浆勾缝的清水窗台；

（3）窗台表面应设一定排水坡度，并应注意抹灰与窗下槛的交接处理，防止雨水向室内渗入；

（4）挑窗台下做滴水槽或斜抹水泥砂浆，引导雨水垂直下落，不致影响窗下墙面。

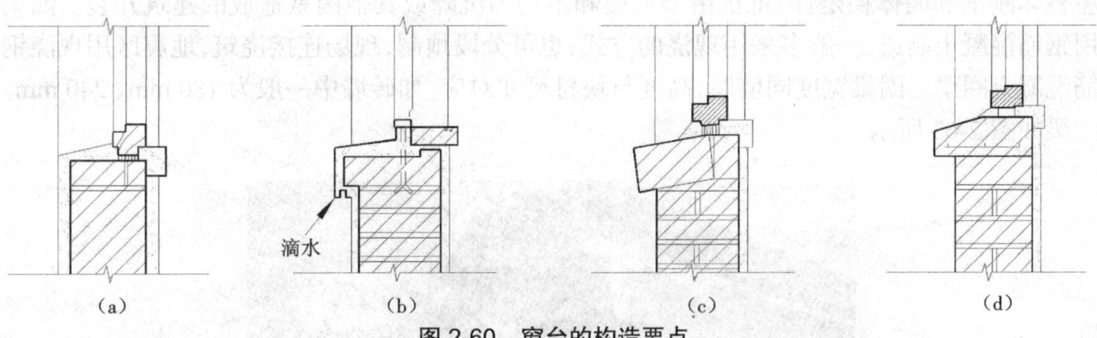

图 2-60 窗台的构造要点

（a）不悬挑窗台 （b）粉刷滴水的悬挑窗台 （c）侧砌砖窗台 （d）预制钢筋混凝土窗台

3. 墙身加固措施

墙身加固主要针对砖混结构而言，由于砖混结构是一种脆性结构，延性差，抗剪能力低，而且自重大，地震荷载作用时，破坏很严重。为加强结构的整体性，提高抗震性能，需对薄弱环节采取相应的构造措施，主要有 3 项措施：增加壁柱和门垛、设置圈梁、设置构造柱。

1）门垛和壁柱

墙体上开设门洞一般应设门垛，特别是在转折处或丁字墙处，以保证墙身稳定和门框安装。门垛宽度同墙厚，长度与块材尺寸规格相对应，如砖墙门垛长度一般为 120 mm 或 240 mm。门垛不宜过长，以免影响室内使用。门垛如图 2-61 所示。

当墙体受到集中荷载或墙体过长（如厚 240 mm、长超过 6 m）时，应增设壁柱（又叫扶壁柱），和墙体共同承担荷载并稳定墙身。壁柱尺寸应符合块材规格，如砖墙壁柱通常凸出墙面 120 mm 或 240 mm，宽 370 mm 或 490 mm。壁柱如图 2-62 所示。

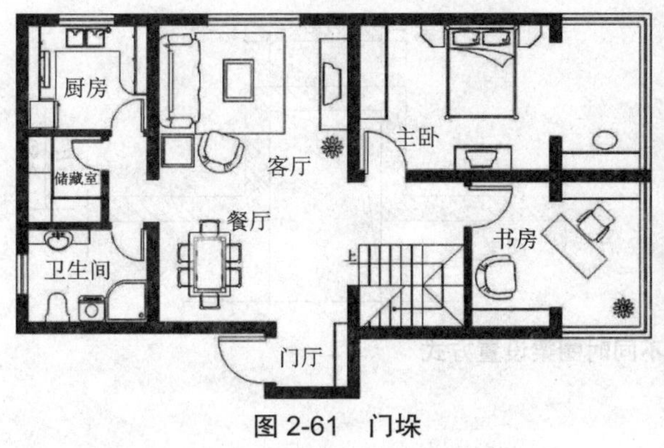

图 2-61 门垛

图 2-62 壁柱

2）圈梁

砌体墙由于用刚性材料砌筑，地震力作用下若无措施保证整体刚度，很容易被破坏。设置圈梁的作用是增加房屋的整体刚度和稳定性，减轻地基不均匀沉降对房屋的破坏，抵抗地震力的影响。构造柱和圈梁是墙体的一部分，与墙体同步施工，配筋无须计算，采取构造配筋。

所谓圈梁,是指砖石砌体结构沿建筑外墙四周、全部或部分内墙设置的同一水平高度的连续封闭梁,一般在多层建筑的顶层和底层,中间各层可全部或隔层设置。其作用是加强房屋整体刚度和墙体稳定性,抵抗由于地震和不均匀沉降或其他因素造成的建筑开裂。圈梁用钢筋混凝土制成,一般多采用现浇的方式,也可分段预制,现场连接浇筑,地震区用现浇钢筋混凝土圈梁。圈梁宽度同墙厚,高度与块材尺寸对应,如砖墙中一般为 180 mm、240 mm。圈梁如图 2-63 所示。

图 2-63 圈梁

多层砖混结构房屋圈梁的位置和数量可依据结构设置,通常由结构专业设计完成。圈梁与门窗过梁宜尽量统一考虑,也可用圈梁代替门窗过梁。砌体墙中圈梁通常与窗过梁合并,可现浇,也可预制成圈梁砌块。圈梁应闭合,若遇标高不同的洞口,应上下搭接。标高不同时圈梁设置方式如图 2-64 所示。

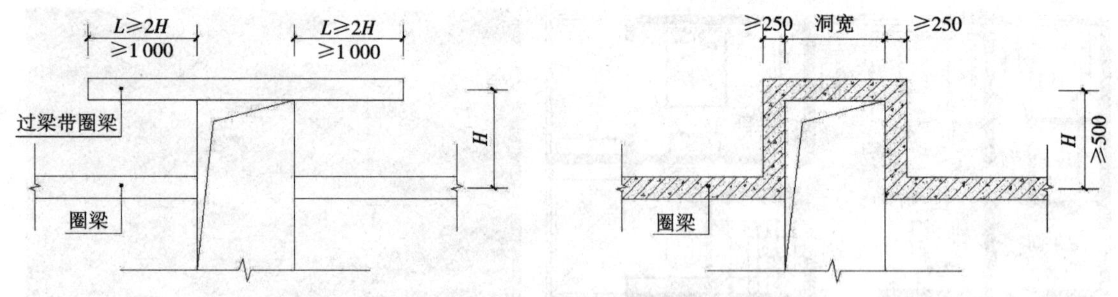

图 2-64 标高不同时圈梁设置方式

3)构造柱

抗震设防地区,为了增加建筑物的整体刚度和稳定性,还需要在墙体中设置钢筋混凝土构造柱,使之与各层圈梁连接,形成空间骨架,加强墙体的抗弯、抗剪能力,使墙体在破坏过程中具有一定的延性,减缓墙体酥碎现象的产生。构造柱是防止房屋倒塌的一种有效措施。构造柱如图 2-65 所示。

图 2-65　构造柱

多层砖房构造柱的设计通常由结构专业设计完成，设置部位是外墙四角、错层部位横墙与外纵墙交接处、较大洞口两侧、大房间内外墙交接处。此外，根据房屋的层数和抗震设防烈度，构造柱的设置要求见表 2-5。

表 2-5　砖墙构造柱设置要求

<table>
<tr><th colspan="4">建筑层数</th><th colspan="2">设置部位</th></tr>
<tr><td>6 度</td><td>7 度</td><td>8 度</td><td>9 度</td><td rowspan="4">楼、电梯间四角，楼梯斜梯段上下端对应的墙体处；
外墙四角和对应转角；
错层部位横墙与外纵墙交接处；
较大洞口两侧</td><td>隔 12 m 或单元横墙与外墙交接处；
楼梯间对应的另一侧内横墙与外纵墙交接处</td></tr>
<tr><td>四、五</td><td>三、四</td><td>二、三</td><td></td><td>隔开间横墙（轴线）与外墙交接处；
山墙与内纵墙交接处</td></tr>
<tr><td>六</td><td>五</td><td>四</td><td>二</td><td rowspan="2">内墙（轴线）与外墙交接处，内墙局部较小墙垛处；
9 度时，内纵墙与横墙（轴线）交接处</td></tr>
<tr><td>七</td><td>≥六</td><td>≥五</td><td>≥三</td></tr>
</table>

注：较大洞口指不小于 2.1 m 的洞口；外墙在内外墙交接处已设置构造柱时应允许适当放宽，但洞侧墙体应加强。

构造柱的截面尺寸应与墙体厚度一致。砖墙构造柱的最小截面尺寸为 240 mm × 180 mm，竖向钢筋一般用 4ϕ12，箍筋间距不大于 250 mm，随烈度加大和层数增加，房屋四角的构造柱可适当加大截面及配筋。施工时必须先砌墙，后浇筑钢筋混凝土柱，并应沿墙高每隔 500 mm 设 2ϕ6 拉结钢筋，每边伸入墙内不宜小于 1 m。构造柱可不单独设置基础，但应伸入室外地面下 500 mm，或锚入浅于 500 mm 的基础圈梁内。构造柱与圈梁、基础梁的连接如图 2-66 所示。

4. 变形缝

温度变化、地基不均匀沉降和地震等因素的影响，易使建筑物产生裂缝或破坏，故在设计时应事先将建筑划分成若干个独立的部分，使各部分能自由地变化。这种将建筑物垂直分开的预留缝称为变形缝。变形缝包括温度伸缩缝、沉降缝和抗震缝三种。变形缝的设计通常由结构专业设计完成。

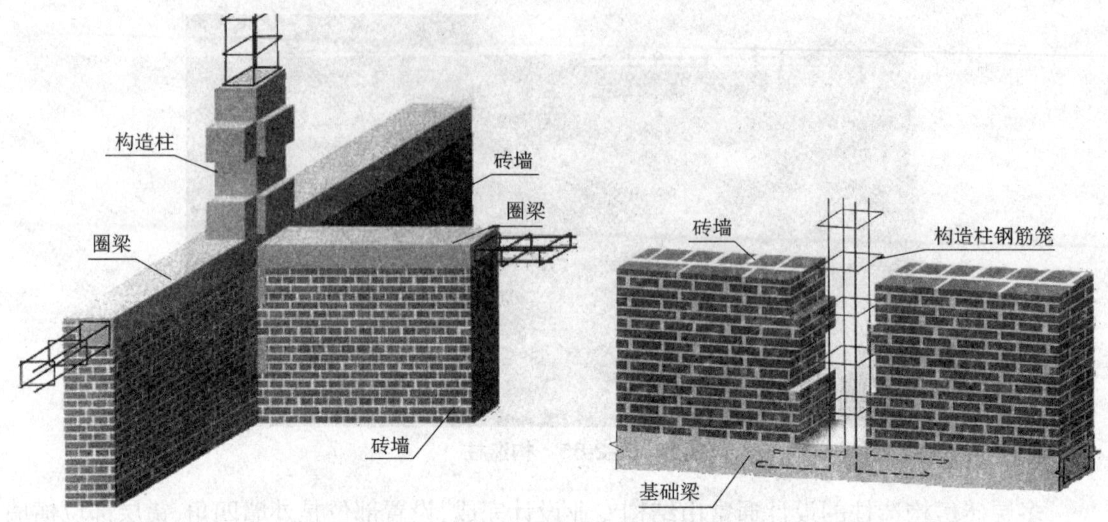

图 2-66 构造柱与圈梁、基础梁的连接

1)变形缝的类型和设置要求

(1)温度伸缩缝,是为防止建筑构件因温度和湿度等因素变化产生胀缩变形而设置的竖缝,自基础以上将建筑完全断开,将建筑分成独立的区。基础由于深埋入地下,受温度影响小,因此不需要断开。为防止风雨浸入室内,外墙伸缩缝要填充弹性防水材料如泡沫塑料、沥青麻丝等,缝口钉金属或塑料盖缝板。内墙伸缩缝盖缝板宜结合室内设计综合考虑。楼地面伸缩缝处用弹性材料处理后,面层和顶棚设盖缝板,防止灰尘下落。屋面伸缩缝用镀锌铁皮、铝板或预制钢筋混凝土板等盖缝。

温度伸缩缝将建筑分为若干段,其每段长度都不得超过允许限值。结构设计规范对砌体结构建筑伸缩缝的最大间距做了规定,见表 2-6。

表 2-6 砌体结构建筑温度伸缩缝的最大间距

砌体类别	屋盖或楼盖类别		间距(m)
各种砌体	整体式或装配整体式钢筋混凝土结构	有保温层或隔热层的屋盖、楼盖	50
		无保温层或隔热层的屋盖	40
	装配式无檩体系钢筋混凝土结构	有保温层或隔热层的屋盖、楼盖	60
		无保温层或隔热层的屋盖	50
	装配式有檩体系钢筋混凝土结构	有保温层或隔热层的屋盖	75
		无保温层或隔热层的屋盖	60
	瓦屋盖、木屋盖或楼盖、轻钢屋盖		100

注:1. 对烧结普通砖、多孔砖、配筋砌块砌体房屋取表中数值;对石砌体、蒸压灰砂砖、蒸压粉煤灰砖和混凝土砌块房屋取表中数值乘以 0.8 的系数,当有实践经验并采取有效措施时,可不遵守本表规定;

2. 在钢筋混凝土屋面上挂瓦的屋盖应按钢筋混凝土屋盖采用;

3. 按本表设置的墙体伸缩缝,一般不能同时防止由于钢筋混凝土屋盖的温度变形和砌体干缩变形引起的墙体局部裂缝;

4. 层高大于 5 m 的烧结普通砖、多孔砖、配筋砌块砌体结构单层房屋,其伸缩缝间距可按表中数值乘以 1.3;

5. 温差较大且变化频繁地区和严寒地区不采暖的房屋及构筑物墙体的伸缩缝的最大间距,应按表中数值予以适当减小;

6. 墙体的伸缩缝应与结构的其他变形缝相重合,在进行立面处理时,必须保证缝隙的伸缩作用。

从表中可以看出,伸缩缝间距与墙体类别有关,特别是与屋盖和楼盖的类型有关。整体式或装配整体式钢筋混凝土结构,因屋盖和楼盖本身没有自由伸缩的余地,当温度变化时,结构内部产生的温度应力大,因而伸缩缝间距要小些。大量性民用建筑用的装配式无檩体系钢筋混凝土结构中有保温层或隔热层的屋盖,伸缩缝间距相对要大些。伸缩缝宽度一般为 20~30 mm。

(2)沉降缝,是为防止建筑出现不均匀沉降所导致的破坏而设置的竖缝。凡属下列情况,应设置沉降缝:

①建筑物位于不同种类的地基上,或在不同时间内修建的房屋各连接部位;

②建筑物形体比较复杂,在建筑平面转折部位的高度、荷载有很大差异。

沉降缝必须从基础到屋顶完全断开,将建筑分成几个独立单元,缝两侧各自设承重结构。沉降缝的宽度与地基情况及建筑高度有关,地基越弱沉陷的可能性越大,沉陷后所产生的倾斜距离越大,要求的缝宽越大,一般为 30~120 mm。盖缝材料和构造应防风雨、有弹性、耐腐蚀,保证缝两侧结构能自由竖向变形,其做法基本同伸缩缝。沉降缝可以同时起伸缩缝作用,但伸缩缝不能代替沉降缝。沉降缝的宽度设置见表 2-7。

表 2-7 沉降缝的宽度

地基性质	建筑高度	缝宽(mm)
一般地基	<5 m	30
	5~10 m	50
	10~15 m	70
软弱地基	2~3 层	50~80
	4~5 层	80~120
	5 层以上	>120
湿陷性黄土地基		≥ 30~70

注:沉降缝两侧单元层数不同时,由于高层的影响,低层倾斜往往很大,因此宽度按高层确定。

(3)抗震缝,是为避免地震对建筑的破坏而设置的竖缝,多层砌体结构房屋,在 8 度或 9 度设防且立面高差在 6 m 以上,房屋有错层,楼板高差较大,各部分结构刚度、质量截然不同时设置,设置位置在房屋平、立面形状复杂,结构刚度明显变化处。防震缝将建筑基础以上部分完全断开,使之成为若干体形简单、结构刚度均匀的独立单元。缝两侧承重墙和立柱成双布置。缝宽根据《建筑抗震设计规范》确定。嵌缝或盖缝材料和构造应不漏雨、有弹性、抗腐蚀,做法类似于伸缩缝。

一般情况下,抗震缝仅在基础以上设置,但应同伸缩缝和沉降缝协调布置,做到一缝多用。当抗震缝与沉降缝结合设置时,基础也应断开。

抗震缝的宽度,在多层砖墙房屋中,根据设防烈度的不同取 50~70 mm。在多层钢筋混凝土框架建筑中,建筑物高度不大于 15 m 时,缝宽为 70 mm;当建筑物高度超过 15 m 时,若设防烈度为 7 度,建筑每增高 4 m,缝宽应在 70 mm 基础上增加 20 mm;若设防烈度为 8 度,建筑每增高 3 m,缝宽应在 70 mm 基础上增加 20 mm;若设防烈度为 9 度,建筑每增高 2 m,缝宽应在 70 mm 基础上增加 20 mm。

2）墙体变形缝构造

伸缩缝应保证建筑构件在水平方向自由变形，沉降缝应满足构件在竖向自由沉降变形，抗震缝主要是防地震水平波的影响，但三种缝的构造基本相同。

变形缝的构造要点是将缝两侧的建筑构件全部断开，以保证自由变形。砖砌外墙厚度在一砖以上的，应做成错缝或企口缝的形式，厚度为一砖或小于一砖时可做成平缝，如图2-67所示。

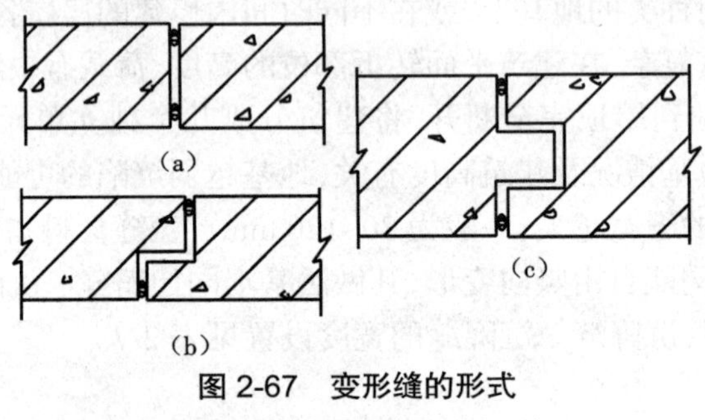

图2-67 变形缝的形式

（a）平缝 （b）错缝 （c）企口缝

变形缝应力求隐蔽，在构造上采取措施，防止风雨对室内的侵袭。墙体变形缝的构造在外墙与内墙的处理中，由于位置不同而各有侧重。缝的宽度不同，构造处理也不同。为保证外墙自由变形，并防止风雨影响室内，应用弹性材料填嵌缝隙，并考虑盖缝处理，如图2-68所示。

图2-68 外墙盖缝方式

变形缝外墙盖缝板可采用彩色涂层钢板、不锈钢板、镀锌铁皮、铝合金板等材料，构造做法如图2-69所示，其中图（a）适用于抗震缝、伸缩缝；图（b）适用于抗震缝、沉降缝。

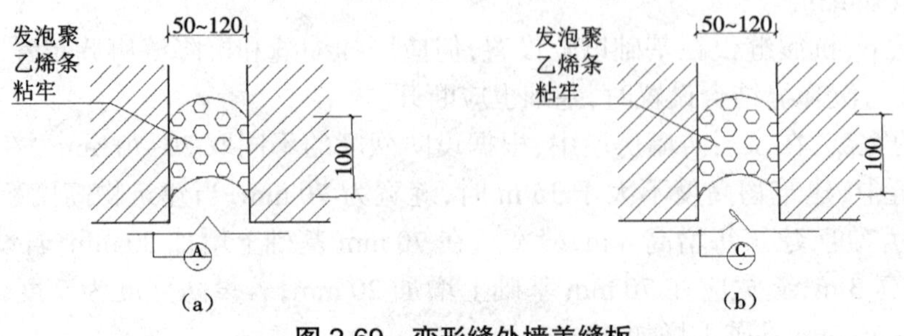

图2-69 变形缝外墙盖缝板

（a）抗震缝、伸缩缝构造大样 （b）抗震缝、沉降缝构造大样内墙变形缝着重表面处理,可采用木材或金属板材,目前市场上还有大量成品盖缝板可选择。盖缝板构造原则是根据不同的变形缝形式,保证盖缝板能够自由移动。内墙变形缝构造大样如图2-70所示。

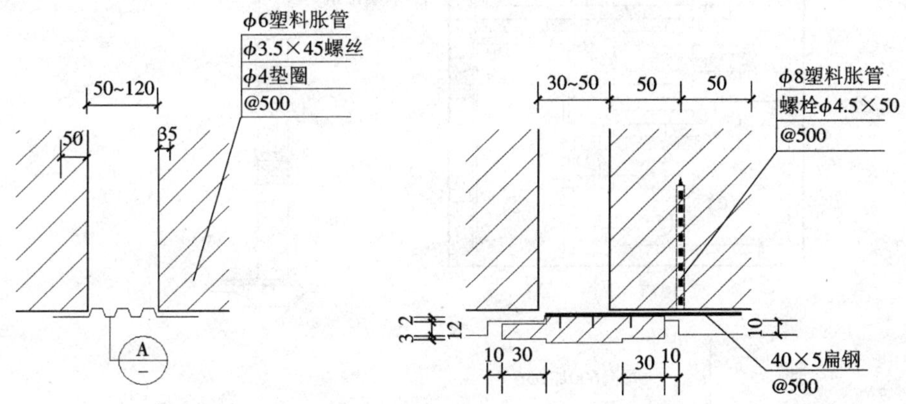

图2-70　内墙变形缝构造大样

2.3　隔墙构造

隔墙是分隔室内空间的非承重构件。在现代建筑中,为了提高平面布局的灵活性,大量采用隔墙以适应建筑功能的变化。隔墙的类型很多,按其构成方式可分为块材隔墙、轻骨架隔墙、板材隔墙三大类。由于隔墙不承受任何外来荷载,且本身的重量还要由楼板或小梁来承受,因此选用时应注意以下要求:

(1)自重轻,有利于减轻楼板的荷载;

(2)厚度薄,增加建筑的有效空间;

(3)便于拆卸,能随使用要求的改变而变化;

(4)有一定的隔声能力,使各使用房间互不干扰;

(5)满足不同使用部位的要求,如卫生间的隔墙要求防水、防潮,厨房的隔墙要求防潮、防火等。

2.3.1　块材隔墙

块材隔墙是指将各种块材用砂浆按一定规律砌筑而成的隔墙,通常有砖隔墙、轻质混凝土砌块隔墙两类。目前框架结构中大量采用的框架填充墙也是一种非承重块材墙,既可作为外围护墙,也可作为内隔墙。

1. 半砖隔墙

半砖隔墙用普通砖顺砌,砌筑砂浆宜大于M2.5。在墙体高度超过5 m时应加固,一般沿高度每隔0.5 m砌入$\phi6$钢筋两根。顶部与楼板相接处用立砖斜砌,填塞墙与楼板间的空隙。隔墙上有门时,要预埋铁件或将带有木楔的混凝土预制块砌入隔墙中以固定门框。半砖隔墙坚固耐久,有一定的隔声能力,但自重大、湿作业多、施工麻烦。半砖隔墙如图2-71

所示。

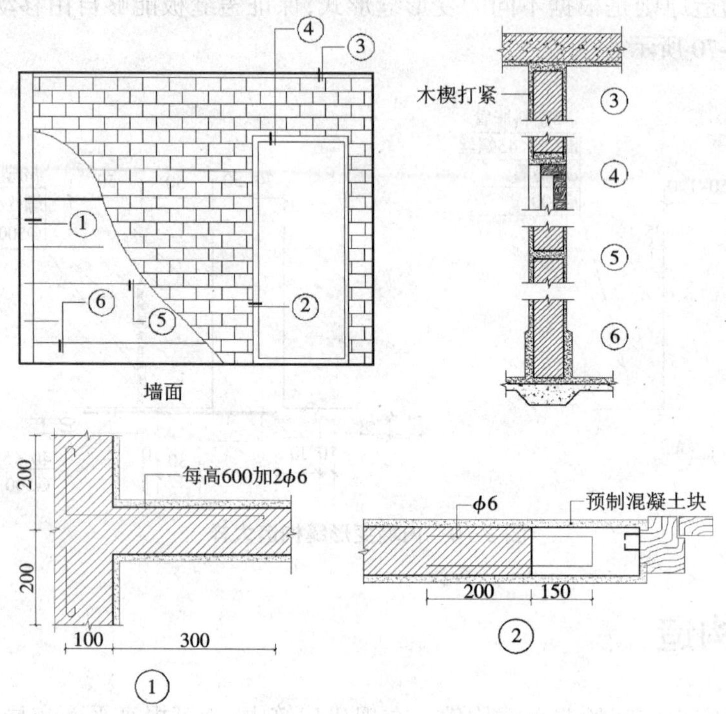

图 2-71　半砖隔墙

2. 砌块隔墙

目前最常用的是加气混凝土砌块、粉煤灰硅酸盐砌块、水泥炉渣空心砖等砌筑的隔墙。隔墙厚度由砌块尺寸确定，一般为 90~120 mm。砌块大多具有质轻、孔隙率大、隔热性能好等优点，但吸水性强。因此，有防水、防潮要求时应在墙下先砌 3~5 皮吸水率小的砖。砌块隔墙厚度较薄，也需采取加强稳定性的措施，其方法与砖隔墙类似。

3. 框架填充墙

框架填充墙用空心砖或轻质混凝土块材砌筑在框架梁柱之间，既可用于外墙，也可用于内墙，施工顺序为框架完工后砌填充墙体。框架填充墙的厚度视块材尺寸而定，用于外围护墙等有较高隔声和热工性能要求的墙体时不宜过薄，一般在 200 mm 左右。轻质块材通常吸水性较强，有防水、防潮要求时应在墙下先砌 3~5 皮吸水率小的砖。

填充墙与框架之间应有良好的连接，以利于将其自重传递给框架，其加固稳定措施与半砖隔墙类似，竖向每隔 500 mm 左右需从两侧框架柱中甩出 1 000 mm 长 2φ6 钢筋伸入砌体锚固，水平方向 2~3 m 需设置构造立柱，门框的固定方式与半砖隔墙相同，但 3.3 m 以上的较大洞口需在洞口两侧加设钢筋混凝土构造立柱。

2.3.2　轻骨架隔墙

轻骨架隔墙由骨架和面层两部分组成，由于是先立墙筋（骨架）再做面层，因而又称为立筋式隔墙。隔墙安装示意图如图 2-72 所示。

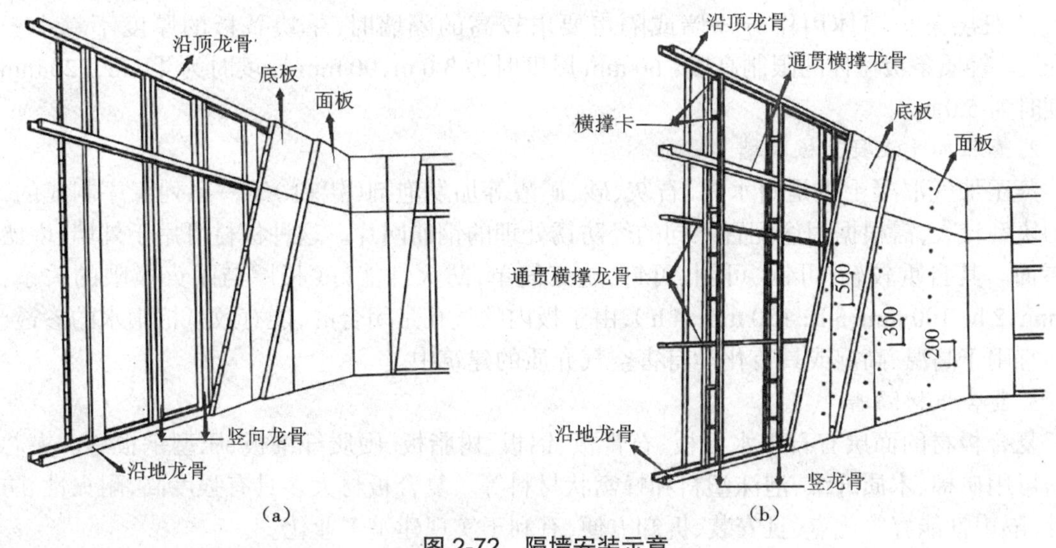

图 2-72　隔墙安装示意

(a)无配件骨架　(b)有配件骨架

1. 骨架

常用的骨架有木骨架和轻钢骨架。为节约木材和钢材,出现了采用工业废料和地方材料及轻金属制成的骨架,如石棉水泥骨架、浇筑石膏骨架、水泥刨花骨架、铝合金骨架等。

木骨架有消防隐患,应结合防火涂料使用;轻钢骨架的主要优点是强度高、刚度大、自重轻、整体性好、易于加工和大批量生产,还可根据需要拆卸和组装,使用广泛。

2. 面层

轻骨架隔墙的面层一般为人造板材面层,常用的有木质板材、石膏板、硅酸钙板、水泥平板等几类。

木质板材有胶合板和纤维板,多用于木骨架。

石膏板有纸面石膏板和纤维石膏板,纸面石膏板不应用于高于 45 ℃的持续高温环境;纤维石膏板是以熟石膏为主要原料,以纸纤维或木纤维为增强材料制成的板材,具备防火、防潮、抗冲击等优点。

硅酸钙板全称为纤维增强硅酸钙板,是以钙质材料、硅质材料和纤维材料为主要原料,经制浆、成坯与蒸压养护等工序制成的板材,具有轻质、高强、防火、防潮、防蛀、防霉、可加工性好等优点。

水泥平板包括纤维增强水泥加压平板(高密度板)、非石棉纤维增强水泥中密度与低密度板(埃特板),由水泥、纤维材料和其他辅料制成,具有较好的防火及隔声性能。

2.3.3　板材隔墙

板材隔墙是指单板高度相当于房间净高,面积较大且不依赖骨架,直接装配而成的隔墙。目前,采用的板材大多为条板,如各种轻质条板、蒸压加气混凝土板和各种复合板材等。

1. 轻质条板隔墙

常用的轻质条板有玻璃纤维增强水泥条板、钢丝增强水泥条板、增强石膏空心条板、轻骨料混凝土条板。条板墙体厚度应满足建筑防火、隔声、隔热等功能的要求。单层条板墙体用作分户墙时,其厚度不宜小于 120 mm;用作户内分隔墙时,其厚度不小于 90 mm。由条板组成的双层条板墙体用作分户墙或隔声要求较高的隔墙时，单块条板的厚度不宜小于60 mm。轻质条板墙体的限制高度：60 mm厚度时为3.0 m，90 mm厚度时为4.0 m，120 mm厚度时为5.0 m。

2. 蒸压加气混凝土板隔墙

蒸压加气混凝土板是由水泥、石灰、砂、矿渣等加发泡剂（铝粉）经一系列工序制成的，板的块型较大，需根据用途配置不同的经防锈处理的钢筋网片。这种板材可用于外墙、内墙和屋面。其自重较轻，可锯、可刨、可钉，施工简单，防火性能好（板厚与耐火极限的关系：75 mm，2 h；100 mm，3 h；150 mm，4 h），由于板内的气孔是闭合的，能有效抵抗雨水的渗透，但不宜用于高温、高湿或具有化学有害空气介质的建筑中。

3. 复合板材隔墙

复合板材的面层有石棉水泥板、石膏板、铝板、树脂板、硬质纤维板、压型钢板等。夹芯材料可用矿棉、木质纤维、泡沫塑料和蜂窝状材料等。复合板材大多具有强度高，耐火性、防水性、隔声性能好等优点，且安装、拆卸方便，有利于实现建筑工业化。

我国生产的金属面夹芯板，是一种多功能的建筑材料，具有高强、保温、隔热、隔声、装饰性能好等优点，既可用于内隔墙，还可用于外墙板、屋面板、吊顶板等。但泡沫塑料夹芯的金属复合板不能用于防火要求高的建筑。

2.3.4 隔断

隔断有屏风式隔断、镂空式隔断、玻璃隔断、移动式隔断、家具式隔断等，如图2-73所示。

玻璃隔断

家具式隔断

屏风式隔断

移动式隔断

镂空式隔断

图2-73 隔断

2.4 建筑墙面装修

建筑墙面装修分为抹灰、贴面、涂料、裱糊、铺钉,见表2-8。

表2-8 室内外墙面装修

类别	室外装修	室内装修
抹灰	水泥砂浆、混合砂浆、聚合物水泥砂浆、拉毛、水刷石、干粘石、斩假石、假面砖、喷涂、滚涂等	纸筋灰、麻刀灰粉面、石膏粉面、膨胀珍珠岩灰浆、混合砂浆、拉毛、拉条
贴面	外墙面砖、马赛克、玻璃马赛克、人造水磨石板、天然石板等	釉面砖、人造石板、天然石板等
涂料	石灰浆、水泥浆、溶解剂涂料、乳液涂料、彩色胶砂涂料、彩色弹涂等	大白浆、石灰浆、油漆、乳胶漆、水溶性涂料、弹涂等
裱糊		塑料墙纸、金属面墙纸、木纹壁纸、花纹玻璃纤维布、纺织面墙纸及锦缎等
铺钉	各种金属饰面板、石棉水泥板、玻璃	各种木夹板、木纤维板、石膏板及装饰面板等

2.4.1 建筑墙面装修的作用

建筑墙面装修具有以下作用:

(1)改善热工性能;

(2)提高防潮、抗风化能力,增强坚固性和耐久性;

(3)美观。

2.4.2 抹灰

抹灰的特点是材源广、施工简便、造价低廉。

抹灰的缺点是饰面耐久性低,易开裂、变色,工效低。

抹灰,是指用各种抹灰砂浆覆盖墙面、顶棚,分一般抹灰和装饰抹灰两类。一般抹灰是用石灰砂浆、水泥混合砂浆、水泥砂浆、聚合物水泥砂浆、膨胀珍珠岩水泥砂浆和麻刀灰、纸筋灰、石膏灰等抹灰。抹灰质量分普通、中级、高级三级,总厚度一般为15~35 mm,分层操作,其优点是附着力强,不易剥落,用料均匀,表面平整。装饰抹灰指面层为水刷石、水磨石、斩假石、干粘石、假面砖、拉条灰、拉毛灰、洒毛灰、喷砂、喷涂、滚涂、弹涂、仿石和彩色抹灰等的抹灰工程。装饰抹灰装饰性强,质量要求高,造价也较高。抹灰能保护基层,改善基层的物理性能并使其表面平整和美观。

1. 底层抹灰

底层抹灰具有使装修层与墙体粘牢和初步找平的作用。普通砖墙用石灰砂浆或混合砂浆打底;混凝土墙或有防潮、防水要求的墙用混合砂浆或水泥砂浆打底。底层抹灰如图2-74所示。

2. 中间层

中间层是为了进一步找平,减少底层砂浆干缩导致的面层开裂,其亦可作底层与面层间的黏结层。中间层如图 2-74 所示。

3. 面层抹灰

面层抹灰又称罩面，要求表面平整，无裂痕，颜色均匀。面层抹灰如图 2-74 所示。

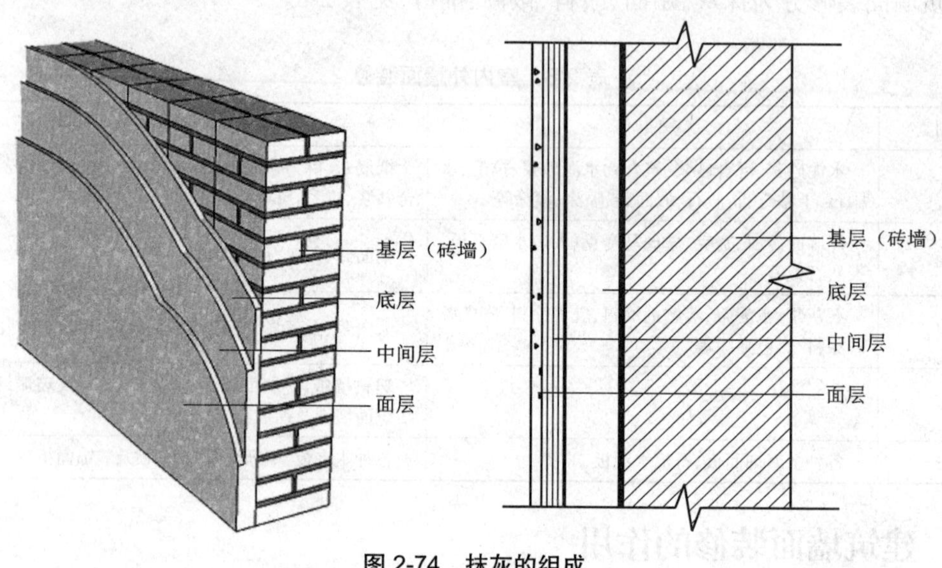

图 2-74　抹灰的组成

2.4.3　贴面

贴面，是指利用各种天然的或人造的板、块对墙面进行装修处理。面砖、瓷砖贴面构造大样如图 2-75 所示。

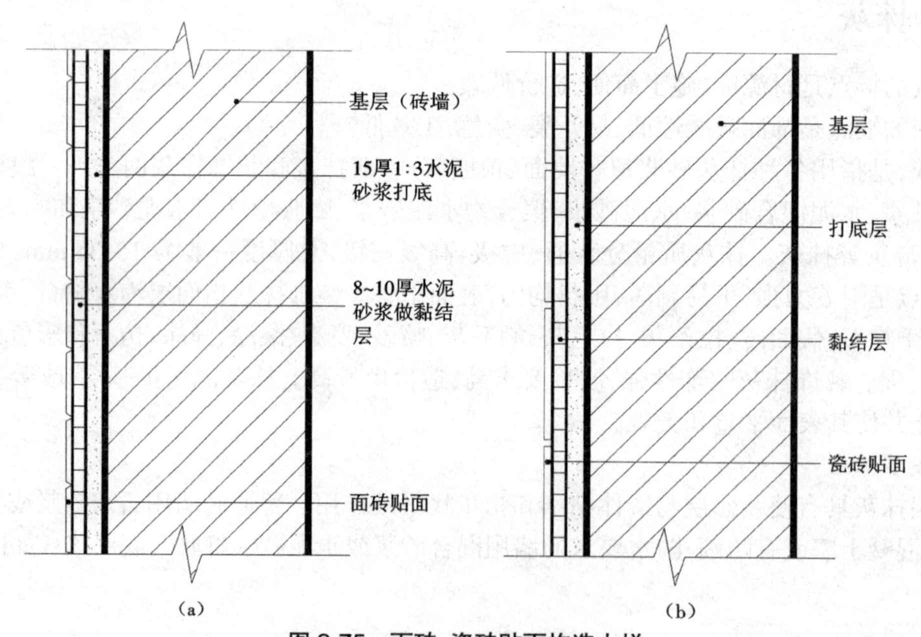

图 2-75　面砖、瓷砖贴面构造大样

(a)面砖贴面　(b)瓷砖贴面

天然、人造石板则需要采用拴挂法、锚固法等来安装，即预埋钢筋网或钢架，用铜丝或铅丝绑扎在钢筋网上或用专门的挂件挂在钢架上，就位后，石板与墙柱间浇筑 30 厚 1∶3 水泥砂浆。拴挂法、锚固法构造大样如图 2-76 所示。

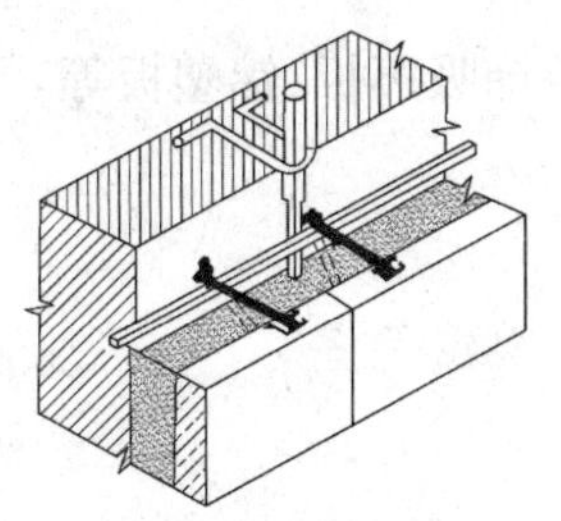
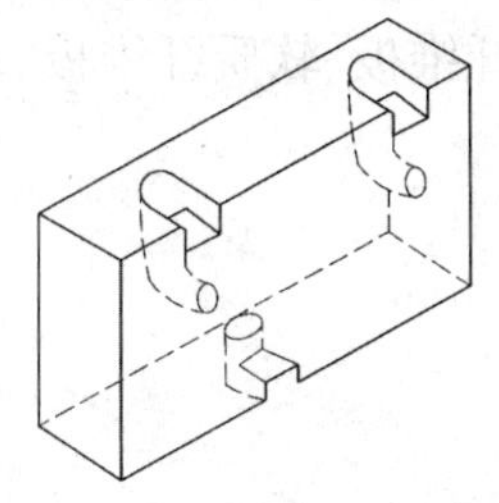
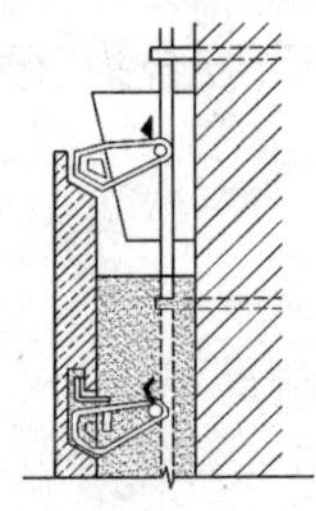
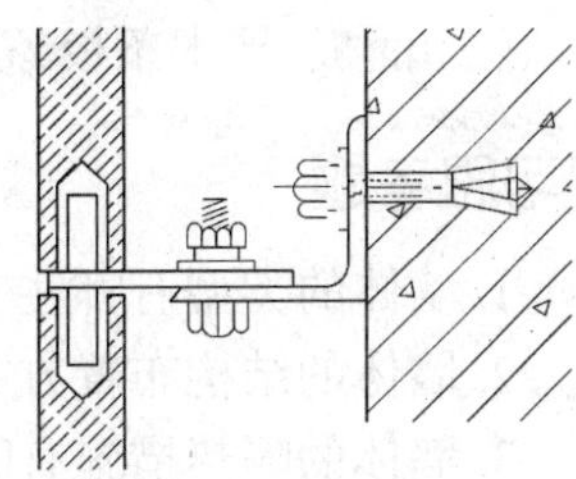

图 2-76　拴挂法、锚固法构造大样

2.4.4　涂料

涂料指涂敷于物体表面后，能与基层很好黏结，从而形成完整牢固的保护膜的面层物质。按主要成膜物的不同，涂料可分为有机涂料、无机涂料及有机和无机复合料三大类。涂料装饰效果好、造价低、操作简单、工期短、工效高、自重轻、维修更新方便。

外墙涂料：具有耐久性、耐候性、耐污染性和耐冻融性。

内墙涂料：平整度、丰满度、机械稳定性（硬度、耐干湿擦性）高。

乳胶漆：合成树脂借乳化剂作用，以极细微粒子溶于水中构成乳液，并以乳液为主要成膜物，加入适量辅料研磨成的涂料。其特点是以水为稀释剂、价格便宜、无毒无味、不易燃烧、具有透气性。

2.4.5　裱糊

墙纸：PVC 塑料墙纸、纺织物面墙纸、金属面墙纸。

墙布：玻璃纤维装饰墙布、织锦墙布。

裱糊类施工要求如下。

（1）对基体或基层的含水率要求：混凝土和抹灰不得大于 8%；木材制品不得大于 12%。

（2）腻子应坚实牢固，不得粉化、起皮和裂缝。

（3）墙面应整幅裱糊，并统一预排对花拼缝，不足一幅的应裱糊在较暗或不明显的部位。阴阳转角应垂直、棱角分明。阴角处墙纸搭接顺光，阳角处不得有接缝，并应包角压实。顶棚壁纸宜沿房间的长边方向裱糊。

（4）裱糊工程的质量标准：粘贴牢固，表面色泽一致，无气泡、空鼓、裂缝、翘边、皱褶和斑污，斜视无胶痕，正视（距墙面 1.5 m 处）不显拼缝。

2.4.6　铺钉

铺钉是指利用天然木板或各种人造薄板借助钉、胶等固定方式，对墙面进行装修处理，属于干作业。其特点是材料质感细腻、美观大方、装饰效果好、具有亲切感、能改善室内音质;缺点是防潮、防火性能差。

铺钉类墙面装饰的组成如下。

(1)骨架:金属或木材,为防止骨架与面板受潮,立墙筋前,先抹 10 mm 厚混合砂浆,涂刷热沥青两道,或直接刷热沥青。

(2)面板:硬木条板、石膏板、胶合板、硬质纤维板、软质纤维板、装饰吸声板、铝塑板等。

复习思考题

1. 墙体的类型有哪些?
2. 墙体的结构布置方案有哪些?
3. 墙体的隔热措施有哪些?
4. 墙体的保温措施有哪些?
5. 简述建筑噪声的形式及措施。
6. 简述墙脚的概念及防潮的处理方式。
7. 简述墙体的细部构造。
8. 简述建筑变形缝的相关知识。
9. 绘制与墙体有关的构造大样,并按 1∶50 制作所有墙体构件。

墙体相关视频请扫描以下二维码观看。

第 3 章　楼地层

3.1　概述

楼地层包括楼盖层和地坪层,它们都是从水平方向分隔房屋空间的承重构件,楼盖层分隔上下楼层空间;地坪层分隔地基与底层空间。通常情况下,它们有相同的面层,但由于所处位置不同、受力不同,因而结构层不同。楼盖层的结构层为楼板,楼板将上部荷载及自重传递给墙或柱,并向下传给基础。楼盖层为满足相应的功能要求,可增设相应的构造层(结合层、找平层、防水层、保温隔热层等)。地坪层的结构层为垫层,垫层将所承受的荷载及自重均匀地传给夯实的地基。楼地层的组成如图 3-1 所示。

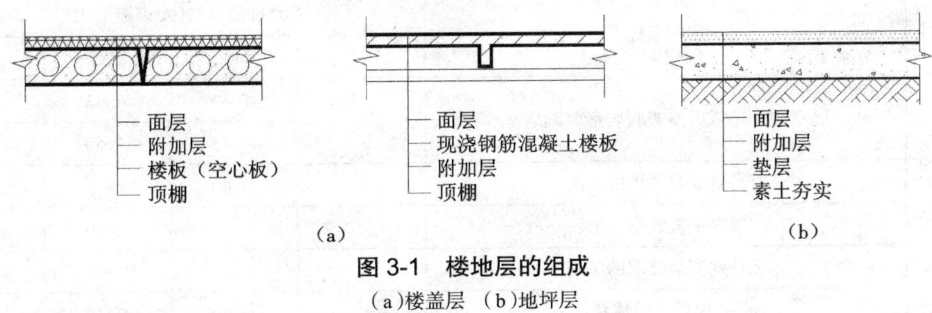

图 3-1　楼地层的组成

(a)楼盖层　(b)地坪层

3.1.1　楼盖层的基本组成及设计要求

1. 楼盖层的基本组成

楼盖层通常由面层、楼板、顶棚、附加层四部分组成。

(1)面层,又称楼面,是楼盖层的上面部分,直接承受各种物理和化学作用,分整体和块料两类,起保护楼板、承受并传递荷载、装饰等作用。

(2)楼板,是楼盖层的结构层,包括梁和板,主要承受上部的荷载,同时还对墙身起水平支撑的作用,应有足够的强度和刚度。此外,还应满足防水、防潮、防火、隔声、保温、隔热、耐化学侵蚀、经济合理、施工方便等要求。

(3)顶棚,是楼盖层的下面部分。楼盖层往往还需设置管道敷设、防水、隔声、保温等附加层。根据需要,附加层有时设在楼盖层上部,有时设在楼盖层下部。顶棚根据使用要求,可分为简易顶棚、抹灰顶棚、粘贴顶棚和吊顶棚四类。

(4)附加构造层。根据不同功能要求,可相应设置下列附加构造层。

①结合层:面层与下层的连接层,分胶凝材料和松散材料两类。

②找平层:在垫层、楼板或轻质松散材料上起找平或找坡作用的构造层。

③防水层:防止楼地面上的液体透过面层的构造层。

④防潮层：防止地基潮气透过地面的构造层，应与墙身防潮层相连接。

⑤保温隔热层：改变楼地面热工性能的构造层，设在地面垫层上、楼板上或吊顶内。

⑥隔声层：隔绝楼面撞击声的构造层。

⑦管道敷设层：敷设设备暗管线的构造层（无防水层的地面也可敷设在垫层内）。

2. 楼盖层的设计要求

1）楼板具有足够的承载力和刚度

根据建筑结构的要求，楼板应具有足够的承载力，能够承受上部荷载，具有足够的刚度，使得楼板的变形在允许的范围内。楼板的选用以及设计是由结构专业完成的。

2）满足功能方面的要求

Ⅰ. 隔声要求

楼板应具有一定的隔声能力，不同的房间对隔声的要求不同。表 3-1 和表 3-2 分别为民用建筑允许噪声标准和公共建筑允许噪声标准，在设计时可参考使用。

表 3-1 民用建筑允许噪声标准

建筑类别	房间名称	允许噪声级（A 声级）（dB）			
		特级	一级	二级	三级
住宅	卧室、书房（或卧室兼起居室）、起居室		≤ 40	≤ 45	≤ 50
			≤ 45	≤ 50	≤ 50
学校	有特殊安静要求的房间		≤ 40		
	一般教室			≤ 50	
	无特殊安静要求的房间		—	—	≤ 55
医院	病房、医护人员休息室		≤ 40	≤ 45	≤ 50
	门诊室		≤ 55		≤ 60
	手术室		≤ 45		≤ 50
	听力测听室		≤ 25		≤ 30
旅馆	客房	≤ 35	≤ 40	≤ 45	≤ 55
	会议室	≤ 40	≤ 45	≤ 50	≤ 50
	多功能大厅	≤ 40	≤ 45	≤ 50	
	办公室	≤ 45	≤ 50	≤ 55	≤ 55
	餐厅、宴会厅	≤ 50	≤ 55	≤ 60	

注：1. 有特殊安静要求的房间指语音教室、录音室、阅览室等；

2. 一般教室指普通教室、自然教室、音乐教室、琴房、阅览室、视听教室、美术教室、舞蹈教室等；

3. 无特殊安静要求的房间指健身房、以操作为主的实验室、教师办公室及休息室等。

表 3-2 公共建筑允许噪声标准

建筑名称	允许噪声标准（A 声级）（dB）		
	甲等	乙等	丙等
剧场、观众厅	≤ 35	≤ 40	≤ 45
影院、观众厅	≤ 40	≤ 45	≤ 45

续表

<table>
<tr><th rowspan="2">建筑名称</th><th colspan="3">允许噪声标准（A 声级）（dB）</th></tr>
<tr><th>甲等</th><th>乙等</th><th>丙等</th></tr>
<tr><td>电影院、医院病房、小会议室</td><td colspan="3">35~42</td></tr>
<tr><td>教室、大会议室、电视演播室</td><td colspan="3">30~38</td></tr>
<tr><td>音乐厅、剧院</td><td colspan="3">25~30</td></tr>
<tr><td>测听室、广播录音室</td><td colspan="3">20~30</td></tr>
</table>

楼板隔绝空气噪声，可采取使楼板密实、无裂缝等构造措施来达到。但是固体噪声在传递过程中，声能衰减很少，所以固体传声较空气传声的影响更大。因此，楼盖层隔声主要是针对固体传声，解决固体噪声的问题只能从噪声源着手。撞击声隔声标准表见表 3-3。

表 3-3　撞击声隔声标准

<table>
<tr><th rowspan="2">建筑名称</th><th rowspan="2">楼板部位</th><th colspan="4">计权标准化撞击声压级（dB）</th></tr>
<tr><th>特级</th><th>一级</th><th>二级</th><th>三级</th></tr>
<tr><td>住宅</td><td>分户层间楼板</td><td></td><td>≤ 65</td><td colspan="2">≤ 75</td></tr>
<tr><td rowspan="3">学校</td><td>有特殊安静要求的房间与一般教室之间</td><td></td><td>≤ 65</td><td>—</td><td>—</td></tr>
<tr><td>一般教室与产生噪声的活动室之间</td><td></td><td>—</td><td>≤ 65</td><td></td></tr>
<tr><td>一般教室与教室之间</td><td></td><td>—</td><td>—</td><td>≤ 75</td></tr>
<tr><td rowspan="3">医院</td><td>病房与病房之间</td><td></td><td>≤ 65</td><td colspan="2">≤ 75</td></tr>
<tr><td>病房与手术室之间</td><td></td><td></td><td colspan="2">≤ 75</td></tr>
<tr><td>听力测听室上部楼板</td><td>≤ 55</td><td>≤ 65</td><td colspan="2">≤ 75</td></tr>
<tr><td>旅馆</td><td>客房与各种有振动房间之间的楼板</td><td colspan="2">≤ 55</td><td colspan="2">≤ 65</td></tr>
</table>

Ⅰ）设置弹性地面

弹性地面是有较好弹性的地面的统称。一是面层具有较好弹性，如橡胶地面、塑料地面等；二是构造上经过特殊处理因而具有良好弹性，如弹性木地面等。弹性地面常用于有弹性要求的房间，具有减振消声的性能，同时还起到装饰美化的作用，是应用较广泛的一种材料。弹性地面如图 3-2 所示。

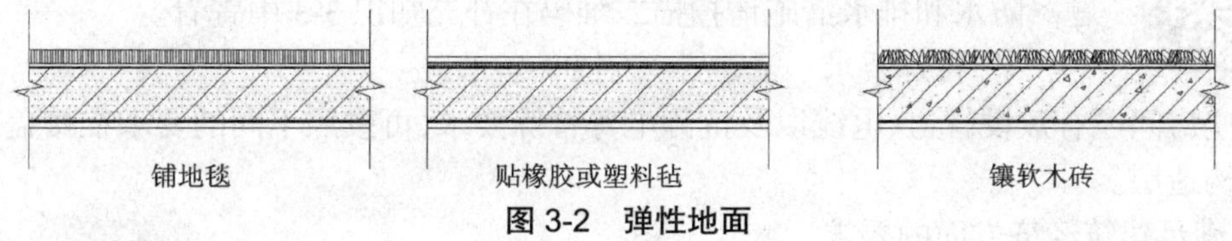

图 3-2　弹性地面

Ⅱ）设置弹性垫层，形成浮筑式楼板

浮筑式楼板，是在楼盖层的结构层与面层之间设弹性垫层，在楼板与墙面交接处隔离，避免刚性连接，消除振动传递，以改善房间的隔声能力。这种构造方式较为复杂。浮筑式楼板如图 3-3 所示。

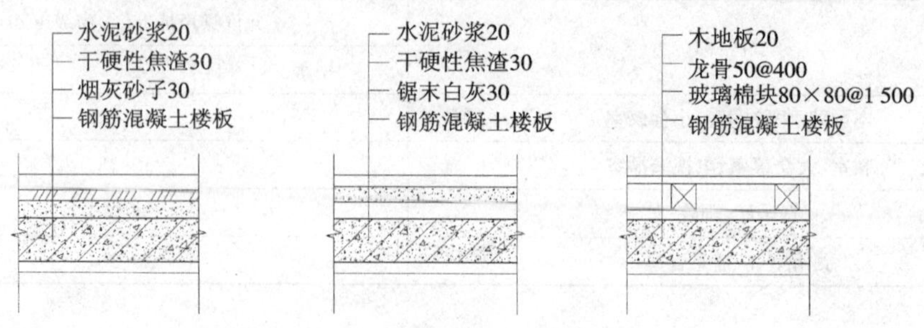

图 3-3 浮筑式楼板

Ⅲ)楼板下设置吊顶

利用弹性挂钩减振性好的特点,在楼板下设置吊顶使声能减弱,还可在顶棚上铺设吸声材料,加强隔声效果。吊顶如图 3-4 所示。

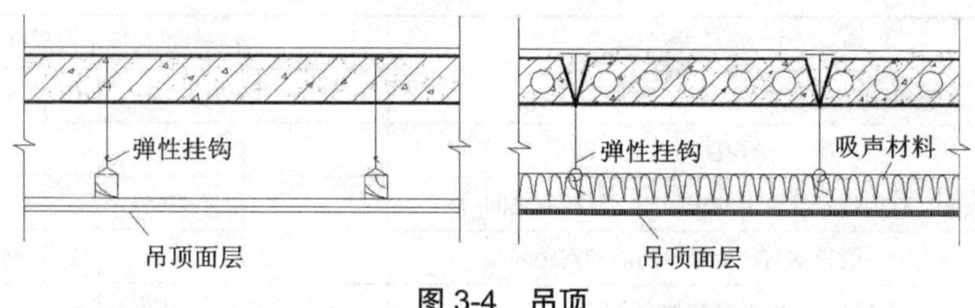

图 3-4 吊顶

Ⅱ. 防火要求

根据不同的耐火等级,民用建筑楼板的耐火极限有相应的规定,详见表 1-1。楼板的防火设计请扫描二维码在补充知识 3-1 中查看。

Ⅲ. 热工要求

对于有保温、隔热要求的房间,楼板作为围护构件,应设置保温、隔热层,减少冷热损失。必要时,还应进行保温、隔热验算。楼地面热工设计请扫描二维码在补充知识 3-2 中查看。

Ⅳ. 防水、防潮要求

厨房、卫生间等地面潮湿、易积水的房间,应设置防水层。经常有大量水作用或冲洗的楼面,必要时应设防水层。楼盖层还应处理好防渗漏的问题。防水和排水措施请扫描二维码在补充知识 3-3 中查看。

Ⅴ. 特殊要求

某些房间还有敷设管道、电线以及抗静电等特殊要求,可按照不同的要求在楼盖层设置相应的构造层。

3)满足建筑经济方面的要求

多层建筑中,楼盖的造价占土建造价的 20%~30%,应根据不同的建筑类别(大量性、大型性)、设计使用年限、使用要求以及施工技术条件,选择经济合理的结构形式和构造方案,尽量做到工业化、标准化、规模化。

3.1.2　楼板的类型及选用

根据所用的材料，楼板分木楼板、砖拱楼板、钢筋混凝土楼板、压型钢板组合楼板、钢楼板等。

1. 木楼板

木楼板是在木格栅之间设置剪刀撑，形成有足够整体性和稳定性的骨架，并在木格栅上下铺钉木板形成的楼板。这种楼板构造简单、自重轻、导热系数小，但耐久性和耐火性差，耗费木材量大，已很少采用。木楼板如图 3-5 所示。

2. 砖拱楼板

砖拱楼板是先在墙或柱上架设钢筋混凝土小梁，然后在钢筋混凝土小梁间用砖砌成拱形结构所形成的楼板。这种楼板耐火性、热稳定性好，节约钢材、水泥，但结构高度大，对振动敏感，不宜用于地震烈度较高的地区和容易产生不均匀沉降的建筑。砖拱楼板如图 3-6 所示。

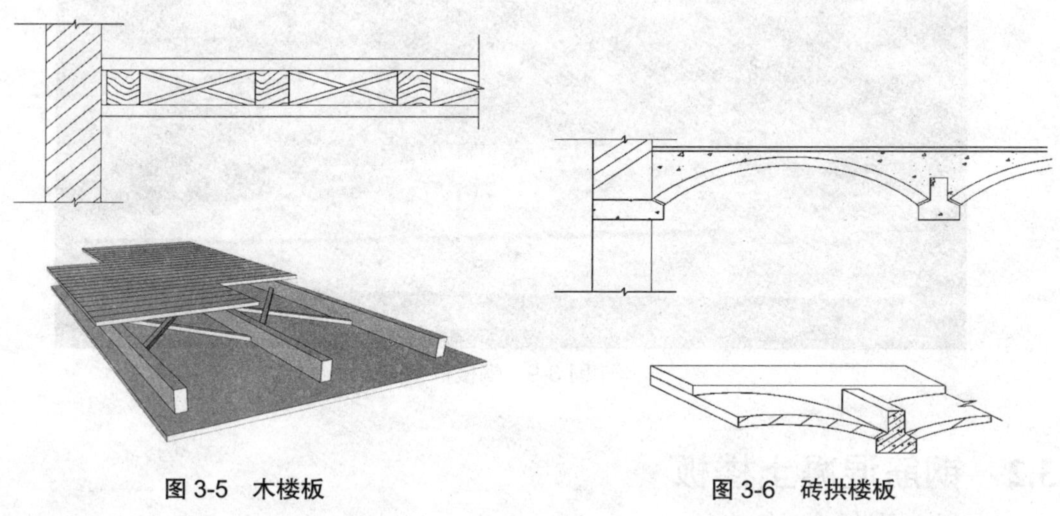

图 3-5　木楼板　　图 3-6　砖拱楼板

3. 钢筋混凝土楼板

钢筋混凝土楼板是由钢筋和混凝土构成的结构层。这种楼板坚固、耐久、耐腐蚀，承载能力强，防火性能好，可塑性好，工业化、机械化程度高，是目前运用最广泛的楼板。钢筋混凝土楼板如图 3-7 所示。

4. 压型钢板组合楼板

压型钢板组合楼板是以压型钢板为衬板，在上面浇筑混凝土。这种由钢衬板和混凝土组成的整体式楼板称为压型钢板组合楼板，其主要由楼面层、组合板和钢梁三部分组成。压型钢板承受施工时的荷载，是板底受拉钢筋，也是楼板的永久性模板。这种楼板简化了施工程序，加快了施工进度，具有较强的承载力、刚度和整体稳定性，但耗钢量较大，适用于多、高层的框架或框剪结构的建筑。压型钢板组合楼板如图 3-8 所示。

图 3-7 钢筋混凝土楼板

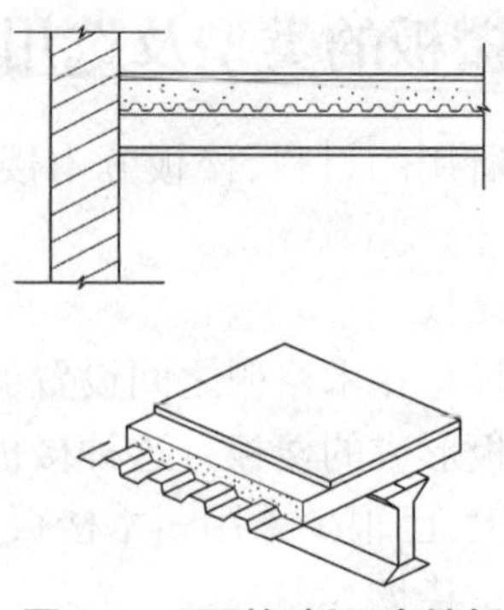

图 3-8 压型钢板组合楼板

5. 钢楼板

钢楼板的结构层由钢板组成，钢楼板使用较少，如轮船的楼板、仓库的楼板等。钢楼板如图 3-9 所示。

图 3-9 钢楼板

3.2 钢筋混凝土楼板

按施工方法，钢筋混凝土楼板的常见类型有预制装配式、现浇整体式、装配整体式三类。目前使用最多的是现浇整体式钢筋混凝土楼板。

3.2.1 预制装配式钢筋混凝土楼板

预制装配式钢筋混凝土楼板是把楼板划分成若干块，在工厂或工地预先制成，现场拼装而成的楼板，有平板、空心板、槽形板三种形式。这种楼板能节约模板，减少现场工序，缩短工期，提高施工工业化水平，但整体性差，在实际工程中已几乎不用。

1. 平板

实心平板上下板面平整，跨度一般不超过 2.4 m；厚度为 60~100 mm；宽度为 600~1 000 mm。由于板的厚度小，隔声效果差，故一般不用作房间的楼板，多用作楼梯平台、走道板、搁板、阳台栏板、管沟盖板等。平板如图 3-10 所示。

2. 槽形板

槽形板是由较薄的平板与肋梁组成的梁板合一、呈槽形的板,该板自重轻、用料省,但保温、隔热性能差,依槽口向上和向下,分别称为倒槽板和正槽板。当槽口向下时,结构合理,为正槽板。正槽板板底不平整、隔声效果差,常用于观瞻要求不高或在其下做吊顶的房间。当槽口向上时,为反槽板。反槽板的受力性能与经济性不如正槽板,但板底平整,槽内可填轻质材料满足保温、隔声等功能要求。槽形板如图3-11所示。

3. 空心板

空心板是将平板沿纵向抽孔,将多余材料去掉,形成中空的一种钢筋混凝土楼板。这种楼板底面平整,隔声效果好,如果施加预应力,更节约钢材、水泥。空心板有方孔、椭圆孔和圆孔之分。方孔能节约一定数量的混凝土,但脱模困难且板面易出现裂缝;椭圆孔与圆孔板相比,圆孔板制作更加方便,因而应用最为广泛。空心板如图3-12所示。

图3-10　平板

图3-11　槽形板

图3-12　空心板

3.2.2　现浇整体式钢筋混凝土楼板

现浇整体式钢筋混凝土楼板是在施工现场通过支模、绑扎钢筋、浇筑混凝土、养护等工序形成的楼板,具有能自由成型、整体性强、抗震性好等优点,但模板用量大、工序多、工期长、劳动强度大,且施工受季节影响较大。根据受力和传力情况,该种楼板分为板式楼板、梁板式楼板、无梁楼板、现浇空心楼板。

1. 板式楼板

将楼板现浇成一块平板,四周直接支承在墙上,这种楼板称为板式楼板。板式楼板的底面平整,便于支模施工,但当楼板跨度大时,需增加楼板的厚度,耗费材料较多,所以板式楼板适用于平面尺寸较小的空间,如厨房、卫生间及走廊等。板式楼板如图3-13所示。

图3-13　板式楼板

板式楼板按受力特点分为单向板和双向板。当板的长边与短边之比大于 2 时,板上荷载基本沿短边传递,这种板称为单向板(图 3-14(a))。当板的长边与短边之比小于或等于 2 时,板上荷载沿两个方向传递,这种板称为双向板(图 3-14(b))。

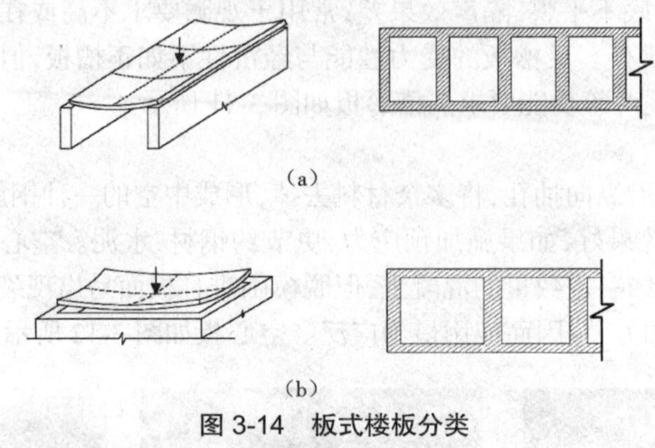

(a)

(b)

图 3-14 板式楼板分类

(a)单向板 (b)双向板

2. 梁板式楼板

当房间平面尺寸较大时,为避免楼板跨度过大,可在楼板下设梁来减小板的跨度,这种由梁、板组成的楼板称为梁板式楼板。根据梁的布置情况,梁板式楼板分为单梁式楼板、双梁式楼板和井式楼板。

1)单梁式楼板

当房间有一个方向的平面尺寸相对较小时,可以只沿短边设梁,梁直接搁置在墙上,这种梁板式楼板属于单梁式楼板。单梁式楼板的荷载传递途径为板—梁—墙,这种楼板适用于教学楼、办公楼等建筑。单梁式楼板如图 3-15 所示。

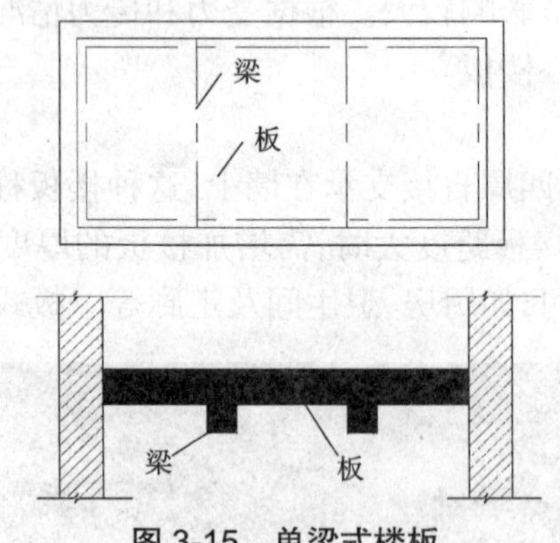

图 3-15 单梁式楼板

2)双梁式楼板(肋梁楼板)

当房间两个方向的平面尺寸都较大时,则需要在板下沿两个方向设梁,一般沿房间的短边设置主梁,沿长边设置次梁,板、主梁、次梁组成的梁板式楼板叫双梁式楼板,也称为肋梁楼板。双梁式楼板的荷载传递途径为板—次梁—主梁—墙,这种楼板适用于平面尺寸较大的建筑,如教学楼、办公楼、小型商店等。根据板的受力状况,有单向板肋梁楼板、双向板肋梁楼板。单向板受力后仅向短边传递荷载;双向板受力后向两个方向传递荷载,短边受力大,长边受力小。双梁式楼板如图 3-16 所示。

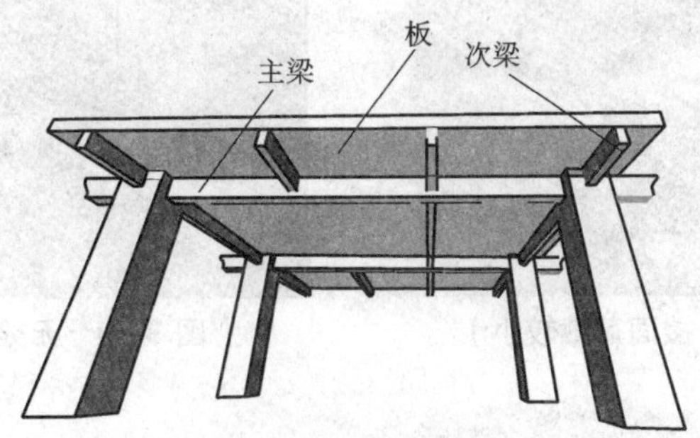

图 3-16　双梁式楼板

肋梁楼板布置原则如下:

(1)承重构件(柱、梁、墙)规律布置,上下对齐,以利于结构传力直接、受力合理;

(2)板上不宜布置较大的集中荷载,自重大的隔墙与设备布置在梁上,梁避免支承在门窗洞口上;

(3)满足经济要求,次梁经济跨度 4~6 m,主梁经济跨度 5~8 m。

3)井式楼板

井式楼板的结构层由现浇钢筋混凝土井字形梁与板组成。梁双向布置、断面等高,是一种特殊的双梁式楼板,梁无主次之分,可正交正放也可正交斜放,跨度最大 30 m 左右,外形规则、美观,梁截面尺寸较小,提高了房间净高,适用于建筑平面为方形或接近方形的大厅,如会议室、餐厅、小礼堂、歌舞厅等。井式楼板如图 3-17 所示。

图 3-17　井式楼板

3. 无梁楼板

无梁楼板是在楼板跨中设置柱子来减小板跨,板直接支承在柱上,不设梁的楼板。这种楼板顶棚平整,室内净高大,采光、通风良好,多用于柱距 6 m 左右,楼板活荷载较大的商店、仓库、展览馆等。柱与楼板连接处,分为有柱帽和无柱帽两种。当楼面荷载较小时,采用无柱帽的形式,如图 3-18 所示。当楼面荷载较大时,为提高板的承载能力、刚度和抗冲切能力,可以在柱顶设置柱帽和托板来减小板跨,增加柱对板的支托面积,如图 3-19 所示。

图 3-18 无梁楼板(楼面荷载较小)

图 3-19 无梁楼板(楼面荷载较大)

4. 现浇空心楼板

现浇空心楼板施工时,在楼板上下钢筋网间的混凝土中埋置 GBF 管,形成中空的楼板。其主要特点:有利于缩短工期,改善楼板层的隔声隔热效果,提高室内净高,降低建筑自重,大幅度降低建筑综合造价。现浇空心楼板如图 3-20 所示。

图 3-20 现浇空心楼板

3.2.3 装配整体式钢筋混凝土楼板

现浇整体式钢筋混凝土楼板,模板用量大、施工工序多;预制装配式钢筋混凝土楼板,整体性差。二者综合,将楼板一部分预制安装后,再整浇一层钢筋混凝土,即形成装配整体式钢筋混凝土楼板。按结构及构造方法的不同,装配整体式钢筋混凝土楼板分为密肋楼板、叠合楼板等类型。

1. 密肋楼板

密肋楼板是次梁(肋)间距很密的钢筋混凝土肋形楼盖,由密肋楼板和填充块叠合而成,有现浇密肋楼板、预制小梁密肋楼板等。这种楼板由于施工较麻烦,大中城市较少采用。密肋楼板如图 3-21 所示。

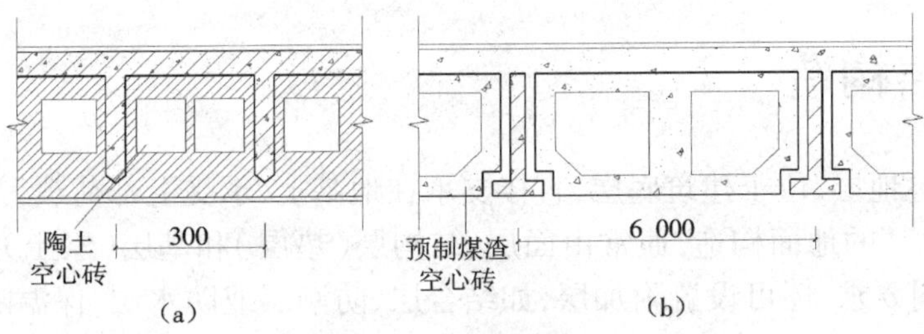

图 3-21　密肋楼板

(a)现浇密肋楼板　(b)预制小梁密肋楼板

2. 叠合楼板

叠合楼板是预制部分和后浇混凝土叠合而成为的整体板,预制钢筋混凝土薄板作为模板并承受施工荷载,上面整浇混凝土叠合层,后浇混凝土和预制板之间应有良好的结合。其优点是具有良好的整体性,预制薄板可以兼作结构、模板,并有装修等多种功能,施工简便,适用于住宅、宾馆、教学楼、办公楼、医院等建筑。叠合楼板如图 3-22 所示。

图 3-22　叠合楼板

为保证预制薄板与叠合层有较好的连接,薄板上表面需进行处理,常见的方法有两种:一种是在上表面刻槽,如图 3-23(a)所示;另一种是在上表面露出较规则的三角形结合钢筋,如图 3-23(b)所示。

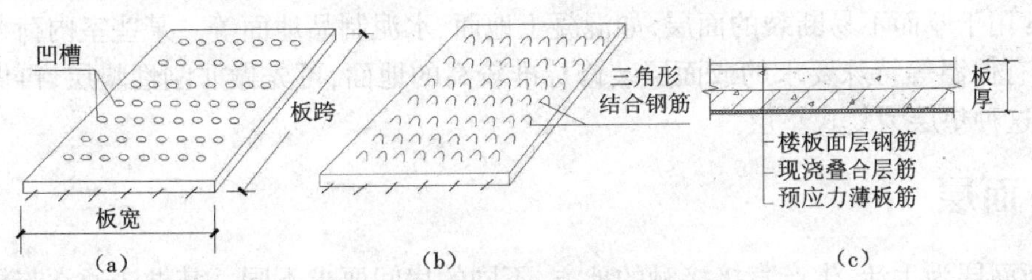

图 3-23　预制薄板的表面处理

(a)板面刻槽楼板　(b)板面露出三角形结合钢筋　(c)叠合楼板结合钢筋

3.3 地坪层构造

地坪层,也称地层,位于建筑底层,直接支承在地基上,承受上部荷载,并把荷载连同自重直接传递给地基的地面构造,通常由面层、结构层(垫层)和基层(素土夯实)组成,见表3-4。为满足不同要求,还可设置附加层,如结合层、防潮层或防水层、保温隔热层等。地坪层必须坚固、耐磨、卫生、经济、美观。

表 3-4 地坪层

厚度	简图	构造	
		地面	楼面
D=100 mm L=40 mm	D d L 地面 楼面	1. C20 细石混凝土 ±40 mm 厚,表面撒 1∶1 水泥砂子随打随抹光 2. 水泥一道(内掺建筑胶)	
		3. C10 混凝土垫层 60 mm 厚 4. 夯实土	3. 现浇钢筋混凝土楼板或预制楼板之现浇叠合板

3.3.1 夯土层

夯土层(也叫素土夯实层):基础完成以后,底层地面首先要回填土然后夯实,均匀承受荷载。一般填 300 mm 厚的不含杂质的砂质黏土,再夯成 200 mm 厚。

3.3.2 垫层

垫层是承受地面荷载并将其传给地基的结构层。垫层有刚性垫层和非刚性垫层两种。

刚性垫层常用低强度等级混凝土,一般用 C15 混凝土,厚度为 80~100 mm;非刚性垫层一般指砂垫层(50 mm)、碎石垫层(80~100 mm)、石灰炉渣垫层(50~70 mm)、三合土垫层(70~120 mm)。

刚性垫层用于要求较高、薄而脆的面层,如水磨石地面、瓷砖地面、大理石地面等;非刚性垫层常用于厚而不易断裂的面层,如混凝土地面、水泥制品地面等。某些室内荷载大且地基较差、有保温等特殊要求的或面层装修标准较高的地面,可先做非刚性垫层,再做一层刚性垫层,这种垫层为复式垫层。

3.3.3 面层

地面面层为生活、生产直接接触的地方,不同的房间要求不同。其做法通常与楼盖面层做法一样,要求有较好的蓄热性和弹性。浴室、厕所要求耐潮湿、不透水;厨房、锅炉房要求地面防水、耐火;实验室则要求耐酸碱、耐腐蚀等。

3.4　楼地面细部构造

表 3-5 为建筑设计中常用的一些楼地面及其面层的一些特征，在设计中可参考使用。楼地面面层材料的选用及相关规定请扫描二维码在补充知识 3-4 中查看。

表 3-5　常用楼地面及其面层特征

类别	楼地面名称	面层特征										
		感热度	燃烧性	起尘性	耐磨性	消声度	光滑度	耐水性	透水性	耐油性	发火性	耐撞击性
简易	素土或灰土地面	●	○	●	●	○	○	●	●	○	○	○
	矿渣或碎石地面	△	○	●	△	△	○	○	●	○	●	○
	石灰炉渣地面	●	○	●	△	△	○	△	●	○	○	○
	石灰三合土地面	●	○	●	△	△	○	△	●	○	○	○
	黏土砖地面	●	○	●	△	●	○	●	●	○	○	
水泥	水泥砂浆地面	●	○	△	△	●	○	○	△	○	●	
	防滑水泥地面	●	○	△	△	●	○	○	△	○	●	
	光洁水泥地面	●	○		△	●	△	○	△	○	●	
	铁屑水泥地面	●	○	△	○	●	○	○	△	○	●	
混凝土	混凝土地面	●	○	△	○	●	○	○	△	○	●	
	混凝土板地面	●	○	○	○	●	○	○	△	○	●	
水磨石	普通水磨石地面	●	○	○	○	●	△	○	△	○	●	
	美术水磨石地面	●	○	○	○	●	△	○	△	○	●	
	水磨石板地面	●	○	○	○	●	△	○	△	○	●	
块料	水泥花砖地面	●	○	○	△	●	△	○	△	○	●	
	缸砖地面	●	○	○	○	●	△	○	△	○	●	
	陶瓷地砖地面	●	○	○	○	●	△	○	△	○	●	
	大理石地面	●	○	○	△	●	●	△	△	○	●	
	磨光花岗岩地面	●	○	○	○	●	●	○	△	○	●	
	块石条石地面	●	○	○	○	●	○	○	△	○	●	
木材	铺设木地面	○	●	○	△	△	○	●	●	●	○	
	粘贴木地面	○	●	○	△	△	○	●	●	●	○	
	弹簧木地板地面	○	●	○	△	△	○	●	●	●	○	
	活动木地板地面	○	●	○	△	△	○	●	●	●	○	
	木砖地面	○	●	○	△	△	○	●	●	●	○	
沥青	沥青砂浆地面	●	○	△	△	△	○	○	○	○	○	○
	沥青混凝土地面	●	○	△	△	△	○	○	○	○	○	○

续表

类别	楼地面名称	面层特征										
		感热度	燃烧性	起尘性	耐磨性	消声度	光滑度	耐水性	透水性	耐油性	发火性	耐撞击性
其他	橡胶地面	△	△	○	△	○	○	○	○	○	○	○
	塑料地面	△	△	○	△	○	○	○	○	●	○	
	地毯地面	○	●	●	△	○	○	●	●	●	○	○
	菱苦土地面	○	△	○	△	○	△	●	●	○	○	
	金属地面	●	○	○	○	○	○	○	○	○	●	
	不发火花地面	●	○	△	○	●	○	○	△	○	○	
	耐油混凝土地面	●	○	△	○	●	○	○	○	○	●	
图例		感热度	燃烧性	起尘性	耐磨性	消声度	光滑度	耐水性	透水性	耐油性	发火性	耐撞击性
○		暖	不燃	小	强	无噪声	不滑	耐水	不透水	耐油	不发火花	耐撞击
△		半暖	难燃	一般	中	稍有噪声	有水时滑	稍耐水	稍透水	稍耐油		
●		冷	燃烧	大	弱	有噪声	光滑	不耐水	透水	不耐油	发火花	

3.4.1 整体楼地面

整体楼地面是采用在现场拌和的湿料，经浇抹形成的面层，具有构造简单、造价较低等特点，是一种应用较广泛的类型。其分为：① 无机材料地面：石灰炉渣、三合土、水泥砂浆、水磨石、混凝土、菱苦土等；② 有机材料地面：环氧树脂沥青地面、聚醋酸乙烯地面、丙烯酸树脂地面等。

1. 水泥砂浆楼地面

水泥砂浆楼地面（表 3-6）是在结构层上抹水泥砂浆形成的面层，优点是构造简单、坚固、耐磨、防水、造价低廉、施工方便、能防水防潮，但导热系数大、易结露、易起灰、不易清洁，是一种被广泛采用的低档楼地面，常有单面层和双面层两种做法。

表 3-6 水泥砂浆楼地面

厚度	简图	构造	
		地面	楼面
D=100 mm L=40 mm	D d L 地面 楼面	1. 1 : 2.5 水泥砂浆 20 mm 厚 2. 水泥一道（内掺建筑胶）	
		3. C10 混凝土垫层 60 mm 厚 4. 夯实土	3. 现浇钢筋混凝土楼板或预制楼板之现浇叠合板

2. 现浇水磨石楼地面

现浇水磨石楼地面（表 3-7）是用天然石料的石屑与水泥的拌和物铺设，经磨光、打蜡而成的地面，具有光洁、坚硬、耐磨、耐油、耐碱和抗水等优点，但比水泥砂浆地面更容易产生凝结水，适用于人群停留时间较短或需经常用水清洗的楼地面，如门厅、营业厅、厨房、盥洗室等房间。

表 3-7　现浇水磨石楼地面

厚度	简图	构造	
		地面	楼面
D=90 mm L=30 mm	D d L 地面 楼面	1. 1 : 2.5水泥彩色石子地面10 mm厚，表面磨光打蜡 2. 1 : 3水泥砂浆结合层20 mm厚 3. 水泥浆一道（内掺建筑胶）	
		4. C10 混凝土垫层 60 mm 厚 5. 夯实土	4. 现浇钢筋混凝土楼板或预制楼板之现浇叠合板

3.4.2　块材楼地面

块材楼地面是各种天然或人造的预制块材或板材，通过铺贴形成面层的楼地面，其优点是易清洁、耐用、花色品种多、装饰效果强；缺点是工效低、价格高，属中高档楼地面，适用于人流量大、清洁要求和装饰要求高、有水作用的建筑。

1. 缸砖、瓷砖、陶瓷锦砖楼地面

缸砖、瓷砖、陶瓷锦砖楼地面（表 3-8）的共同特点是表面致密光洁、耐磨、吸水率低、不变色。缸砖、瓷砖、陶瓷锦砖属小型块材，铺贴工艺类似。

表 3-8　缸砖、瓷砖、陶瓷锦砖楼地面

厚度	简图	构造	
		地面	楼面
D=90 mm L=30 mm	D d L 地面 楼面	1. 彩色釉面砖8~10 mm厚，干水泥擦缝 2. 1 : 3干硬性水泥砂浆结合层20 mm厚，表面撒水泥粉 3. 水泥浆一道（内掺建筑胶）	
		4. C10 混凝土垫层 60 mm 厚 5. 夯实土	4. 现浇钢筋混凝土楼板或预制楼板之现浇叠合板

2. 花岗石板、大理石板楼地面

花岗石板、大理石板属于高级楼地面材料，铺设前应按房间尺寸预定，铺设时应先试铺，合适后再开始正式粘贴。花岗石、大理石板的耐磨性与装饰效果好，但价格昂贵。花岗石板、大理石板楼地面详见表 3-9。

表 3-9　花岗石板、大理石板楼地面

厚度	简图	构造	
		地面	楼面
D=100 mm L=40 mm	D　d　L 地面　楼面	1. 磨光花岗石板 20 mm 厚，水泥浆擦缝 2. 1∶3干硬性水泥砂浆结合层20 mm厚，表面撒水泥粉 3. 水泥浆一道（内掺建筑胶）	
		4. C10 混凝土垫层 60 mm 厚 5. 夯实土	4. 现浇钢筋混凝土楼板或预制楼板之现浇叠合板

3.4.3　木楼地面

木楼地面弹性好、不起尘、易清洁、导热系数小，但造价较高，是一种高级楼地面类型。木楼地面按构造方式分为空铺式和实铺式。

1. 空铺式木楼地面

空铺式木楼地面是将木地面架空铺设，使板下有足够的空间通风，以保持干燥，由于构造复杂，耗费木材较多，一般用于环境干燥、对楼地面有较高弹性要求的房间，如图 3-24 所示。

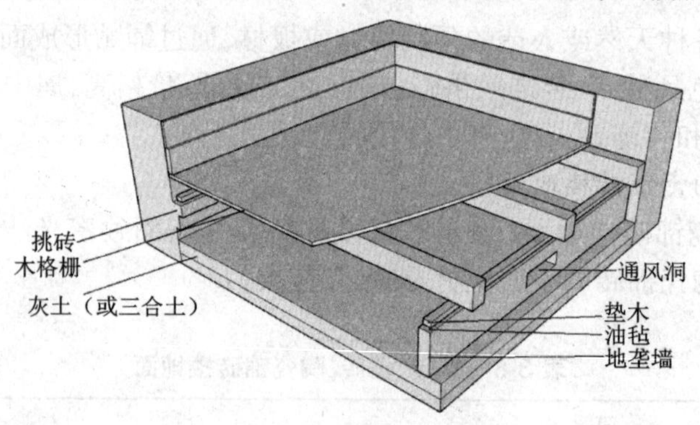

图 3-24　空铺式木楼地面

2. 实铺式木楼地面

实铺式木楼地面有铺钉式和粘贴式两种。当地坪层采用实铺式木楼地面时，须在混凝土垫层上设防潮层。

（1）铺钉式木楼地面（表 3-10）是在混凝土垫层或楼板上固定小断面的木龙骨，然后在木龙骨上铺钉木板材。木板材可采用单层和双层做法。

表 3- 10　铺钉式木楼地面

厚度	简图	构造	
		地面	楼面
D=160 mm L=100 mm	D　d　L 地面　楼面	1. 地板漆 2 道 2. 100 mm × 25 mm 长条松木地板（背面满刷氟化钠防腐剂） 3. 50 mm × 50 mm 木龙骨 @400 mm，架空 20 mm，表面刷防腐剂	
		4. C15 混凝土垫层 60 mm 厚 5. 夯实土	4. 现浇楼板或预制板之现浇叠合板

（2）粘贴式木楼地面（表 3-11）是在混凝土垫层或楼板上先用 20 mm 厚 1：2.5 水泥砂浆找平，干燥后用专用胶黏剂黏结木板材。粘贴式木楼地面由于省去了龙骨，比铺钉式节约木材、施工简便、造价低，故应用广泛。

表 3-11　粘贴式木楼地面

厚度	简图	构造	
		地面	楼面
D=100 mm L=40 mm	D　d　L 地面　楼面	1. 打腻子，涂清漆两道（地板成品已带油漆者无此工序） 2. 粘贴硬木企口席纹拼花地板（用 XY401 胶）10~14 mm 厚 3. 1：2.5 水泥砂浆 20 mm 厚 4. 水泥浆一道（内掺建筑胶）	
		5. C10 混凝土垫层 60 mm 厚 6. 浮铺塑料薄膜一层 0.2 mm 厚 7. 夯实土	5. 现浇楼板或预制板之现浇叠合板

3. 复合木地板楼地面

复合木地板楼地面（表 3-12）一般由四层复合而成（第一层为透明人造金刚砂的超强耐磨层，第二层为木纹装饰纸层，第三层为高密度纤维板的基材层，第四层为防水平衡层），经高性能合成树脂浸渍后，再经高温、高压压制，四边开榫而成。这种复合木地板楼地面精度高，特别耐磨，阻燃性、耐污性好，保温、隔热及观感方面可与实木地板相媲美。

复合木地板一般悬浮铺设，即在较平整基层（在 1 m 的距离内高差不应超过 3 mm）上先铺设一层聚乙烯薄膜作为防潮层。铺设时，复合木地板四周榫槽用专用防水胶密封，以防止地面水向下浸入。

表 3-12　复合木地板楼地面

厚度	简图	构造	
		地面	楼面
D=90 mm L=30 mm	D　d　L 地面　楼面	1. 强化企口复合木地板 8 mm 厚（企榫涂胶黏结） 2. 1：2.5 水泥砂浆 20 mm 厚 3. 水泥砂浆一道（内掺建筑胶）	
		4. C10 混凝土垫层 60 mm 厚 5. 浮铺塑料薄膜一层，0.2 mm 厚 6. 夯实土	4. 现浇楼板或预制板之现浇叠合板

3.4.4　踢脚板和墙裙

1. 踢脚板

踢脚板是室内墙脚与楼地面交接处的墙面装修线脚，它使墙面装修完整，对墙面起保护作用，防止被撞损和污染，同时对墙体与楼地板形成的缝有封盖作用，其做法取决于楼、地板面层的做法。

踢脚板可以看作楼地面在墙面上的延伸，一般采用与楼地面相同的材料，有时也采用木材制作，高度一般为 120~150 mm，可凸出、凹进或与墙面平齐，如图 3-25 所示。

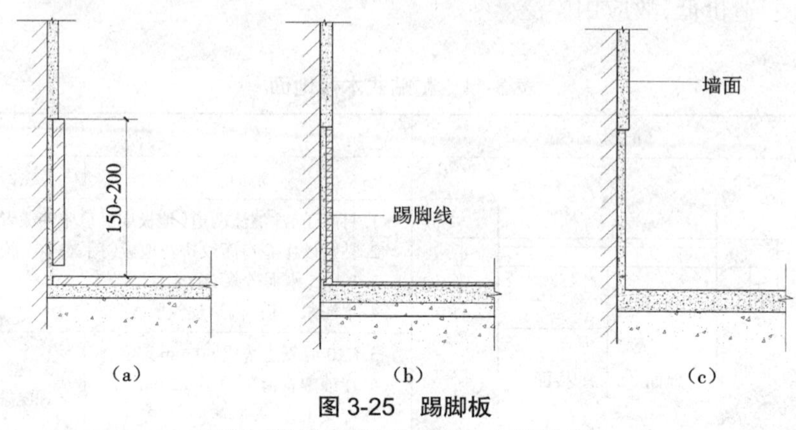

图 3-25　踢脚板

（a）凸出墙面　（b）与墙面平齐　（c）凹进墙面

2. 墙裙

墙裙是内墙面装修层在下部的处理，起一定的装饰作用，主要用于防止人在建筑物内活动时碰撞或污染墙面。墙裙应采用有一定强度、耐污染、方便清洗的材料。墙裙高度和房间的用途有关，一般为 900~1 200 mm，对于易受水影响的房间，高度为 900~2 000 mm。

3.4.5　楼地层变形缝

当建筑物设变形缝时，应在楼地层的对应位置设变形缝。变形缝应贯通楼地层各层，构造上保证楼层和地层能满足美观和变形的需求。楼地面变形缝（沉降缝、伸缩缝、抗震缝）一般结合建筑物变形缝设置。设有分仓缝的大面积混凝土垫层地面可不另设地面伸缩缝。

地面与振动较大的设备基础之间以及地面上局部地段的堆放荷载与相邻地段的堆放荷载相差悬殊时应设变形缝。地面变形缝不得穿过设备的底面。变形缝应贯通楼地面各层，面层的变形缝宽度≥ 10 mm，混凝土垫层≥ 20 mm（楼板变形缝宽度按结构设计确定）。对沥青类材料的整体面层和铺在砂、沥青玛碲脂结合层上的板、块材面层，可只在混凝土垫层（或楼板）中设置变形缝。

1. 楼板层变形缝

楼板层变形缝（图 3-26）的宽度应与墙体变形缝一致，上部用金属板、水磨石板、塑料板等盖缝，以防止灰尘下落。顶棚处用木板、金属调节片等做盖缝处理，盖缝板应与一侧固定，另一侧自由，以保证缝两侧结构能够自由变形。

2. 地坪层变形缝

当地坪层采用刚性垫层时，变形缝（图 3-27）应从垫层到面层处断开，垫层处缝内填沥青麻丝或聚苯板，面层处理同楼面。当地坪层采用非刚性垫层时，可不设变形缝。

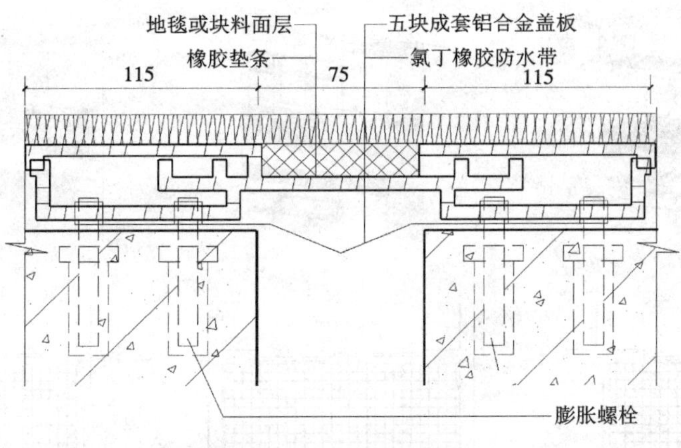

图 3-26　楼板层变形缝

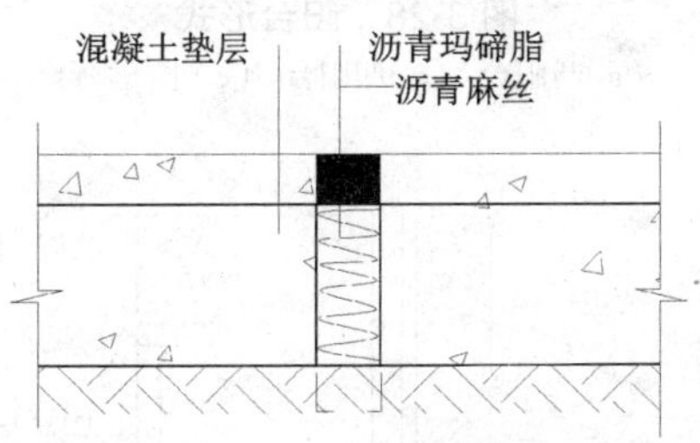

图 3-27　地坪层变形缝

3.5　阳台和雨篷

3.5.1　阳台的结构类型

阳台是建筑中凸出或凹进外墙的平台，专供晾晒衣物、休息及其他活动之用。阳台由阳台板和栏杆扶手组成，阳台板是阳台的承重结构，阳台临空部位必须设置栏杆，以保证安全。

阳台按使用性质有生活阳台和服务阳台之分。生活阳台供日常生活起居使用，一般与居室相连；服务阳台设在厨房外面，供厨房活动用。

根据阳台凹凸于外墙的情况，有凸阳台、凹阳台和半凸阳台之分，见图 3-28。位于外墙转角处的阳台称为转角阳台；亦有楼层房间将部分窗扇做成落地长窗，外装栏杆，使室内部分面积取得类似阳台的使用效果，这种阳台称为假阳台。

阳台按施工方式分为现浇阳台和预制阳台。阳台一般为敞开式，严寒地区有时可做成封闭式。阳台是建筑立面的处理手法之一，对立面的美观有一定的影响，常用于住宅、旅馆、医院等建筑。

1. 墙承式阳台

墙承式阳台是将阳台板直接搁置在墙上，这种结构形式稳定、可靠，施工方便，多用于凹阳台，如图 3-29 所示。

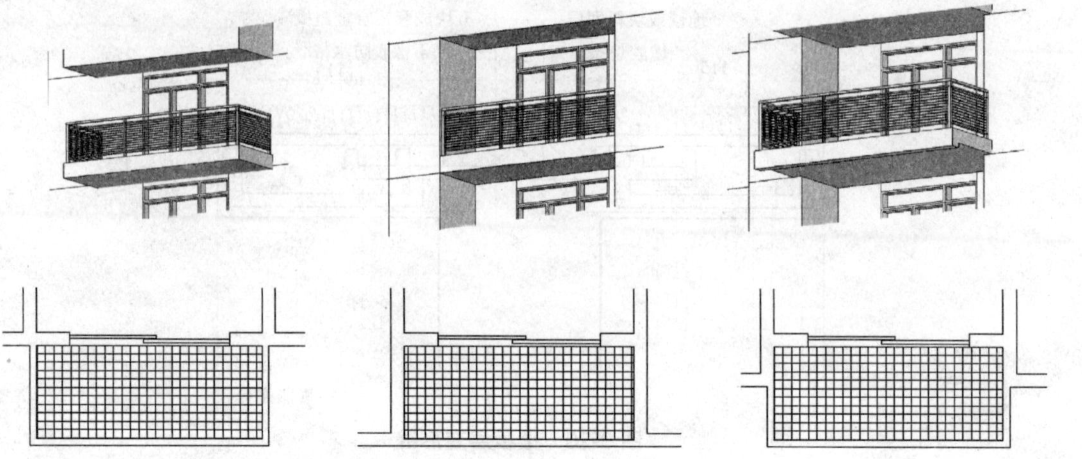

(a) (b) (c)

图 3-28 阳台形式

(a)凸阳台 (b)凹阳台 (c)半凸阳台

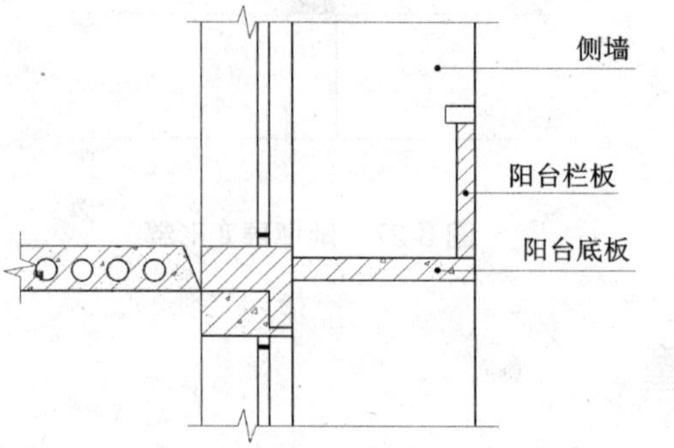

侧墙

阳台栏板

阳台底板

图 3-29 墙承式阳台

2. 挑板式阳台

挑板式阳台是指将阳台板悬挑，一般有两种做法：一种是将房间楼板直接向墙外悬挑形成阳台板(图 3-30)；另一种是将阳台板和墙梁(或过梁、圈梁)现浇在一起，利用梁上部墙体的重量来防止阳台倾覆(图 3-31)。

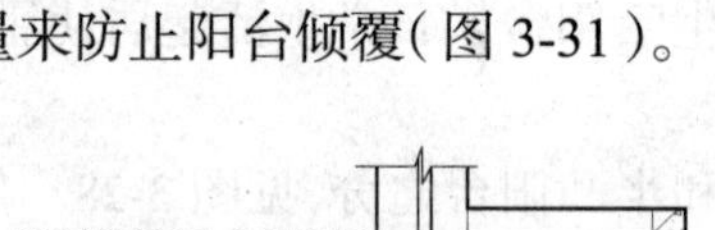

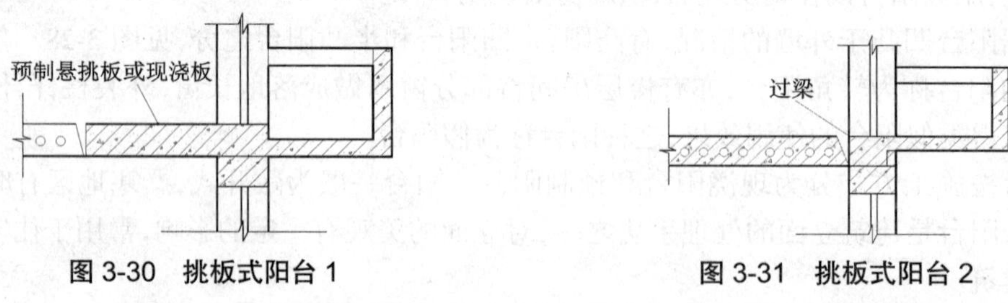

图 3-30 挑板式阳台 1 　　图 3-31 挑板式阳台 2

挑板式阳台底面平整、构造简单、外形轻巧，但板受力复杂，挑出墙面的距离应保证在荷载作用下不致倾覆。

3. 挑梁式阳台

挑梁式阳台是从建筑横墙上伸出挑梁，上面搁置阳台板。为防止倾覆，挑梁压入墙的长度应不小于悬挑部分的 1.5 倍。这种阳台底面不平整，挑梁端部外露，影响美观，也使封闭阳台时构造复杂化。工程中一般在挑梁端部增设与其垂直的边梁来克服其缺陷。

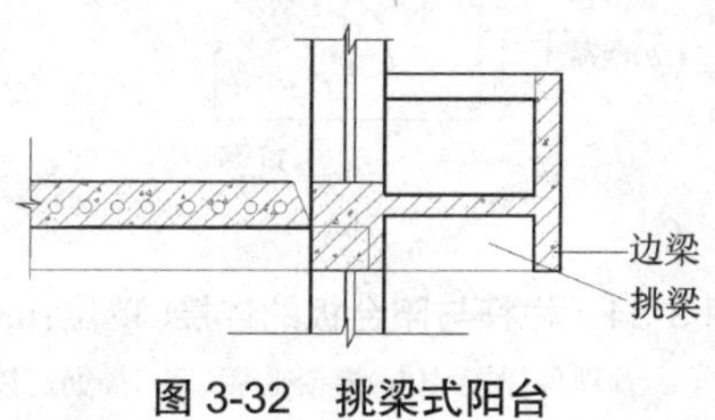

图 3-32　挑梁式阳台

3.5.2　阳台的细部构造

1. 阳台的栏杆与扶手

阳台的栏杆形式有 3 种：空花栏杆、栏板、由空花栏杆与栏板组合而成的组合栏板（图 3-33）。空花栏杆空透，有较好的装饰性，在公共建筑和南方地区的建筑中应用较多；栏板用于封闭阳台，在北方地区的居住建筑中应用广泛。空花栏杆有金属栏杆和预制混凝土栏杆两种，金属栏杆采用圆钢、方钢、扁钢或钢管等制作。

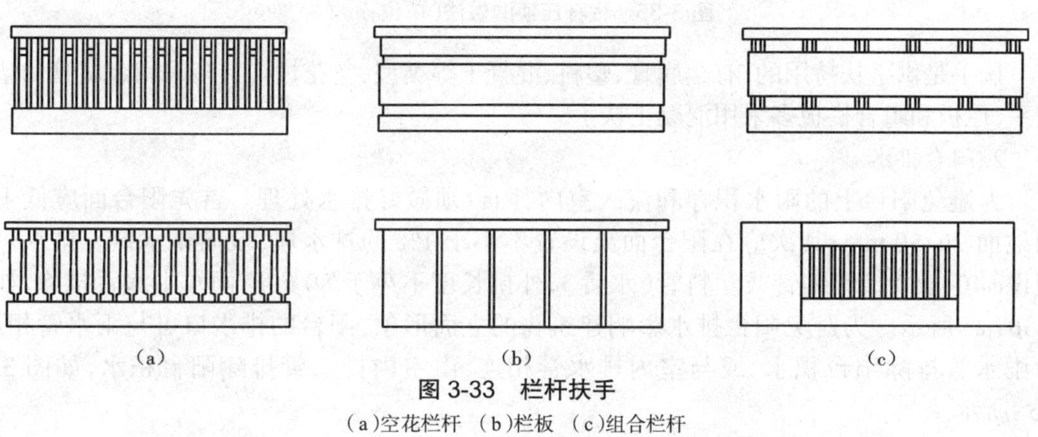

图 3-33　栏杆扶手

（a）空花栏杆　（b）栏板　（c）组合栏杆

为保证安全，栏杆扶手应有适宜尺寸，《民用建筑设计通则》中规定：临空高度在 24 m 以下时，栏杆高度不低于 1.05 m；临空高度在 24 m 以上（包括中高层住宅）时，栏杆高度不应低于 1.1 m；空花栏杆垂直杆件间的净距不应大于 110 mm，也不应设水平分格，以防儿童攀爬。

栏杆与阳台板应有可靠的连接（图 3-34），通常是在阳台板顶面预埋扁钢与金属栏杆焊接，也可将栏杆插入阳台板的预留孔洞中，用砂浆灌注。

栏板多用钢筋混凝土栏板，有现浇和预制两种。现浇栏板通常与阳台板整浇在一起；预制栏板预留钢筋与阳台板预留部分浇筑在一起或用预埋铁件焊接。栏杆压顶的做法如图 3-35 所示。

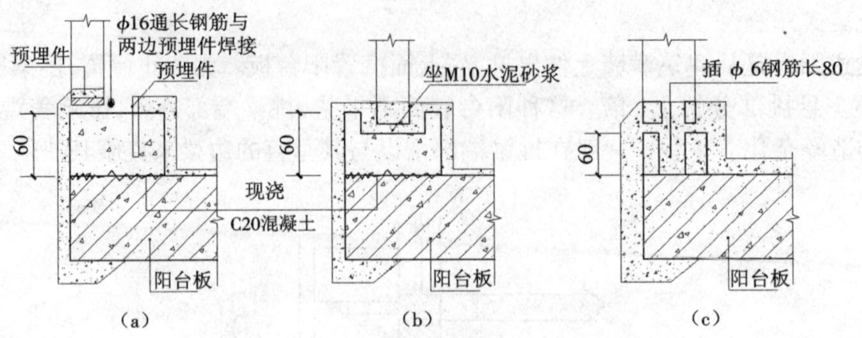

图 3-34 栏杆与阳台板的连接(单位:mm)

(a)预埋件焊接 (b)榫接坐浆 (c)插筋连接

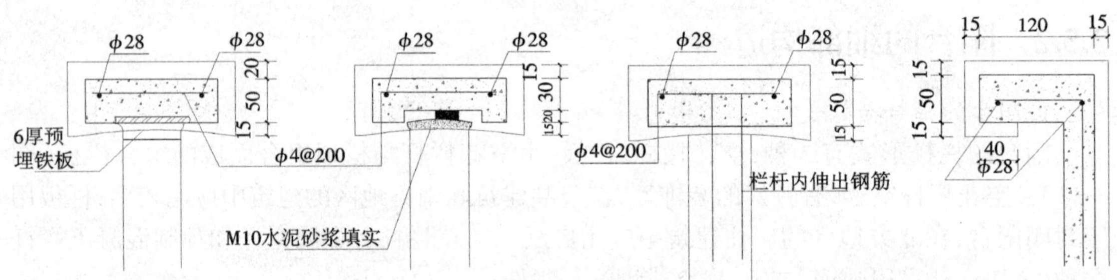

图 3-35 栏杆压顶的做法(单位:mm)

扶手是供手扶持用的,有金属管、塑料、混凝土等类型,空花栏杆上多采用金属管和塑料扶手,栏板和组合栏板多采用混凝土扶手。

2. 阳台排水

为避免阳台上的雨水积存和流入室内,阳台须做好排水处理。首先阳台面应低于室内地面 20~50 mm;其次应在阳台面上设置不小于 1% 的排水坡,坡向排水口。排水口内埋设φ40~φ50 镀锌钢管或塑料管(水舌),外挑长度不小于 80 mm,雨水由水舌排除,如图 3-36(a)所示。为避免阳台排水影响建筑物的立面形象,阳台的排水口可与雨水管相连,由雨水管排除阳台积水,或与室内排水管相连,由室内排水管排除阳台积水,如图 3-36(b)所示。

3.5.3 雨篷

雨篷是建筑外门顶部悬挑的水平挡雨板,兼有遮阳和保护门扇的作用。雨篷多采用钢筋混凝土悬臂板,悬挑长度一般为 1~1.5 m,也可采用其他结构形式。雨篷是建筑立面设计的主要组成部分,在一定程度上影响建筑物的美观。

1. 板式雨篷

板式雨篷(图 3-37)一般与门洞口上的过梁整浇,上下表面相平。从受力角度考虑,雨篷板一般做成变截面形式,根部厚度不小于 70 mm,端部厚度不小于 50 mm。

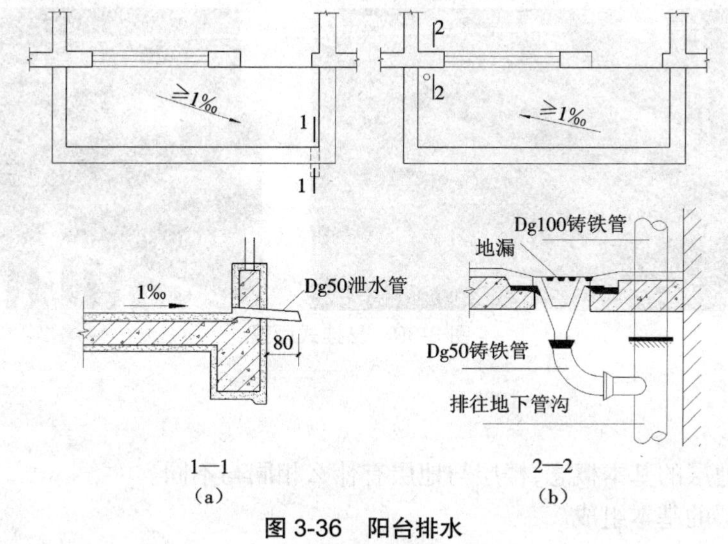

图 3-36 阳台排水

(a)雨水由水舌排除 (b)排水管排除阳台积水

2. 梁板式雨篷

门洞口尺寸较大时,雨篷挑出尺寸也较大,应采用梁板式雨篷(图 3-38)。梁板式雨篷由梁和板组成,为使雨篷底面平整,梁一般翻在板的上面(翻梁)。当雨篷尺寸更大时,可在雨篷下面设柱支撑。

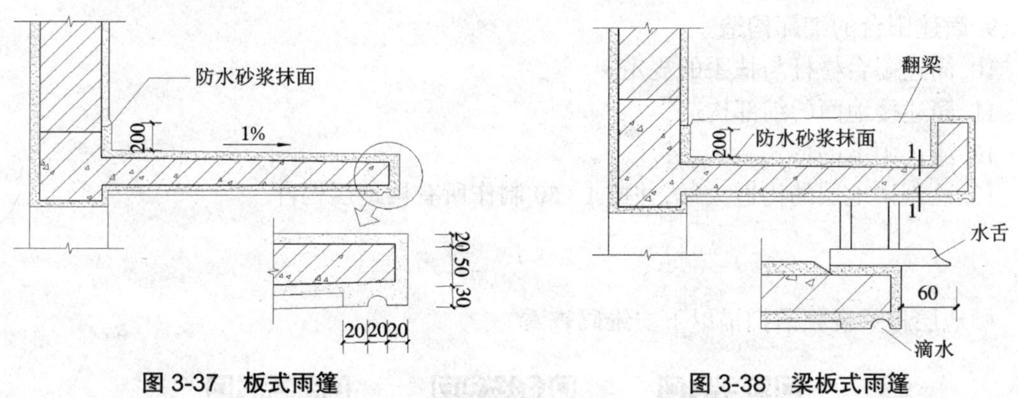

图 3-37 板式雨篷　　图 3-38 梁板式雨篷

雨篷顶面应做好防水和排水处理,一般采用 20 mm 厚的防水砂浆抹面,防水砂浆应沿墙面上升,高度不小于 250 mm,同时在板下部边缘做滴水处理,防止雨水沿板底漫流。顶面需设置不小于 1% 的排水坡,并在一侧或双侧设排水管将雨水排除。为满足立面需要,可将雨水由雨水管集中排除,这时雨篷外缘上部需做挡水边坎。

3. 悬挂式雨篷

悬挂式雨篷(图 3-39)轻巧美观、构造简单、安装方便,通常用金属和玻璃材料制成,对建筑入口的烘托和建筑立面的美化有很好的作用,近年来使用较多。

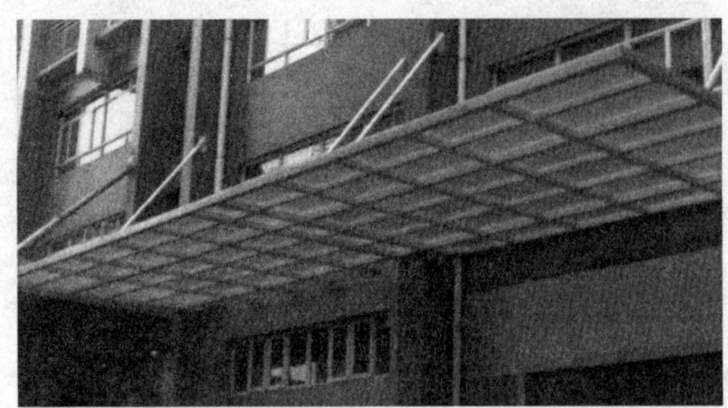

图 3-39 悬挂式雨篷

复习思考题

1. 简述楼地层的基本概念,楼层与地层有什么相同与不同。
2. 简述楼层的基本组成。
3. 简述楼层设计的要求。
4. 简述楼层的隔声措施。
5. 简述楼板的分类。
6. 简述现浇钢筋混凝土楼板的分类。
7. 简述地坪的组成。
8. 简述阳台的分类。
9. 简述阳台的细部构造。
10. 简述阳台栏杆与扶手的规定。
11. 简述楼地面的细部构造。
12. 简述雨篷的形式。
13. 绘制楼地层的构造大样,并按 1∶50 制作所有楼地层构件。

楼地层相关视频请扫描以下二维码查看。

第 4 章　楼梯

楼梯是指建筑物中楼层之间的垂直交通构件,按位置分为室内楼梯和室外楼梯;按形式分为单梯段楼梯、双梯段楼梯、三梯段楼梯、四折楼梯、圆形楼梯、螺旋形楼梯、弧形楼梯、交叉式楼梯、剪刀式楼梯等;按承力结构分为墙承式楼梯、梁式楼梯、板式楼梯、悬挑式楼梯、悬挂式楼梯等;按材料分为木楼梯、钢筋混凝土楼梯、金属楼梯和混合式楼梯等。

电梯是指用电力拖动,具有乘客或载货轿厢,轿厢运行于铅垂或与铅垂方向倾斜不大于 15° 角的两列刚性导轨之间,运送乘客或货物的固定设备,主要由电梯机房、轿厢、井道等组成,按用途分为乘客电梯、载货电梯、客货梯、病床电梯、住宅电梯、杂物电梯、船用电梯、观光电梯、汽车电梯等;按拖动方式分为交流电梯、直流电梯和液压电梯。电梯是高层住宅建筑与公共建筑、工厂等不可缺少的重要建筑设备。

台阶是指室内外地坪或楼层不同标高处的阶梯形踏级,供人上下,分室内台阶和室外台阶,形式有单面式、三面式,单面式加垂带石(或方形边石)。室外台阶和出入口之间一般设置平台,作为缓冲处。台阶踏步的高宽比应较楼梯平缓,所用材料有砖、石、混凝土及钢筋混凝土等。凡高度 1 m 以上的台阶均需设栏杆或栏板。

坡道是指连接有高差的地面或楼面,供车辆通行的斜坡式交通道,坡度一般为 1∶6~1∶12,坡度大于 1∶8 时表面需加做防滑条或做成锯齿形。坡道一般由抗冻性好,表面结实、耐磨的材料,如混凝土、天然石材等铺筑,常用于车站、医院、宾馆、影剧院、展览馆、车库、仓库等建筑,通常与台阶结合设置。医院和多层车库等可设置环形、马蹄形或双跑式室内坡道。这种垂直交通方式通行省力、方便,通行能力几乎与水平面相近,但占用面积较大,一般建筑内较少采用,只有在考虑无障碍设计时使用。

自动扶梯是指外形和楼梯相仿,由机械牵引梯级踏步及扶手带上下运行的链式输送机,倾斜角一般为 30° 左右,运行速度为 0.5 m/s,按输送能力分为单人及双人两种,其机房悬在楼板下面。安装自动扶梯处楼板均做成活动的,以便于检修。活动梯级与固定梯级的衔接必须齐平,并需装有必要的安全设备,以防乘客倾跌。自动扶梯是十分便利的现代垂直交通设施,它既可以减少人们上下楼梯的疲劳和拥挤,又可以让乘坐者在运行中观赏大厅中变幻的景观,多用于火车站、机场航站楼、地下铁道站、百货商店、购物中心等大型公共建筑中,常常布置在门厅、大厅或中庭内。

4.1　楼梯的组成、形式与尺度

4.1.1　楼梯的组成

楼梯一般由连续梯级的楼梯段(梯跑)、楼梯平台(休息平台)、楼梯栏杆(或栏板)和扶手等围护构件组成,如图 4-1 所示。

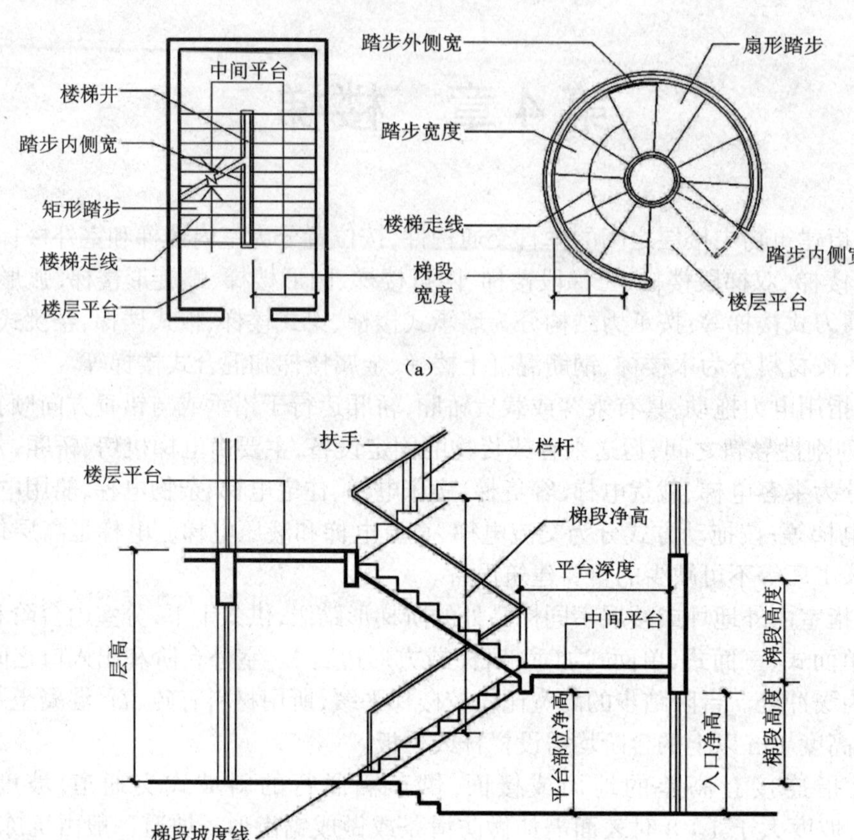

图 4-1 楼梯

(a)楼梯平面 (b)楼梯剖面

1. 楼梯段(又称梯段、梯跑)

楼梯段是两个楼梯平台之间有若干连续踏步的楼梯构件,与平台、栏杆(板)一起组成楼梯。楼梯段一般由楼梯斜梁和踏步板(含踏面板、起步板)组成。楼梯段净宽除应符合防火要求外,还应考虑建筑物使用特征,一般按每股人流宽为[0.55+(0~0.15)]m 的人流股数确定。每个楼梯段的踏步一般不应超过 18 级,亦不应少于 3 级。临空边缘应设置栏杆或栏板。楼梯段如图 4-2 所示。

2. 楼梯平台

楼梯平台是连接上下两梯段的水平构件,由平台板及平台梁组成,当梯段的踏步过多需分段时或在楼梯转弯处设置,作用是减轻疲劳和下行时的心理不安。楼梯平台分为中间平台(梯段分段处两层楼面之间的平台)和楼层平台(连接楼面与梯段的平台)。除开放楼梯外,封闭楼梯和消防楼梯的楼层平台深度应与中间平台深度一致。楼梯平台如图 4-2 所示。

3. 楼梯栏杆

楼梯栏杆是指楼梯段与楼梯平台边沿处的垂直围护构件,由立杆(立杆之间常加设横杆或花饰)、扶手组成,用于防御人或物下坠,并有一定的装饰作用,可由砖、木、混凝土、金属、有机玻璃、竹等材料制作,要求安全、坚固、适用、美观。楼梯栏杆扶手高度,一般室内楼梯不宜小于 900 mm,靠楼梯井一侧水平栏杆的长度超过 500 mm 时,其高度不应小于

1 000 mm，室外楼梯栏杆的高度不应小于 1 050 mm。楼梯栏杆如图 4-2 所示。

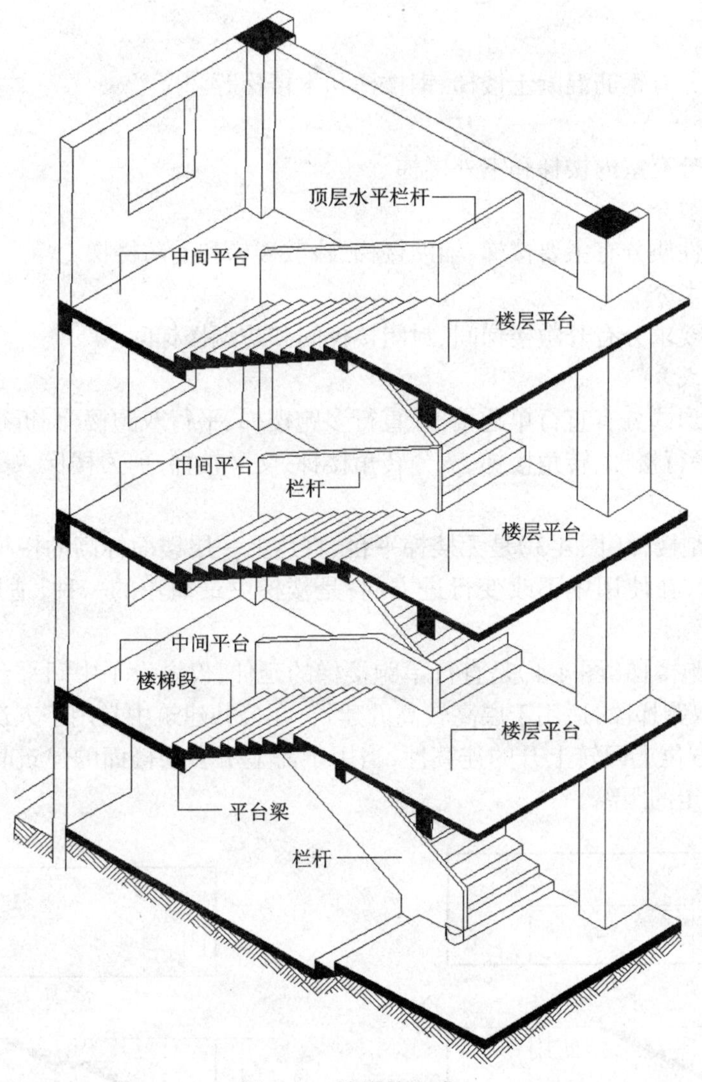

图 4-2 楼梯的组成

扶手是指栏杆或栏板上沿（顶面）供人手扶的构件，材料多为木材，也有金属、塑料、水磨石、大理石等，要求安全、坚固、美观、表面光滑无尖锐棱角。形式可随意设计，但宽度以能手握舒适为原则，一般为 40~60 mm，最宽不宜超过 95 mm，并需沿梯段及楼梯平台的全长连续设置。扶手如图 4-2 所示。

4. 楼梯间

楼梯间是指以墙体围合楼梯的封闭空间，通常分为封闭式和开敞式两种，供疏散用楼梯应设置封闭楼梯间。公共建筑中的主要楼梯间常采用开敞式布局，除满足交通要求外，还起到丰富室内外空间的作用，常常成为空间构图的一个主要因素。楼梯间应有良好的采光与通风条件，采光面积不小于 1/12 楼地板面积，最好直接对外采光。楼梯间内不准有柱、礅等凸出物。除必要的门以外，相邻房间不准直接向楼梯间开窗。楼梯间如图 4-2 所示。

4.1.2 楼梯的形式

1. 按材料分

楼梯按材料分有钢筋混凝土楼梯、钢楼梯和木楼梯等。

2. 按位置分

楼梯按位置分有室内楼梯和室外楼梯。

3. 按使用性质分

楼梯按使用性质分有主要楼梯、辅助楼梯、疏散楼梯和消防楼梯。

4. 按消防要求分

楼梯按消防要求分有开敞楼梯间、封闭楼梯间和防烟楼梯间。

5. 按平面形式分

楼梯按平面形式分有直行单跑楼梯、直行多跑楼梯、平行双跑楼梯、折行多跑楼梯、双分平行楼梯、双合平行楼梯、转角楼梯、双分转角楼梯、交叉楼梯、剪刀楼梯、螺旋楼梯和弧形楼梯等。

(1)直行单跑楼梯(图4-3)是无楼梯平台、直达上一层楼面标高的楼梯;一般梯段的平面投影呈直线状,在使用中不改变行进方向;是楼梯中最简单的一种,适用于层高较低的建筑。

(2)直行多跑楼梯(图4-4)是直行单跑楼梯的延伸,仅增设了中间平台,将单梯段变为多梯段;一般为双跑梯段,适用于层高较高的建筑;在公共建筑中常用于人流较多的大厅;但是,由于其缺乏方位上回转上升的连续性,当用于需上下多层楼面的建筑时,会增加交通面积并加长人流行走的距离。

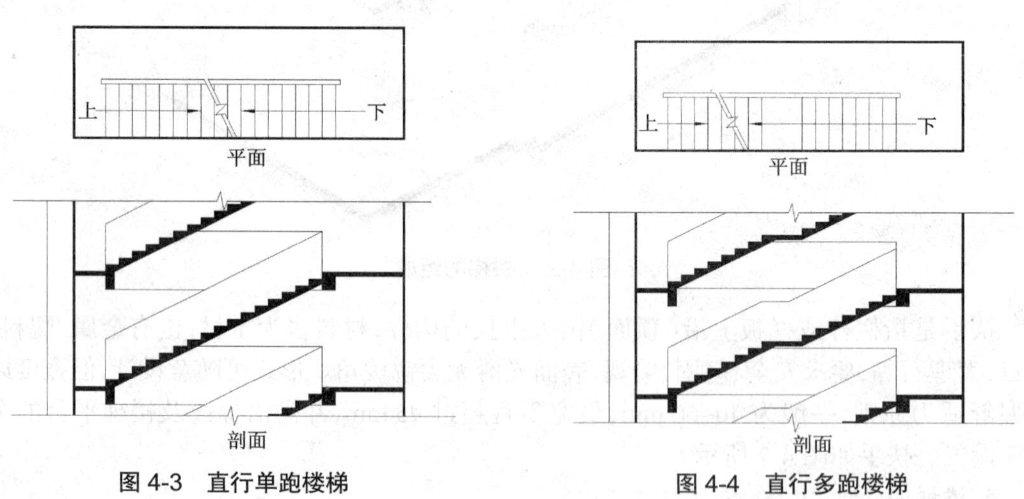

图4-3 直行单跑楼梯　　图4-4 直行多跑楼梯

(3)平行双跑楼梯(图4-5)是由双跑梯段以及楼梯平台组成的楼梯;在使用中改变行进方向,是最为常见的、适用面较广的一种楼梯形式;一般两个梯段等长,但底层为了能在平台下过人,常把下梯段加长、上梯段缩短;在建筑中主要起垂直交通或疏散作用;通常设楼梯间。

(4)折行多跑楼梯(图4-6)是改变行进方向,由两个或两个以上的梯段组成的楼梯;可以是折行双跑、折行三跑、折行四跑等，但因楼梯井较大，不安全，供少年儿童使用的建筑不能采用此种楼梯。过去有在楼梯井中加电梯井的做法，现在已基本不使用。

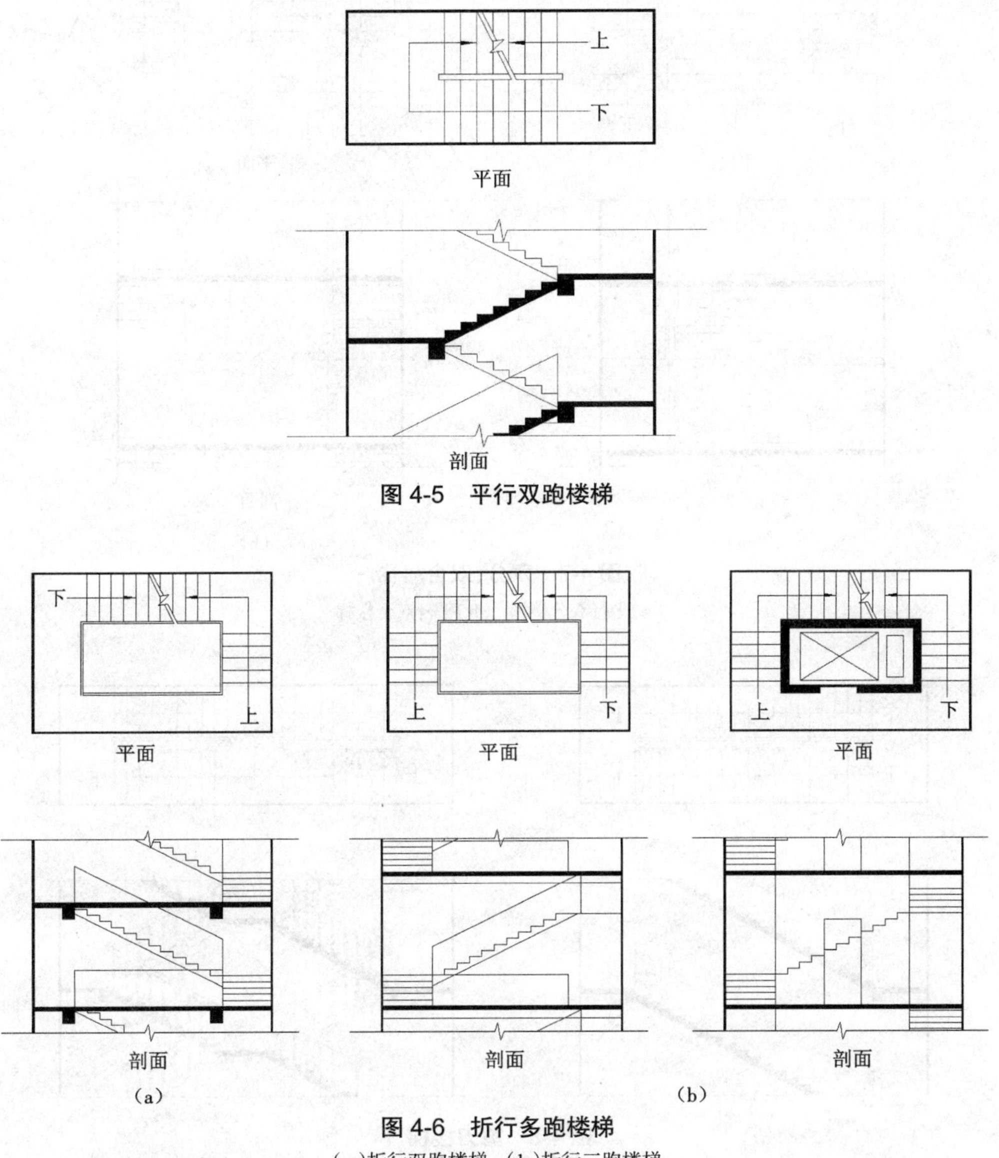

图 4-5　平行双跑楼梯

图 4-6　折行多跑楼梯

(a)折行双跑楼梯　(b)折行三跑楼梯

(5)双分、双合楼梯(图 4-7)相当于两个双跑楼梯并联在一起，多为均衡对称的形式，典雅庄重，常用于对称式门厅内；底层楼梯平台下通常可设门，用作门厅通道；多用作办公类建筑的主要楼梯。

(6)剪刀楼梯(图 4-8)又称交叉跑楼梯、桥式楼梯，是由一对方向相反、楼梯平台共用的双跑平行梯段组成的楼梯；能同时通过较多人流，并能有效利用建筑空间；用于人流量大的公共建筑中。如果由两个直行多跑楼梯结合，适用于层高较高且有多向性选择要求的建筑。

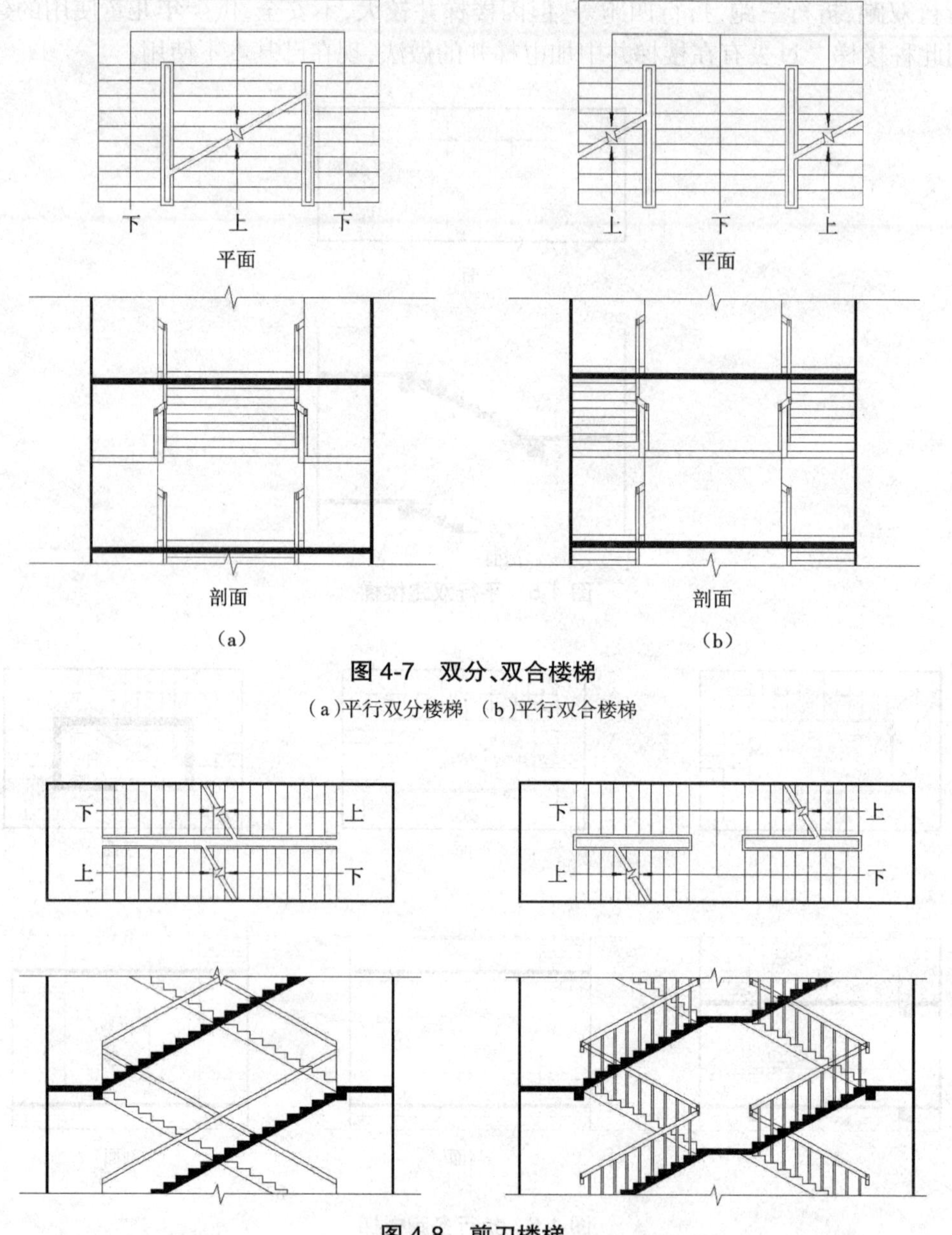

图 4-7 双分、双合楼梯

(a)平行双分楼梯 (b)平行双合楼梯

图 4-8 剪刀楼梯

(7)螺旋楼梯(图 4-9)是梯段绕一根主轴旋转而上的楼梯,分中柱式和无中柱式两类。中柱式的螺旋楼梯扇形踏步悬挑支承在中立柱上,不设中间楼梯平台,占地少,结构简单,施工方便,但受层高限制,坡高较陡,适用于人流较少、使用不频繁的场所。无中柱式的螺旋楼梯内半径较中柱式大,常用于公共建筑大厅中。螺旋材料多为钢或钢筋混凝土。这类楼梯旋律明快、活泼,有一种强烈的动感,富于装饰性,并有助于从竖向扩大空间,使室内景观得到变化。

(8)弧形楼梯(图 4-10)是投影平面形式呈弧形的楼梯,由曲梁或曲板支承,踏步略呈扇形,花式繁多,造型活泼,富于装饰性,适用于公共建筑,具有明显的导向性和优美轻盈的造型，结构和施工难度较大，通常采用现浇钢筋混凝土结构。

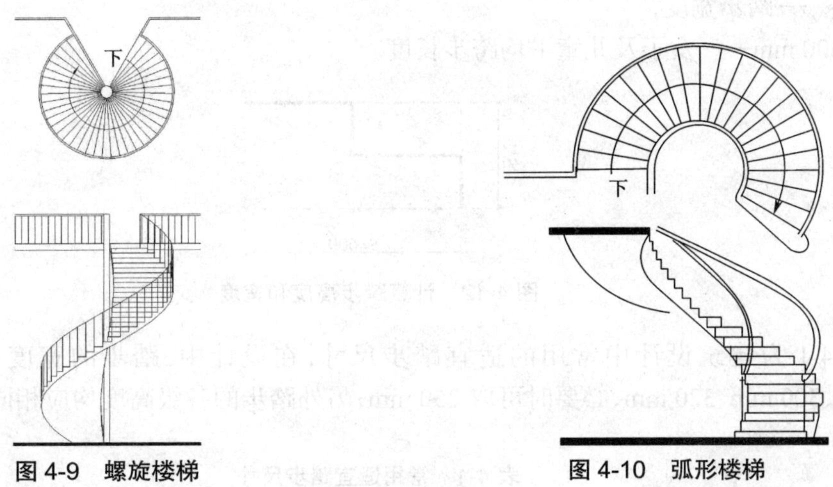

图 4-9　螺旋楼梯　　图 4-10　弧形楼梯

楼梯平面形式的选用，主要由其使用性质和重要程度来决定。直跑楼梯具有方向单一、贯通空间的特点，双分平行楼梯和双分转角楼梯则是均衡对称的形式，典雅庄重。双跑楼梯、三跑楼梯一般用于不对称的平面布局，既可用作主要楼梯，也可布置在次要部位作为辅助楼梯。人流疏散量大的建筑常采用交叉楼梯和剪刀楼梯的形式，不仅有利于人流疏散，还可达到有效利用空间的效果。其他形式的楼梯，如弧形楼梯、螺旋楼梯，可以增加建筑空间的轻松、活泼气氛，并起到装饰作用。

4.1.3　楼梯的尺度

1. 楼梯的坡度及踏步尺寸

楼梯坡度的选择要从攀登效率、节省空间、便于人流疏散等方面考虑。一般在人流量较大、安全标准较高或面积较充裕的场所，楼梯的坡度应较平缓（适宜坡度为 30° 左右）。仅供少数人使用或不经常使用的辅助楼梯则允许坡度较陡（不宜超过 38°）。楼梯坡度与踏步尺寸的关系如图 4-11 所示。

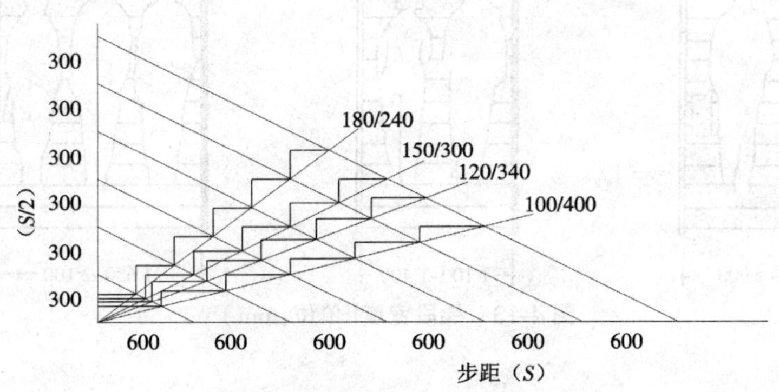

图 4-11　楼梯坡度与踏步尺寸的关系

计算踏步高度和宽度的一般公式（图 4-12）为

$$2r+g=S=600\ \text{mm}$$

式中 r——踏步高度；

g——踏步宽度，

600 mm——女子及儿童平均跨步长度。

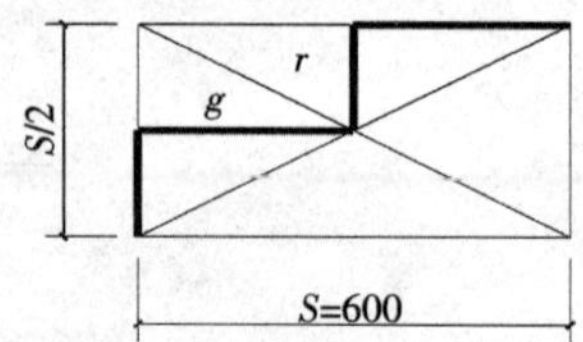

图 4-12 计算跨步高度和宽度

表 4-1 为建筑设计中常用的适宜踏步尺寸，在设计中，踏步的宽度可取 260 mm、280 mm、300 mm、320 mm，必要时可取 250 mm；另外踏步的各级高度均应相同。

表 4-1 常用适宜踏步尺寸

名称	住宅	学校、办公楼	剧院、会堂	医院（病人用）	幼儿园
踏步高（mm）	156~175	140~160	120~150	150	120~150
踏步宽（mm）	250~300	280~340	300~350	300	260~300

2. 梯段尺度

1）梯段宽度

楼梯间的开间尺寸和楼梯梯段宽度应符合《建筑楼梯模数协调标准》及防火规范等的有关规定。作为主要交通用的楼梯，梯段净宽应根据楼梯使用过程中的人流股数确定，一般按每股人流宽度为[0.55+(0~0.15)]m 计算（注：0~0.15 m 为人流在行进中人体的摆幅，公共建筑人流众多应取上限值），并不应少于两股人流。仅供单人通行的楼梯，必须满足单人携带物品通过的需要，其梯段净宽应不小于 900 mm，如图 4-13 所示。

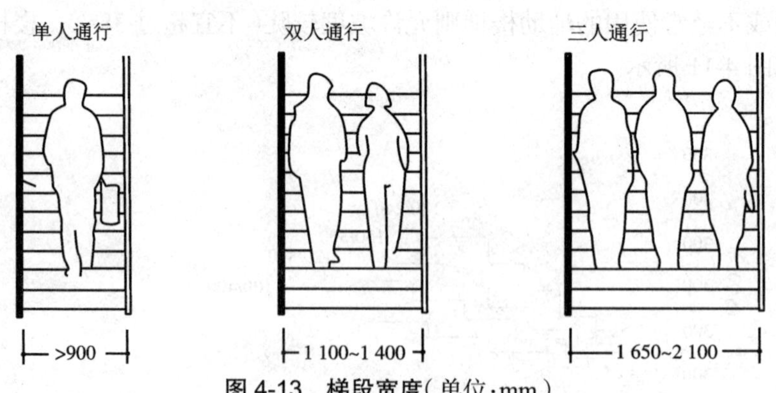

图 4-13 梯段宽度（单位：mm）

2）梯段长度

每一梯段的水平投影长度为

$$L = b \times (N-1)$$

式中 b——踏面步宽；

N——梯段踏步数，此处需注意踏步数为踢面步高数。

为了使用安全，每个梯段的踏步一般不应超过 18 级，也不应少于 3 级。

3. 楼梯平台尺度

楼梯平台（图 4-14）包括楼层平台和中间平台两部分。中间平台形状可变化多样，除满足楼梯间艺术要求外，还要适应不同功能及步伐规律所需尺度的要求。

1）楼层平台

除开放楼梯外，封闭楼梯和防火楼梯的楼层平台深度应与中间平台深度一致。对于开敞式楼梯间，楼层平台同走廊连在一起，一般可使梯段的起步点自走廊边线后退一段距离（≥ 500 mm）。

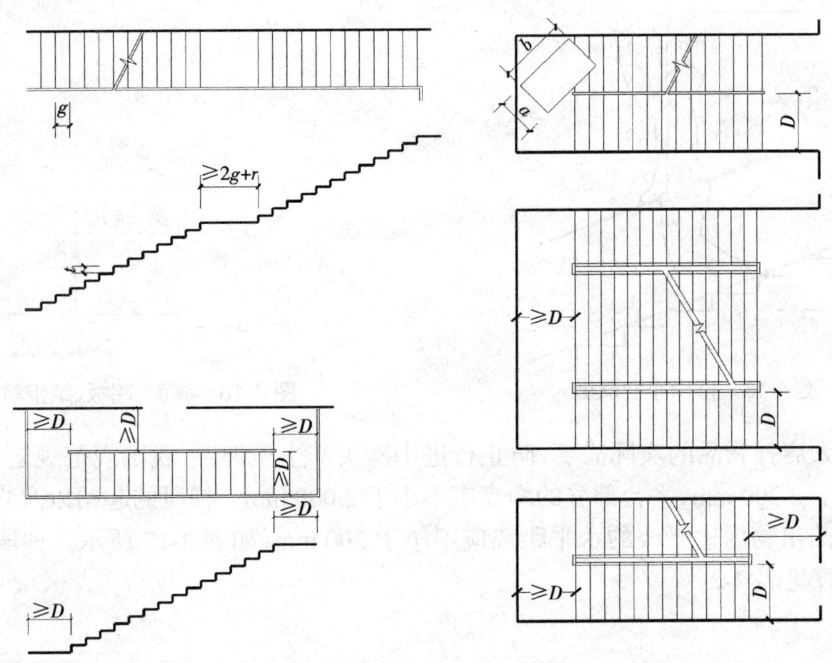

图 4-14　楼梯平台尺度

2）中间平台

中间平台的深度依下列情况确定。

（1）直跑楼梯中间平台深度应≥ $2g+r$。

（2）双跑楼梯中间平台深度应≥梯段宽度。

（3）有搬运家具、大型物品需要的楼梯，其中间平台深度可按下式验算：

$$D=100+\sqrt{\left(\frac{b}{2}\right)^2+a^2}$$

式中　D——中间平台最小净深度；

100——家具与建筑物之间的间隙；

a——家具宽度；

b——家具长度。

4. 楼梯井宽度

楼梯井是指四周被梯段和楼梯平台内侧面围绕的空间。其宽度应考虑消防、安全和施工的要求,公共建筑不宜小于 150 mm,有儿童经常使用的楼梯,楼梯井的净宽大于 200 mm 时,必须采取安全措施。为了安全,其宽度应小,以 60~200 mm 为宜。

5. 楼梯净空尺度

楼梯净空尺度如图 4-15 所示。梯段净高(H)一般应大于人体上肢伸直向上,手指触到顶棚的距离。梯段净高(H)应当以踏步前缘到顶棚垂直线的净高度计算。

踏面、踢板、踏步前缘如图 4-16 所示。

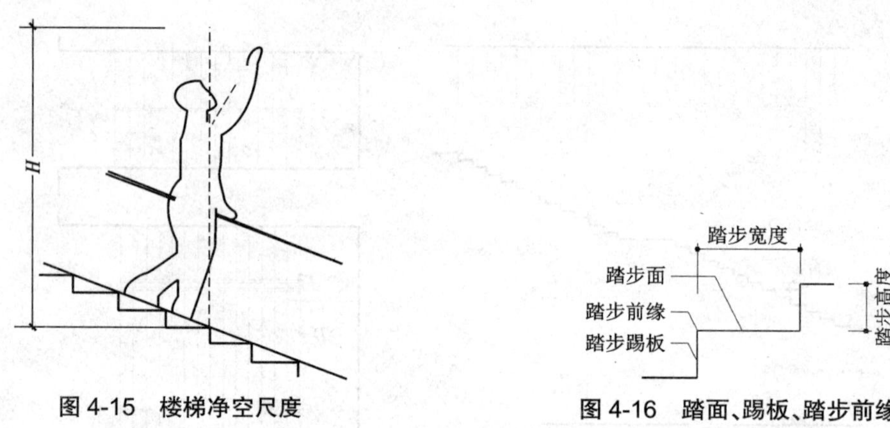

图 4-15 楼梯净空尺度　　图 4-16 踏面、踢板、踏步前缘

考虑行人肩扛物品的实际需要,防止行进中碰头产生压抑感,我国规范规定:楼梯梯段净高应不小于 2 200 mm,平台部分的净高应不小于 2 000 mm。梯段的起始以及终了踏步的前缘与顶部凸出物内边缘线的水平距离应不小于 300 mm,如图 4-17 所示。梯段净高及净空尺寸的计算见表 4-2。

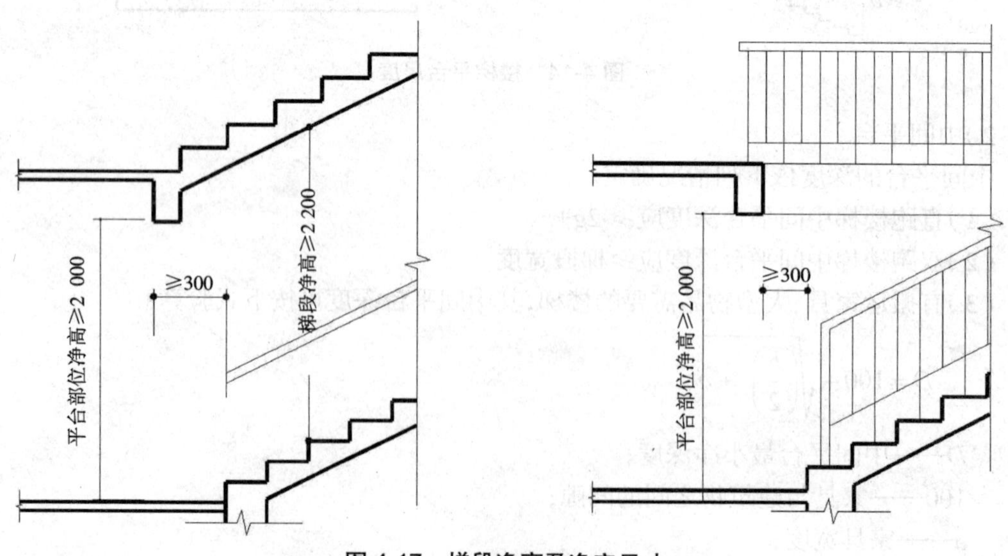

图 4-17 梯段净高及净空尺寸

表 4-2　梯段净高及净空尺寸计算

踏步尺寸（mm）	130 × 340	150 × 300	170 × 260	180 × 240
梯段坡度	20° 54′	26° 30′	33° 12′	36° 52′
梯段净高（mm）	2 360	2 400	2 470	2 510
梯段净空（mm）	2 150	2 080	1 990	1 940

6. 栏杆扶手尺度

栏杆扶手的尺度应满足下列基本要求。

（1）人流密集场所梯段高度超过 1 000 mm 时，宜设栏杆。

（2）室内楼梯栏杆扶手高度，应从踏步前缘线垂直量至扶手顶面。其高度根据人体重心高度、楼梯坡度等因素确定。

（3）梯段净宽在两股人流以下的两侧设扶手，梯段净宽达三股人流时应两侧设扶手，达四股人流时应加设中间扶手。

（4）各类建筑的楼梯栏杆高度（图 4-18），应符合单项建筑设计规范的有关规定。一般室内楼梯栏杆高度自踏步前缘量起不宜小于 900 mm。靠楼梯井一侧水平栏杆超过 500 mm 长时，其高度不应小于 1 000 mm；室外楼梯栏杆高度应不小于 1 050 mm；高层建筑的楼梯栏杆高度应再适当提高。

（5）有儿童活动的场所，栏杆应采用不易攀登的构造，垂直栏杆间的净距不应大于 110 mm。供儿童使用的楼梯应在 500~600 mm 高度增设扶手。

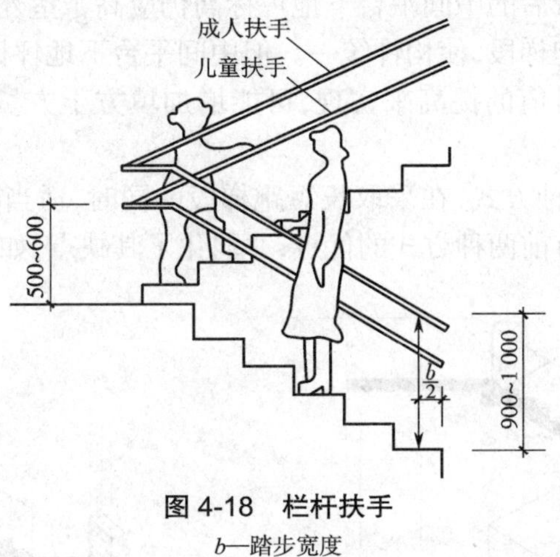

图 4-18　栏杆扶手

b—踏步宽度

（6）栏杆应用坚固、耐久的材料制作，必须具有一定的强度。设计时，栏杆顶部的水平推力，住宅、宿舍、办公楼、旅馆、医院、托儿所、幼儿园取 0.5 kN/m，学校、食堂、剧场、电影院、车站、展览馆、体育场取 1.0 kN/m。

各类建筑对楼梯的设计要求，请扫描二维码在补充知识 4-1 中查看。

7. 楼梯尺寸计算

【例题 4-1】 设计条件：一梯两户三层砖混结构住宅的楼梯间，层高为 3 m，中间平台下作为主入口，屋面上人。设计该楼梯，并画出楼梯各层平面图、剖面图。

当在平行双跑楼梯底层中间平台下需设置通道时，为保证平台下的净高满足通行要求，一般可采用以下方式解决。

（1）底层用直行单跑或直行双跑楼梯直接从室外上二层。这种方式常用于住宅建筑，设计时需注意入口处雨篷底面标高的位置，保证净空高度在 2.2 m 以上，如图 4-19 所示。

（2）在底层变作长短跑梯段。起步第一跑为长跑，以提高中间平台标高。这种方式仅在楼梯间进深较大、底层平台宽度充裕时使用，如图 4-20 所示。

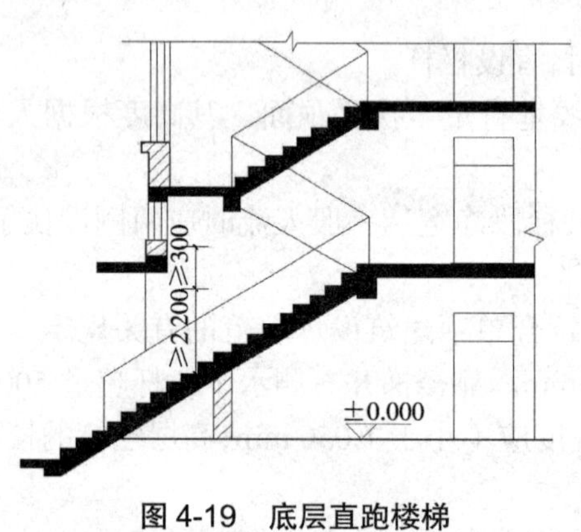

图 4-19　底层直跑楼梯

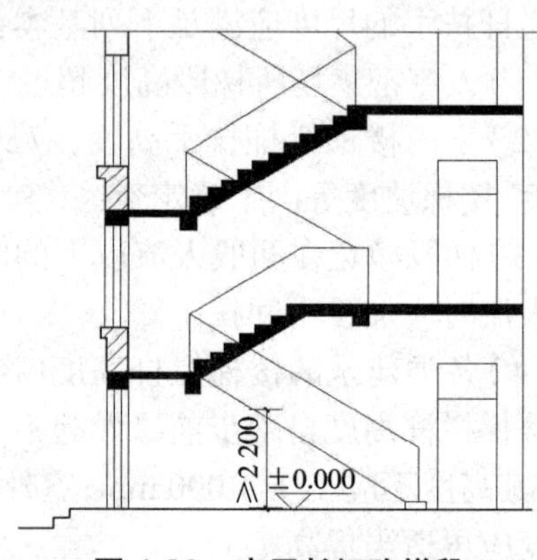

图 4-20　底层长短跑梯段

（3）局部降低底层中间平台下的地坪标高，使其低于底层室内地坪标高 ±0.000，以满足净空高度要求。但降低后的中间平台下地坪标高仍应高于室外地坪标高，以免雨水内溢。这种处理方式可保持等跑梯段，使构件统一。但中间平台下地坪标高的降低，常依靠底层室内地坪 ±0.000 标高绝对值的提高来实现，可能增加填方土方量或将底层地面架空，如图 4-21 所示。

（4）综合（2）（3）两种方式，在采取长短跑梯段的同时，适当降低底层中间平台下地坪标高。这种处理方式兼有前两种方式的优点，并弱化了其缺点，如图 4-22 所示。

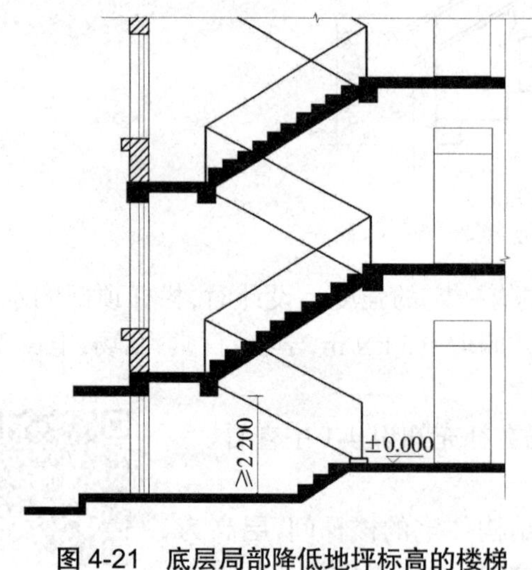

图 4-21　底层局部降低地坪标高的楼梯

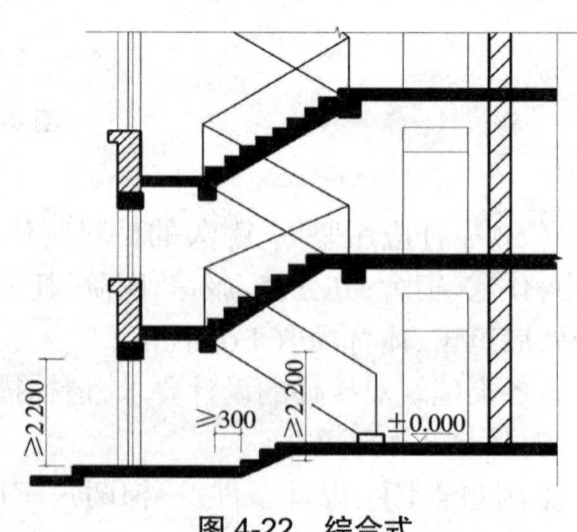

图 4-22　综合式

在楼梯间顶层，当楼梯不上屋顶时，由于局部净空高度大，空间浪费，可在满足楼梯净空要求的情况下局部加以利用，例如做成小储藏间，如图 4-23 所示。

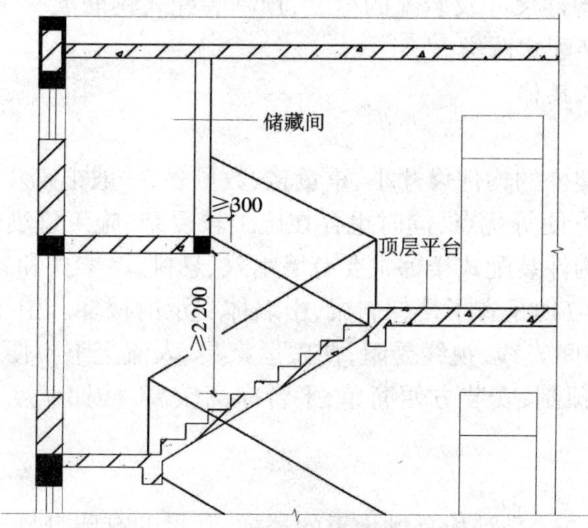

图 4-23　楼梯间顶层处理方式示意图

解题步骤如下。

(1)先设楼梯宽度为 1.2 m，根据踏步尺寸要求，假设踏步宽为 300 mm，踏步高为 150 mm。

(2)确定每层楼梯踏步数：3 000(层高)÷150(踏步高)=20 级，单跑楼梯段踏步数为 10 级。

(3)单跑梯段长度 =9(10 级 -1)×300(踏步宽)=2 700 mm。

(4)楼梯间进深 =2 700(梯段长)+2 400(平台宽度 ×2)+240=5 340 mm。

(5)楼梯间开间 =2 400(楼梯宽度 ×2)+100(梯井宽)+240(墙厚)=2 740 mm。

(6)模数调整：调整开间尺寸为 2 700 mm(符合 3M)，楼梯井宽度调整为 60 mm，调整进深尺寸为 5 400 mm，楼梯间休息平台宽度调整为，中间平台宽度 =1 200 mm，楼层平台宽度 =1 260 mm。

(7)楼梯第一跑梯段休息平台标高为 3 000÷2=1 500 mm，假设平台梁高度为 300 mm，则梁底标高为 1 200 mm，按照前述 4 种方式，选择解决方案。

4.2　钢筋混凝土楼梯的构造

以钢筋混凝土制作的楼梯，在结构刚度、耐火、造价、施工以及造型等方面都有较多的优点，应用最为普遍，有现浇预制装配式和部分预制装配式。现浇楼梯的梯段和平台整体浇筑在一起，其整体性好、刚度大、抗震性好，不需要大型起重设备，但施工进度慢、耗费模板多、施工程序较复杂，目前建筑中较多采用。预制装配式楼梯施工进度快，受气候影响小，构件由工厂生产，质量易保证，但施工时需要配套起重设备，投资较多。

4.2.1 预制装配式钢筋混凝土楼梯

根据组成楼梯的构件尺寸及装配的程度,预制装配式钢筋混凝土楼梯可分为小型构件装配式,中、大型构件装配式两类。

1. 小型构件装配式楼梯

1)墙承式楼梯

小型构件装配式楼梯的构件尺寸小、重量轻、数量多,一般把踏步板作为基本构件,具有构件生产、运输、安装方便等优点,同时也存在施工较复杂、施工进度慢、往往需要现场湿作业配合等不足。小型构件装配式楼梯主要有墙承式、悬挑式、梁式和悬挂式 4 种构造形式。

墙承式楼梯(图 4-24)是省了楼梯斜梁,由墙体支承的楼梯。由于中间须加一道中墙作为踏步板支座,故楼梯间光线、视线受阻,使搬运家具、人流上下不便,一般中间墙上留有洞口。墙承式楼梯具有预制、安装方便简单,平台净高较高,楼梯宽度不受限制,造价低廉等优点。

2)悬挑式楼梯

悬挑式楼梯(图 4-25)是踏板悬挑承重的楼梯,常见的有墙身悬挑板、中立柱悬挑板、梯梁悬挑板,悬挑长度一般不超过 1.5 m。悬挑式楼梯结构简单,造型轻巧,占室内空间少,适合作为居住建筑中的楼梯或附属楼梯,不宜用于地震烈度 7 度以上设防地区的建筑,踏板可选用钢筋混凝土、金属、木材或组合材料。

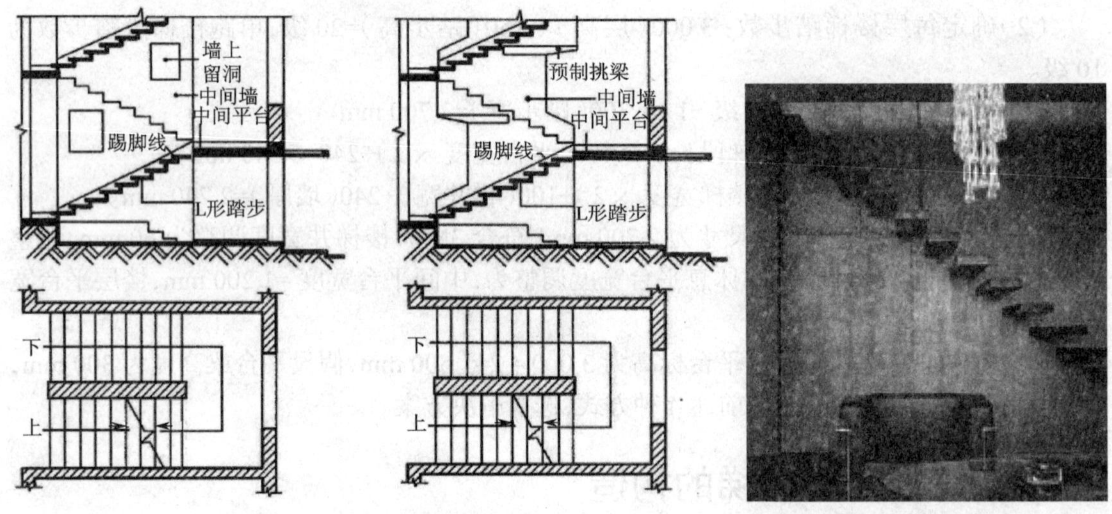

图 4-24 墙承式楼梯　　图 4-25 悬挑式楼梯

3)梁式楼梯

梁式楼梯(图 4-26)是在楼梯段的梯段板一侧或两侧设有斜梁的楼梯,是一种常见的楼梯结构形式,主要构件为梯段板及楼梯斜梁,后者承重,有单梁、双梁、扭梁之分。梁式楼梯节约材料,自重轻,一般在楼层高、荷载较大的情况下使用,采用钢筋混凝土(现浇或预制)、钢、木材或组合材料。

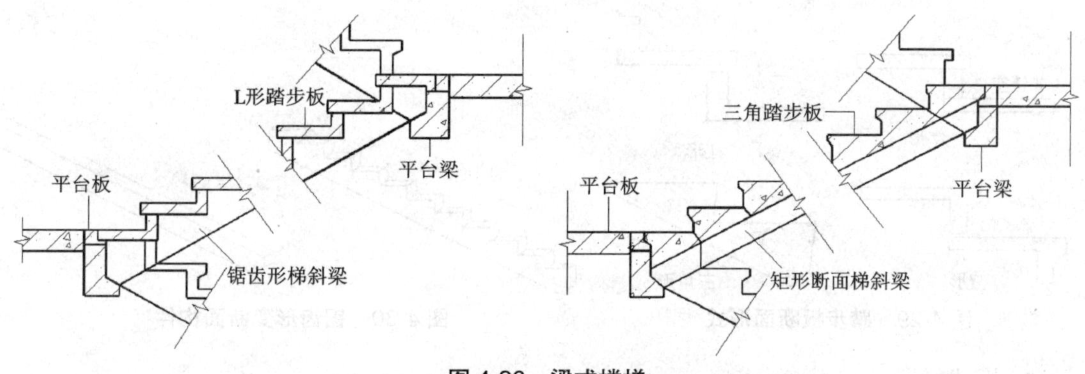

图 4-26　梁式楼梯

4）悬挂式楼梯

悬挂式楼梯（图 4-27）是踏板用金属拉杆悬挂在上部结构上的楼梯，有一端悬挂和两端悬挂，金属连接件较多，安装要求较高，踏板可用木板、钢筋混凝土、金属或组合材料，一般用作小型室内便梯，式样新颖，空间空透，有一定的装饰性。

2. 中、大型构件装配式楼梯

中、大型构件装配式楼梯（图 4-28）一般把楼梯段和平台板作为基本构件，构件的体量大，规格和数量少，装配容易，施工速度快，适于成片建设的大量性建筑。

图 4-27　悬挂式楼梯

图 4-28　中、大型构件装配式楼梯

4.2.2　预制装配梁承式楼梯构件

1. 梯段

1）梁板式梯段

梁板式梯段由梯斜梁和踏步板组成。一般在踏步板两端各设一根梯斜梁，踏步板支承在梯斜梁上。由于构件较小，不需大型起重设备即可安装，施工简便。踏步板断面形式（图 4-29）有一字形、L 形、7 形、三角形等，断面厚度根据受力情况为 40~80 mm。梯斜梁一般为矩形断面，为了减少结构所占空间，也可做成 L 形断面，但构件制作较复杂。用于搁置一字形、L 形、7 形断面踏步板的梯斜梁为锯齿形变断面构件，如图 4-30 所示。用于搁置三角形断面踏步板的梯斜梁为等断面构件。梯斜梁按 $L/12$ 估算其断面有效高度（L 为梯斜梁水平投影长度）。

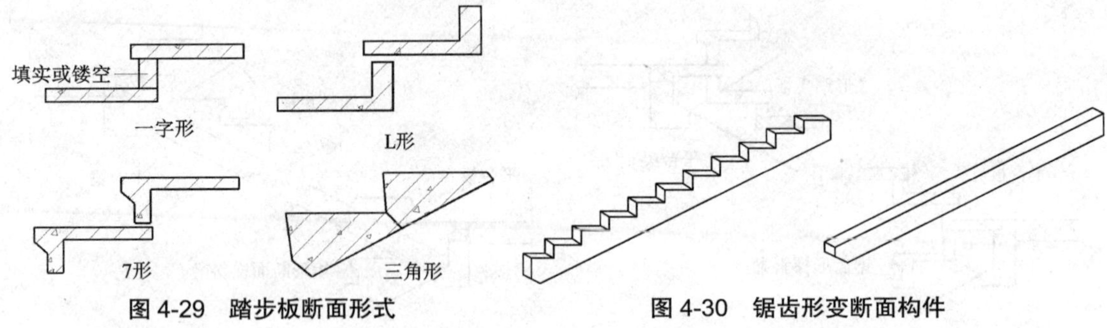

图 4-29 踏步板断面形式

图 4-30 锯齿形变断面构件

2）板式梯段

板式梯段（图 4-31）为整块或数块带踏步条板，其上下端直接支承在平台梁上。由于没有梯斜梁，梯段底面平整，使平台梁相应抬高，增大了平台下的净空高度。为了减轻梯段板自重，也可做成空心构件（有横向抽孔和纵向抽孔两种方式）。

3）平台梁

平台梁（图 4-32）是支承楼梯段及平台板的水平构件。其截面一般为 L 形，也可做成带槽口的矩形，以便搁置梯斜梁。在钢筋混凝土预制装配式楼梯中，平台梁可以与平台板或与平台板和梯段合制成一个构件。其构造高度按 $L/12$ 估算（L 为平台梁跨度）。

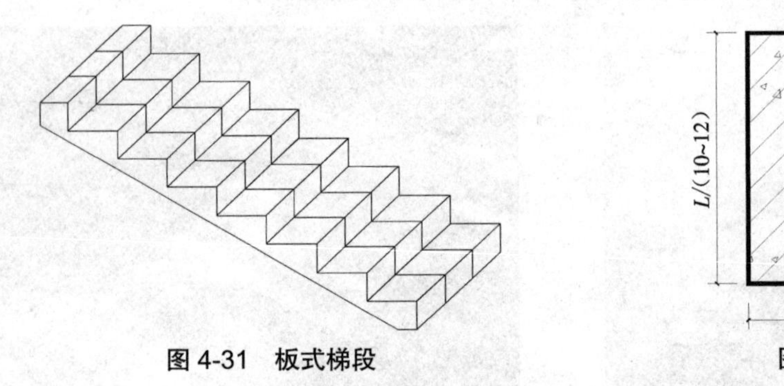

图 4-31 板式梯段

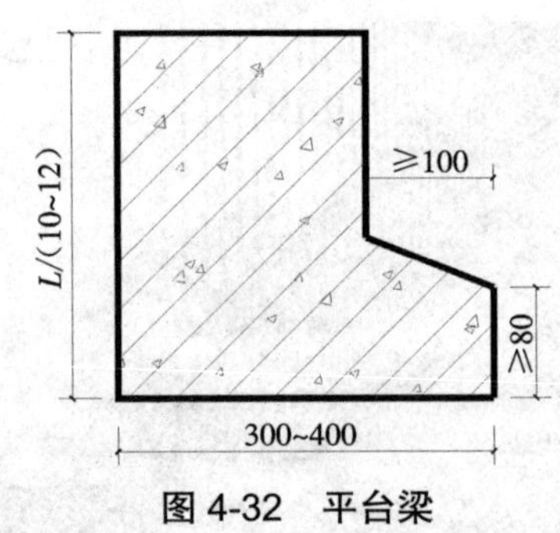

图 4-32 平台梁

4）平台板

平台板是楼梯平台的水平承重构件，与平台梁一起组成楼梯平台。其结构形式同楼板，支承在平台梁或墙上，材料同楼梯段。在钢筋混凝土预制楼梯中可以与平台梁或平台梁和梯段合制成一个构件。图 4-33 为平台板的两种布置方式。

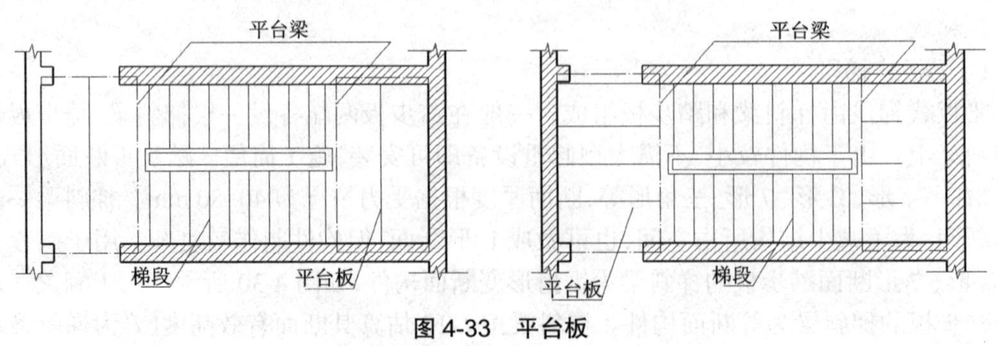

图 4-33 平台板

4.2.3　梯段与平台梁节点处理

梯段与平台梁节点处理是构造设计的难点。就两梯段之间的关系而言，一般有梯段齐步和错步两种方式。就平台梁与梯段之间的关系而言，有埋步和不埋步两种方式。

1. 梯段齐步

梯段齐步（图 4-34）即上下梯段起步和末步对齐，平台完整，可节省楼梯间进深尺寸。梯段与平台梁的连接一般以上下梯段底线交点作为平台梁的牛腿 O 点，可使梯段板或梯斜梁支承端的形状简化。

2. 梯段错步

梯段错步（图 4-35）即上下梯段起步和末步相错一步，在平台梁与梯段连接方式相同的情况下，平台梁底标高可比齐步方式抬高，有利于节省结构空间。但错步方式使平台不完整，并且多占楼梯间进深尺寸。当两梯段采用长短跑时，它们之间的相错步数不止一步，需将短跑梯段做成折形构件，如图 4-36 所示。

3. 梯段不埋步

梯段不埋步（图 4-37）即用平台梁代替一步踏步，可以减小梯段跨度，在住宅建筑中尤为实用。但平台梁为变截面梁，平台梁底标高也较低，结构占空间较大，减少了平台梁下净空高度。

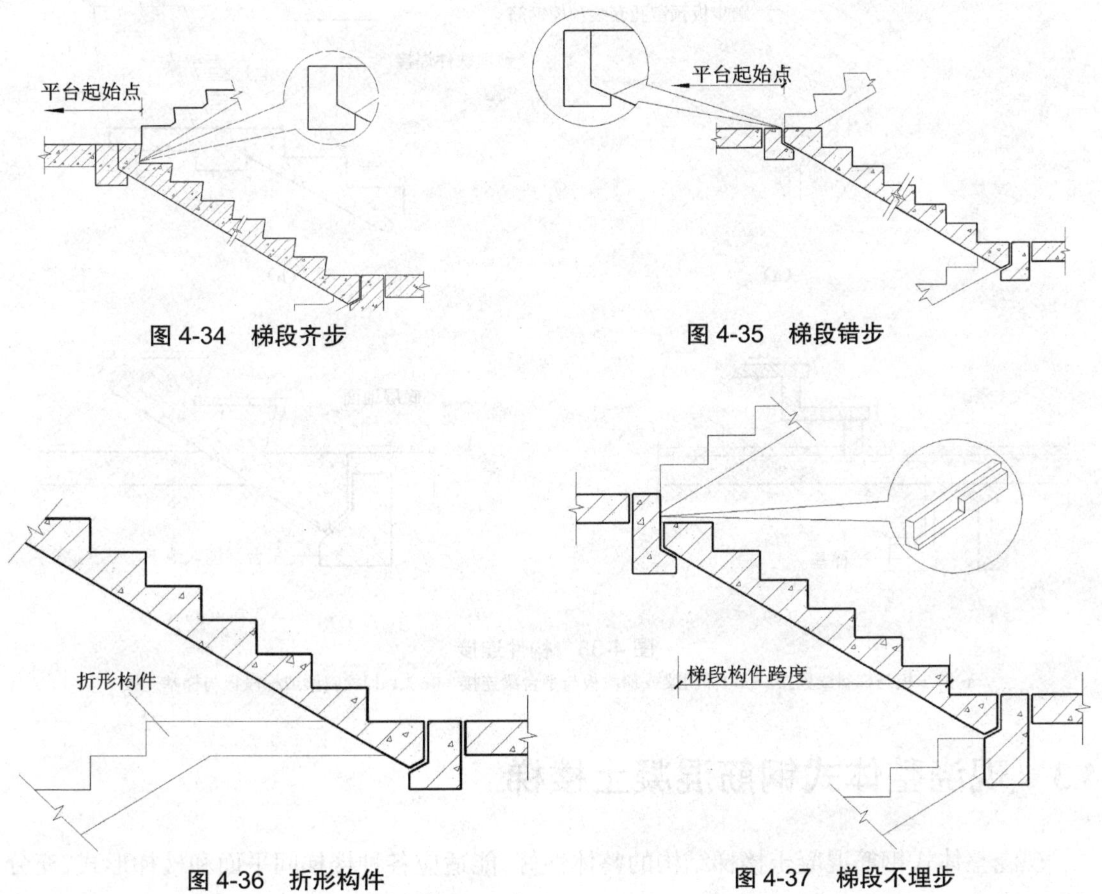

图 4-34　梯段齐步

图 4-35　梯段错步

图 4-36　折形构件

图 4-37　梯段不埋步

4. 梯段埋步

梯段埋步（图 4-34）的梯段跨度比梯段不埋步的大，但平台梁底标高可提高，有利于增加平台梁下净空高度，平台梁可为等截面梁，常用于公共建筑。

4.2.4 构件连接

由于楼梯是主要交通部件，对其坚固耐久、安全可靠的要求较高，特别是在地震区建筑中更需引起重视，并且梯段为倾斜构件，故需加强各构件之间的连接，提高其整体性。

1. 踏步板与梯斜梁连接

如图 4-38（a）所示，一般在梯斜梁支承踏步板处用水泥砂浆坐浆连接。如需加强，可在梯斜梁上预埋插筋，与踏步板支承端预留孔插接，用高强度等级的水泥砂浆填实。

2. 梯斜梁或梯段板与平台梁连接

如图 4-38（b）所示，在支座处除了用水泥砂浆坐浆外，应在连接端预埋钢板进行焊接。

3. 梯斜梁或梯段板与梯基连接

如图 4-38（c）、（d）所示，在楼梯底层起步处，梯斜梁或梯段板下应做梯基。梯基常用砖或混凝土制作，也可用平台梁代替梯基，但需注意该平台梁无梯段处与地坪的关系。

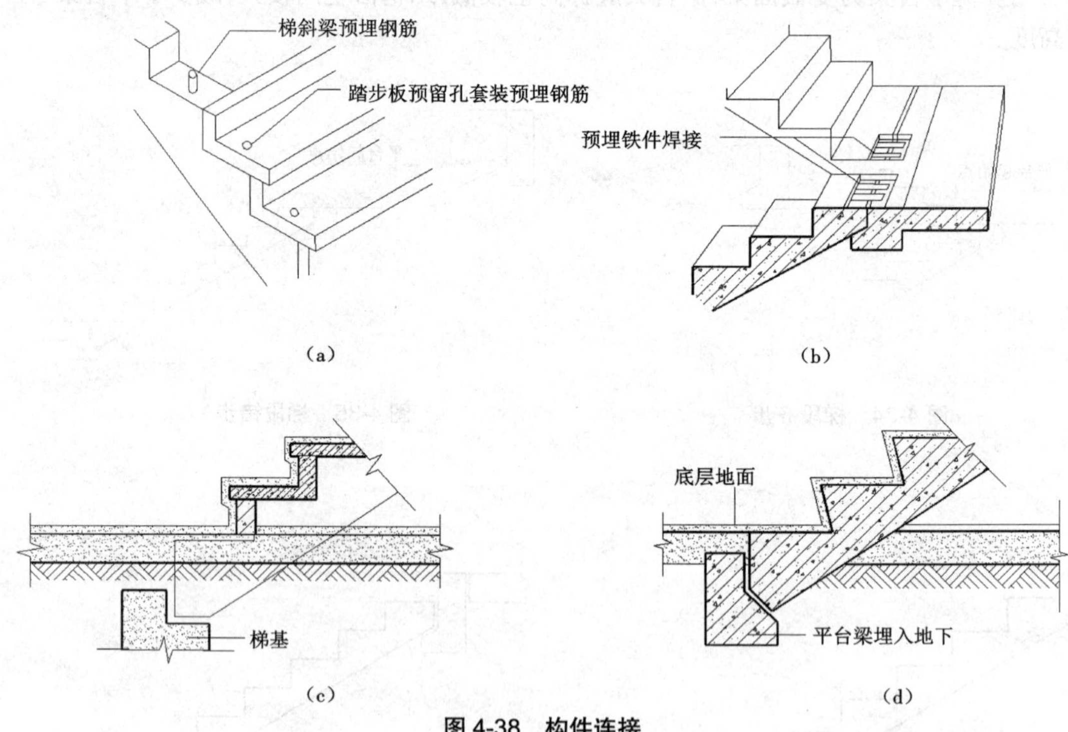

图 4-38 构件连接

（a）踏步板与梯斜梁连接 （b）梯斜梁或梯段板与平台梁连接 （c）、（d）梯斜梁或梯段板与梯基连接

4.3 现浇整体式钢筋混凝土楼梯

现浇整体式钢筋混凝土楼梯结构的整体性好，能适应各种楼梯间平面和楼梯形式，充分

发挥钢筋混凝土的可塑性。但由于需要现场支模，模板耗费量较大，施工周期较长，并且抽孔困难，不便做成空心构件，所以混凝土用量和自重较大。其通常用于异型的楼梯或整体性要求高的楼梯，或当预制装配条件不具备时采用。

现浇整体式钢筋混凝土楼梯有梁承式、板式、梁悬臂式、扭板式等类型。

4.3.1　现浇梁承式钢筋混凝土楼梯

现浇梁承式钢筋混凝土楼梯如图 4-39 所示，由于其平台梁和梯段连接为一整体，比预制装配梁承式钢筋混凝土楼梯受构件搭接支承关系的制约少。实际工程中有明步和暗步的做法。

梁在踏步板下，踏步露明，称为明步；梁在踏步板上面，下面平整，踏步包在梁内，称为暗步。暗步楼梯弥补了明步楼梯梯段下部易积灰、侧面易污染的缺陷，但斜梁宽度要满足结构的要求，从而使梯段的净宽变小。

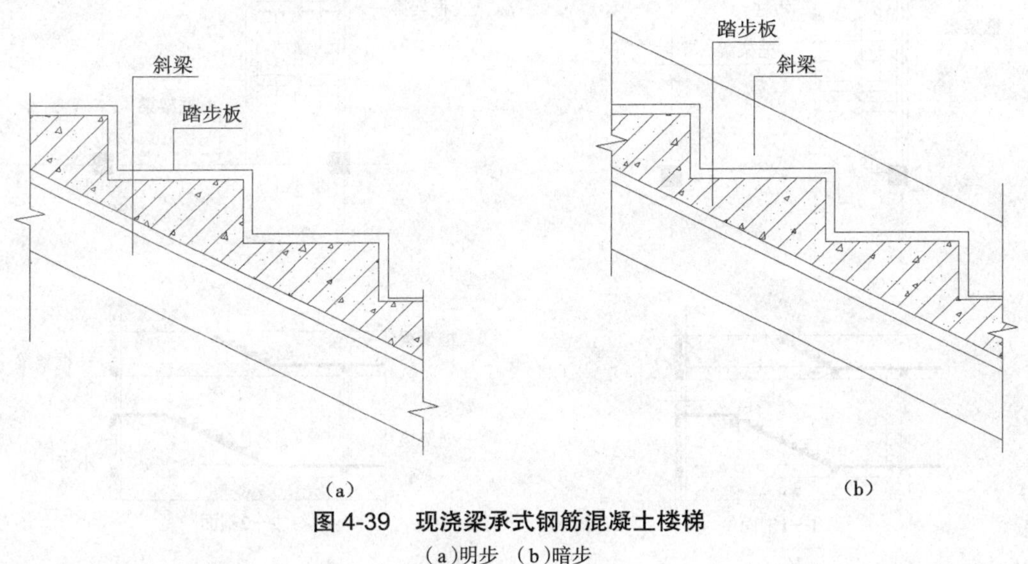

图 4-39　现浇梁承式钢筋混凝土楼梯
(a)明步　(b)暗步

4.3.2　现浇板式钢筋混凝土楼梯

由于梁板式梯段踏步板底面为折线形，支模较困难，故常做成板式梯段，梯段分别与两端平台梁整浇在一起，由平台梁支承。板式楼梯梯段的底面平整、美观，便于装饰，如图 4-40 所示。

在钢筋混凝土框架结构建筑中，当楼梯设有平台梁时，中间平台梁的荷载向框架梁传递时会遇到两者高度位置矛盾的问题，一般采取在框架梁上设短柱的方式支承中间平台梁，如图 4-41(a)所示。当楼梯为开敞式，未用墙体围合成封闭楼梯间时，短柱影响美观效果，这时，可将平台板和梯段板合成 Z 形构件，楼层平台一端支承于框架梁上，中间平台一端支承于约半层高(具体高度视设计而定)的小梁上，如图 4-41(b)所示。

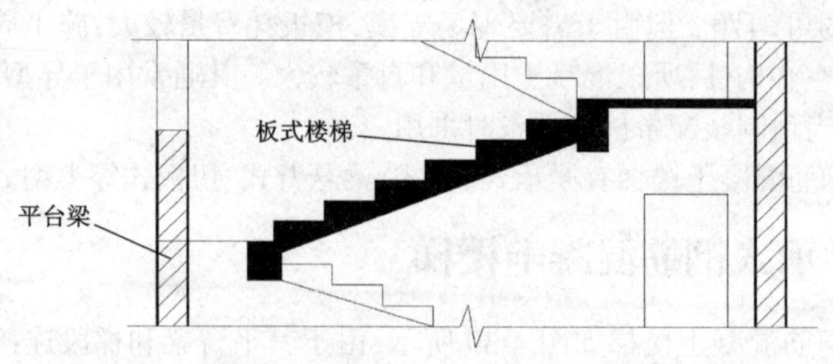

图 4-40 现浇板式钢筋混凝土楼梯

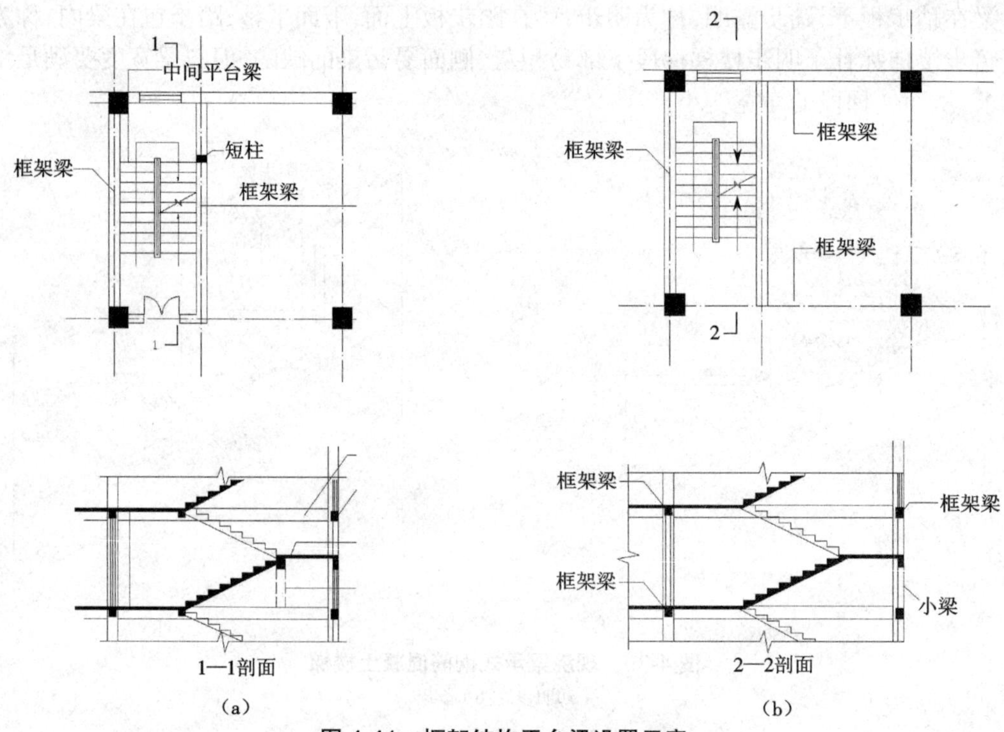

图 4-41 框架结构平台梁设置示意

(a)框架梁上设短柱 (b)平台板和梯段板合成 Z 形构件

4.3.3 现浇梁悬臂式钢筋混凝土楼梯

现浇梁悬臂式钢筋混凝土楼梯系指踏步板从梯斜梁两边或一边悬挑的楼梯形式，常用于框架结构建筑中或用作室外露天楼梯，如图 4-42 所示。

4.3.4 现浇扭板式钢筋混凝土楼梯

现浇扭板式钢筋混凝土楼梯底面平顺，结构占空间少，造型美观，但板跨大，受力复杂，结构设计和施工难度较大，钢筋和混凝土用量也较大，一般只宜用于建筑标准高的建筑，特别是公共大厅中，如图 4-43 所示。

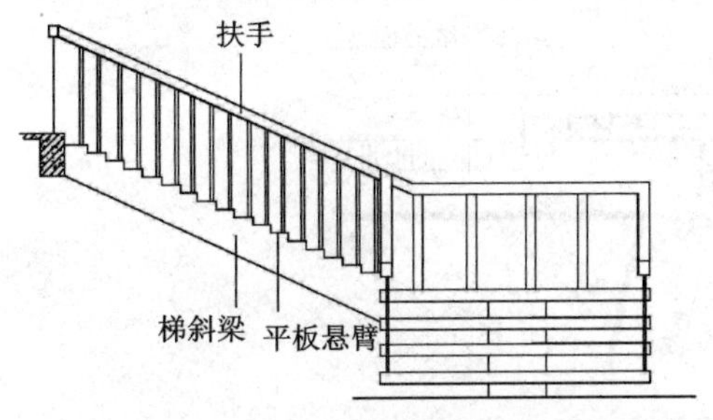

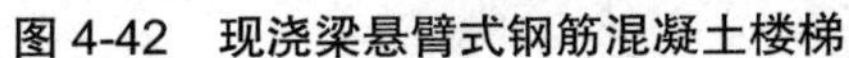

图 4-42　现浇梁悬臂式钢筋混凝土楼梯

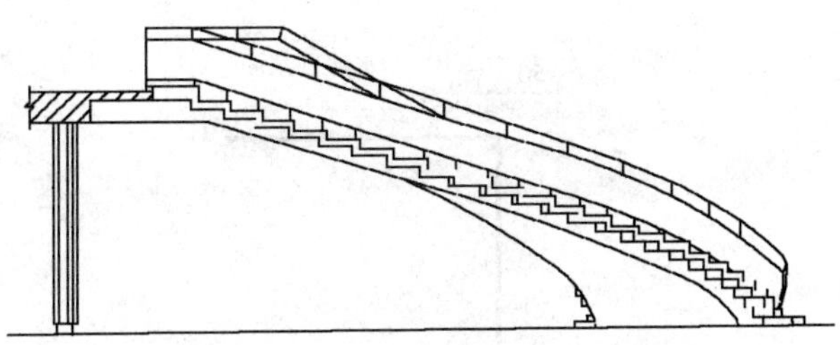

图 4-43　现浇扭板式钢筋混凝土楼梯

4.4　楼梯的细部构造

踏步的细部构造处理直接影响楼梯的使用安全和美观，在设计中应受到足够重视。

4.4.1　踏步面层及防滑措施

1. 踏步面层

楼梯踏步面层装修做法与楼层面层装修做法基本相同，应高于或至少不低于楼地面装修用材标准。应根据建筑标准、使用要求、装修效果、施工条件等，综合考虑合理选择踏步饰面材料。同时，踏步饰面材料应耐磨、防滑、耐冲击、便于清洁、踏感舒适，常用的有水泥豆石面层、普通水磨石面层、彩色水磨石面层、缸砖面层、大理石面层、花岗石面层、地毯等。

2. 防滑措施

人流集中的楼梯，踏步表面应采取防滑和耐磨措施，通常是在踏步口及休息板边缘，加设硬质防滑条或护角以增强耐磨性，减少磨损。常用的防滑条材料有水泥铁屑、金刚砂、金属条（铸铁条、铝条、铜条）、陶瓷锦砖及带防滑条缸砖等。防滑条应凸出踏步面 2~3 mm，但不能太高，实际工程中经常做得太高，反而使行走不便。寒冷地区室外楼梯不宜设置金属防滑条，宜采用有一定摩擦阻力的面层，以利冰雪天气防滑，亦可采取适当的防冻措施。防滑处理如图 4-44 所示。

4.4.2　栏杆、栏板和扶手

楼梯栏杆应能承受规范规定的水平荷载，栏杆形式应能保证通行安全，其高度应满足有关规范要求。栏杆构造设计需根据选用的材料强度、受力条件、安装方式等因素决定，以保证结构可靠、安全、美观。

1. 栏杆形式与构造

栏杆形式可分为空花式、栏板式、混合式等类型，需根据材料、经济、装修标准和使用对象的不同进行合理的选择和设计。

（1）空花式：多采用金属材料，如钢材、铝材、铸铁等。空花式栏杆由相同或不同规格的金属型材拼接、组合成不同图案，在确保安全的同时，又能起到装饰作用。垂直杆件间的净距不应大于 110 mm。经常有儿童活动的建筑，栏杆分格应设计成不易儿童攀登的形式，以确保安全。空花式栏杆如图 4-45 所示。

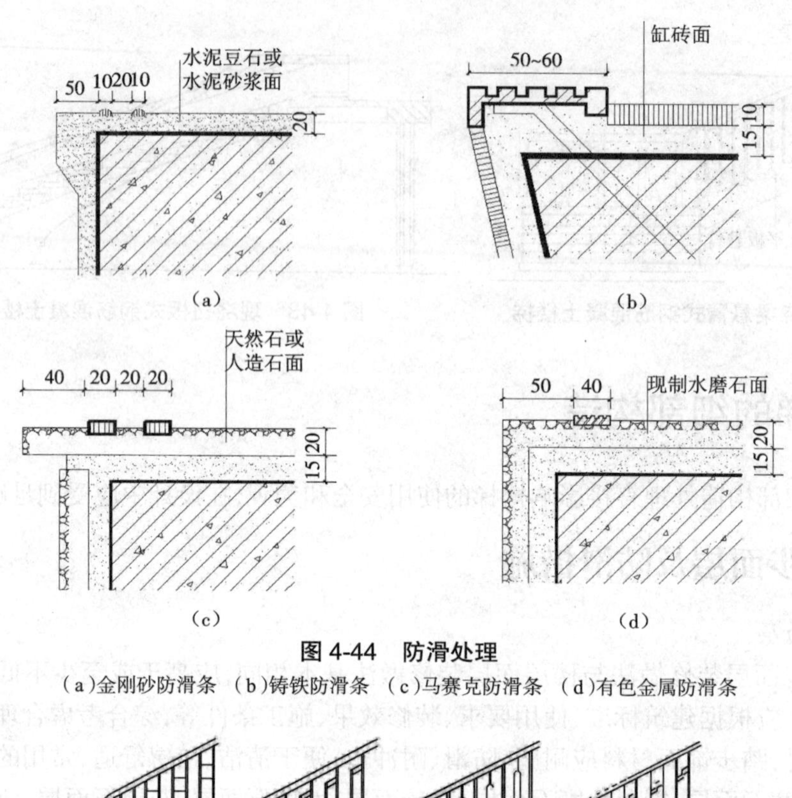

图 4-44 防滑处理

（a）金刚砂防滑条 （b）铸铁防滑条 （c）马赛克防滑条 （d）有色金属防滑条

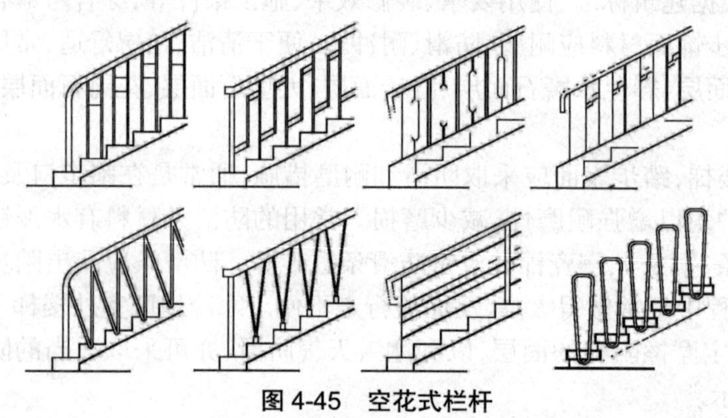

图 4-45 空花式栏杆

（2）栏板式：由实体材料制作，如钢筋混凝土、加设钢筋网的砖砌体、木材、有机玻璃、钢化玻璃等，栏板表面应光滑平整、便于清洗。栏板式取消了杆件，免去了空花栏杆的不安全因素，无锈蚀问题，但栏板构件应与主体结构连接可靠，能承受侧向推力。栏板式栏杆如图 4-46 所示。

（3）混合式：将空花栏杆与栏板组合在一起构成的栏杆形式。空花部分一般用金属材料，栏板部分常采用强度较高的轻质美观材料制作，如木板、塑料贴面板、铝板、有机玻璃板或钢化玻璃板等。混合式栏杆如图 4-47 所示。

2. 扶手形式

楼梯扶手常用木材、塑料、金属管材（钢管、铝合金管、铜管和不锈钢管等）制作，如图 4-48 所示。楼梯扶手应沿梯段及休息板的全长连续设置，扶手断面应便于手握。扶手断面尺寸，圆形以直径 40~75 mm 为宜，其他形状的断面顶端宽度应小于 90 mm。靠墙扶手与墙面的净距应大于 40 mm。

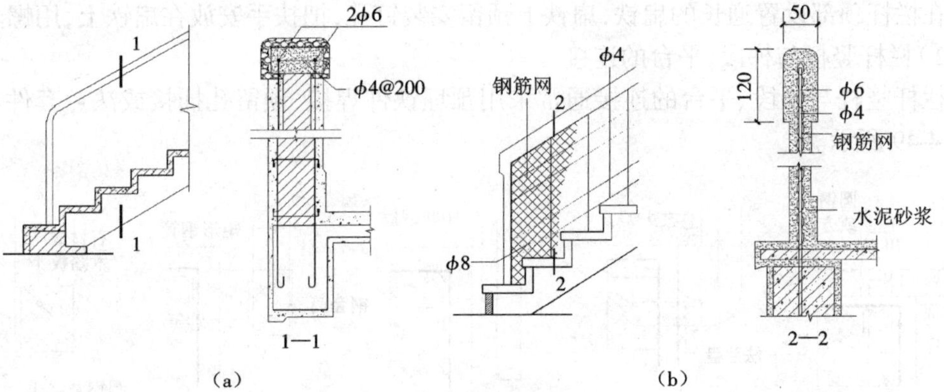

图 4-46　栏板式栏杆

（a）样式一　（b）样式二

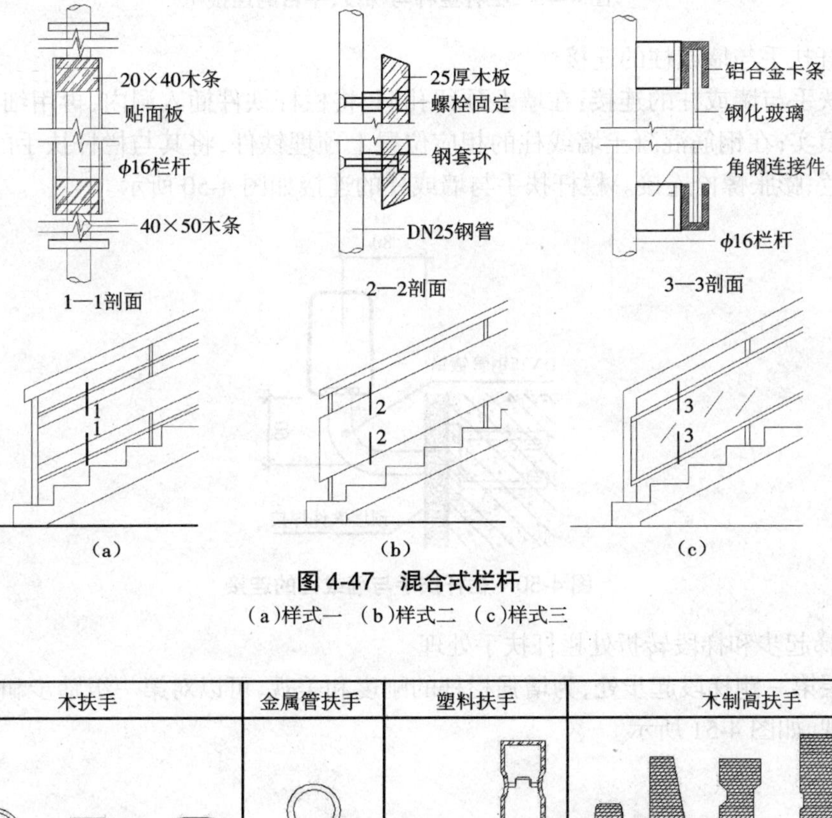

图 4-47　混合式栏杆

（a）样式一　（b）样式二　（c）样式三

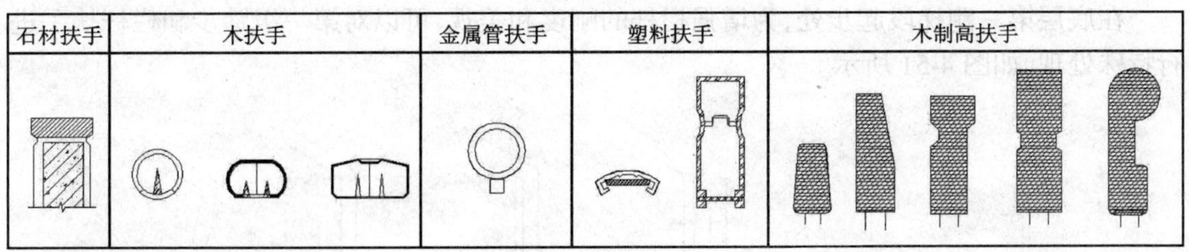

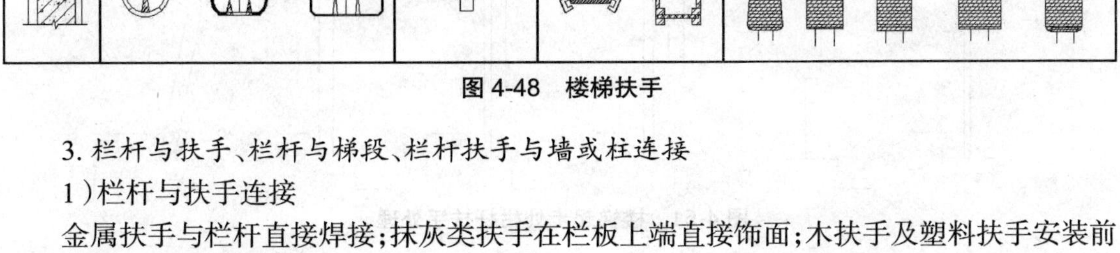

图 4-48　楼梯扶手

3. 栏杆与扶手、栏杆与梯段、栏杆扶手与墙或柱连接

1）栏杆与扶手连接

金属扶手与栏杆直接焊接；抹灰类扶手在栏板上端直接饰面；木扶手及塑料扶手安装前

应先在栏杆顶部设置通长的扁铁,扁铁上预留安装钉孔,把扶手安放在扁铁上,用螺丝固定。

2)栏杆竖杆与梯段、平台的连接

栏杆竖杆与梯段、平台的连接通常采用预埋铁件焊接、预留孔插接或法兰套件等形式,如图4-49所示。

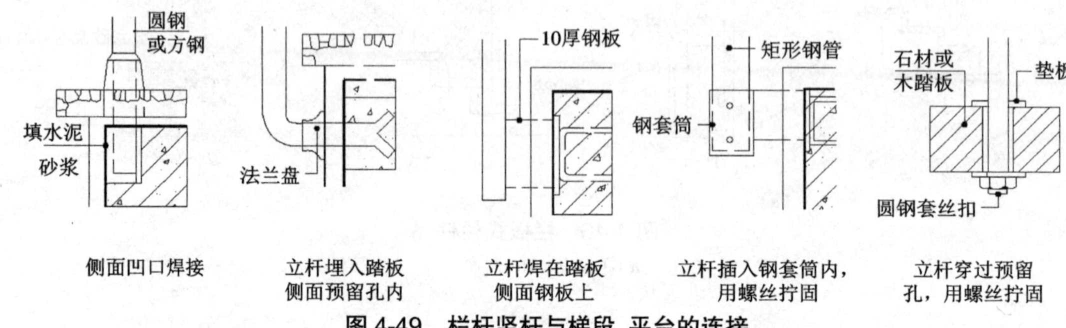

图4-49 栏杆竖杆与梯段、平台的连接

3)栏杆扶手与墙或柱的连接

栏杆扶手与墙或柱的连接:在墙上预留孔洞,将栏杆铁件插入洞内,再用细石混凝土或水泥砂浆填实;在钢筋混凝土墙或柱的相应位置上预埋铁件,将其与栏杆扶手的铁件焊接,也可用法兰、膨胀螺栓连接。栏杆扶手与墙或柱的连接如图4-50所示。

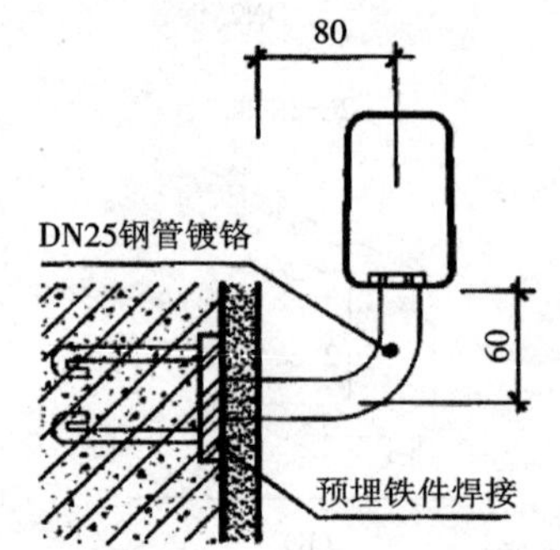

图4-50 栏杆扶手与墙或柱的连接

4)楼梯起步和梯段转折处栏杆扶手处理

在底层第一跑梯段起步处,为增强栏杆的刚度和美观,可以对第一级踏步和栏杆扶手进行特殊处理,如图4-51所示。

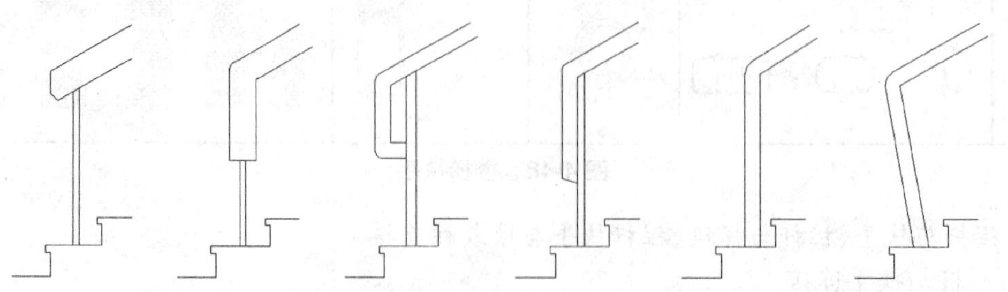

图4-51 楼梯起步处栏杆扶手处理

在梯段转折处，由于梯段间的高差，为了保持栏杆高度一致和扶手的连续，需根据不同情况进行处理，如图 4-52 所示。

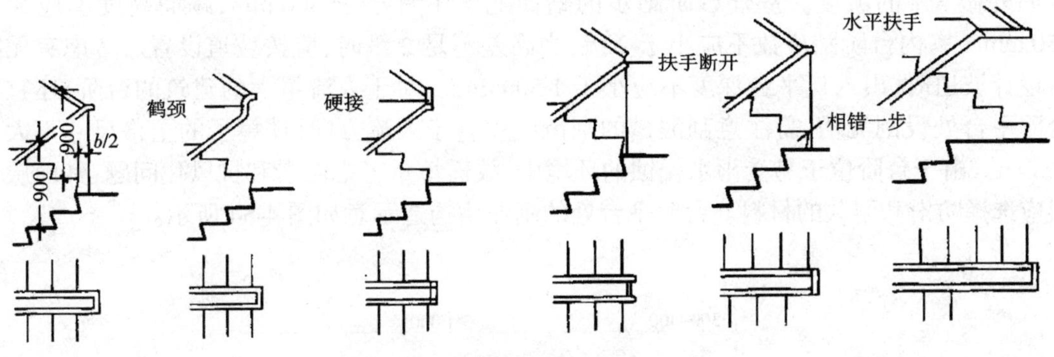

图 4-52 梯段转折处栏杆扶手处理

4.5 室外台阶与坡道

室外台阶与坡道是建筑出入口处室内外地坪之间的交通联系部件。其位置明显，人流量大，并需考虑无障碍设计，又处于半露天位置，特别是当室内外高差较大或基层土质较差时，须慎重处理。

4.5.1 台阶的形式和尺寸

较常见的台阶形式有单面踏步、两面踏步、三面踏步以及单面踏步带花池(花台)等，如图 4-53 所示。

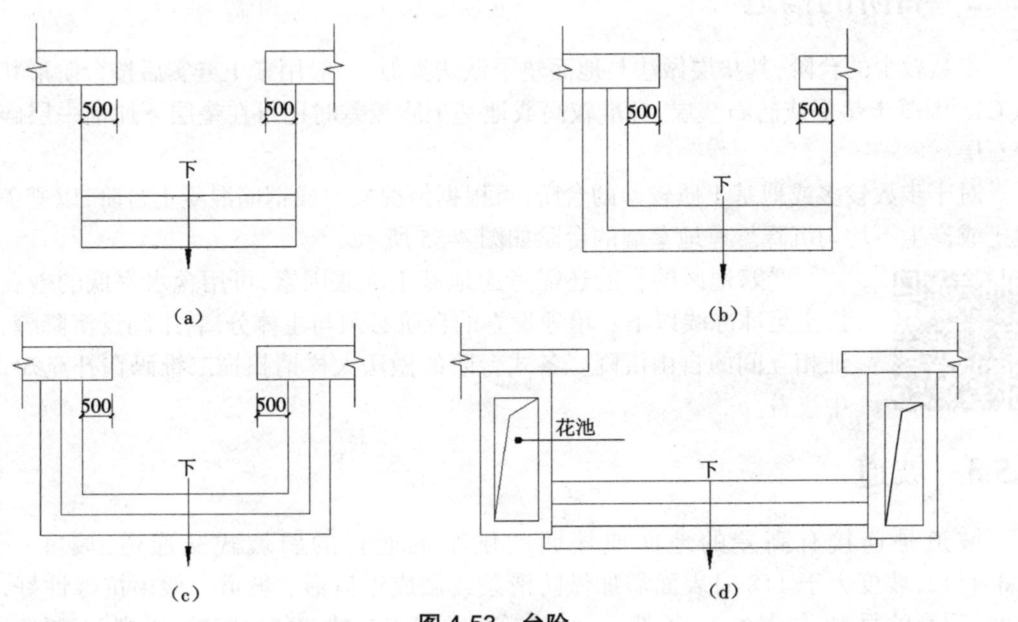

图 4-53 台阶

(a)单面踏步 (b)两面踏步 (c)三面踏步 (d)单面踏步带花池

台阶顶部的平台宽度应大于所连通的门洞口宽度，一般每边至少宽出 500 mm，室外台阶顶部平台的深度不应小于 1.0 m。台阶面层标高应比首层室内地面标高低 10 mm 左右，并向外做 3% 的坡度。室外台阶踏步的踏面宽度不宜小于 300 mm，踢面高度不应大于 150 mm。室内台阶踏步数不应小于 2 级，当高差不足 2 级时，应按坡道设置。考虑有无障碍设计坡道时，出入口平台深度不应小于 1 500 mm。对于人流量大的建筑的台阶，还宜在台阶平台处设刮泥槽，需注意刮泥槽的刮齿应垂直于人流方向，铁箅子的空格尺寸不大于 20 mm。由于台阶位于易受雨水侵蚀的环境中，故需慎重考虑防滑和抗风化问题，其面层材料应选择防滑和耐久的材料。台阶平台处的刮泥槽构造示意如图 4-54 所示。

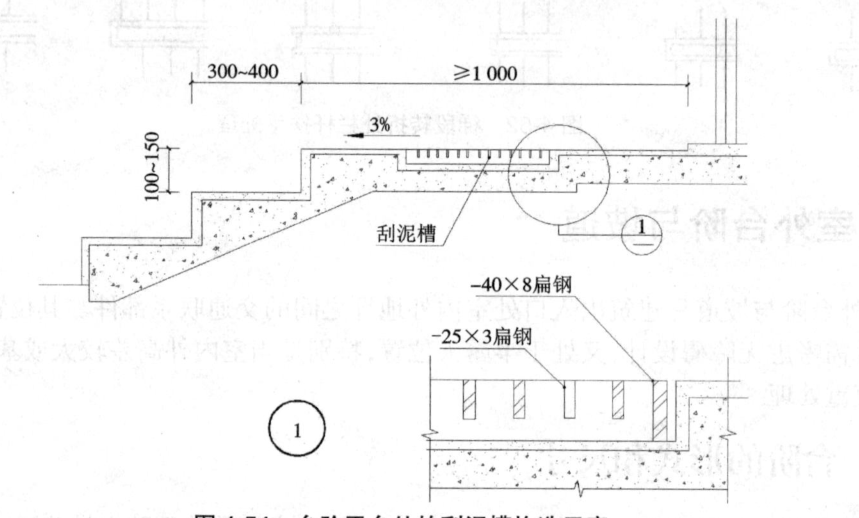

图 4-54 台阶平台处的刮泥槽构造示意

4.5.2 台阶的构造

步数较少的台阶，其垫层做法与地面垫层做法类似，一般用素土夯实后按台阶形状尺寸做 C15 混凝土垫层或砖石垫层，标准较高或地基土质较差时还可在垫层下加铺一层碎砖或碎石层。

对于步数较多或地基土质较差的台阶，可根据情况架空成钢筋混凝土台阶，以避免过多填土或产生不均匀沉降。有地垄墙的台阶如图 4-55 所示。

严寒地区的台阶还需考虑地基土冻胀因素，可用含水率低的砂石垫层换土至冰冻线以下。单独设立的台阶必须与主体分离，中间设沉降缝，以保证相互间的自由沉降。各式台阶的做法大样请扫描二维码在补充知识 4-2 中查看。

4.5.3 坡道

坡道是连接有高差的地面或楼面的供车辆通行的斜坡式交通道，坡度一般为 1∶6~1∶12，坡度大于 1∶8 时表面需加做防滑条或做成锯齿形。坡道一般由抗冻性好，表面结实、耐磨的材料，如混凝土、天然石材等铺筑，常用于车站、医院、宾馆、影剧院、展览馆、车库、仓库等建筑，通常与台阶结合设置。医院和多层车库等可设置环形、马蹄形或双跑式室内坡道。这种垂直交通方式通行省力、方便，通行能力几乎与水平面相近，但占用面积较大，一般建筑内较少采用，只有在考虑无障碍设计时采用。

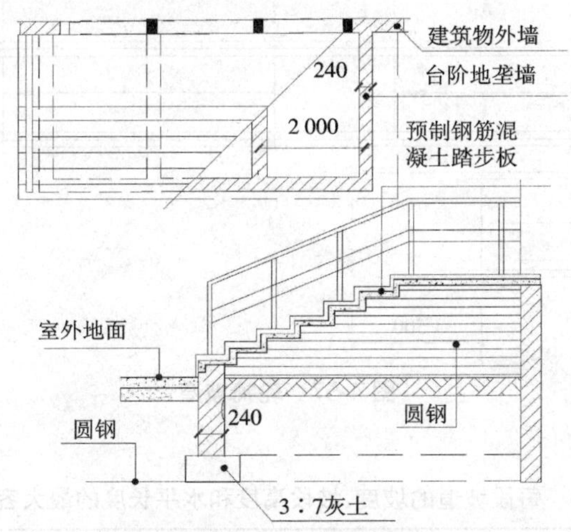

图 4-55　有地垄墙的台阶

1. 行车坡道

行车坡道（图 4-56）分为普通行车坡道与回车坡道两种。普通行车坡道布置在有车辆进出的建筑入口处，如车库。回车坡道与台阶踏步组合在一起，布置在某些大型公共建筑的入口处，如办公楼、医院等。

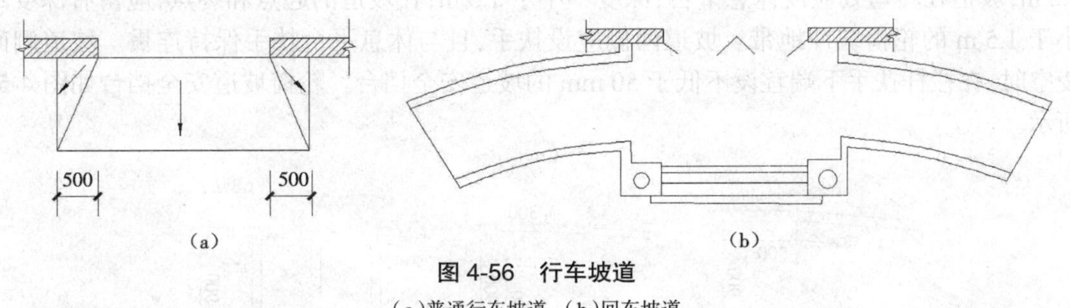

图 4-56　行车坡道

（a）普通行车坡道　（b）回车坡道

普通行车坡道宽度应大于所连通门洞的宽度，每边至少≥ 500 mm。坡道的坡度与建筑的室内外高差、坡道的面层处理方法有关。回车坡道宽度与坡道半径及车辆规格有关。室内坡道的坡度应不大于 1∶8；室外坡道的坡度应不大于 1∶10。普通行车坡道与回车坡道的做法大样请扫描二维码在补充知识 4-3 中查看。

2. 轮椅坡道

轮椅坡道（图 4-57）专供残疾人使用，应留有不小于 1 500 mm × 1 500 mm 的平坦的回转面积。坡度不宜大于 1∶12，室内最小宽度应不小于 0.9 m，室外最小宽度应不小于 1.5 m。每段坡道的坡度、坡段高度和水平长度的最大容许值见表 4-3。轮椅各部位的名称与尺度请扫描二维码在补充知识 4-4

中查看。

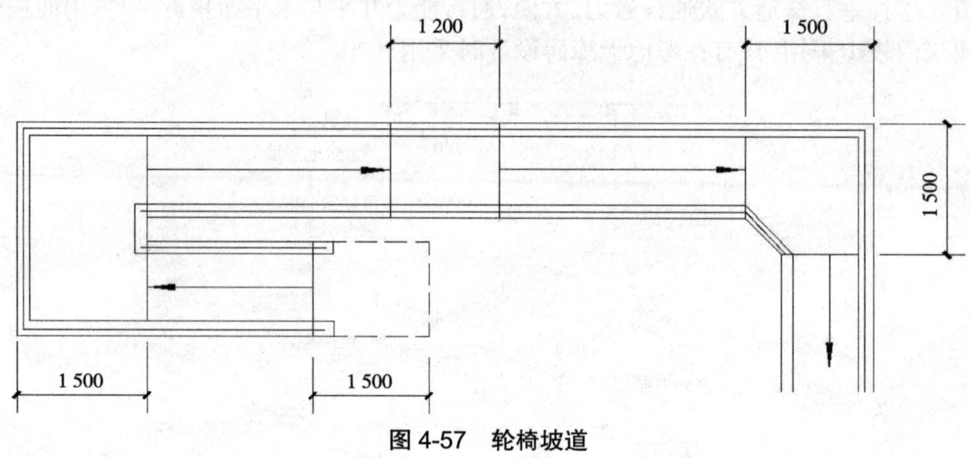

图 4-57 轮椅坡道

表 4-3 每段坡道的坡度、坡段高度和水平长度的最大容许值

坡度	1:20	1:16	1:12	1:10	1:8	1:6
坡段最大高度(mm)	1 500	1 000	750	500	350	200
坡段水平长度(mm)	30 000	16 000	9 000	5 000	2 800	1 200

当坡道高度和长度超过表 4-3 中规定的值时,应在坡道中部设休息平台,其深度不小于 1.2 m;坡道在转弯处应设休息平台,深度不小于 1.5 m;在坡道的起点和终点,应留有深度不小于 1.5 m 的轮椅缓冲地带。坡道两侧应设扶手,且与休息平台扶手保持连贯。坡道侧面凌空时,在栏杆扶手下端宜设不低于 50 mm 的坡道安全挡台。轮椅坡道安全挡台如图 4-58 所示。

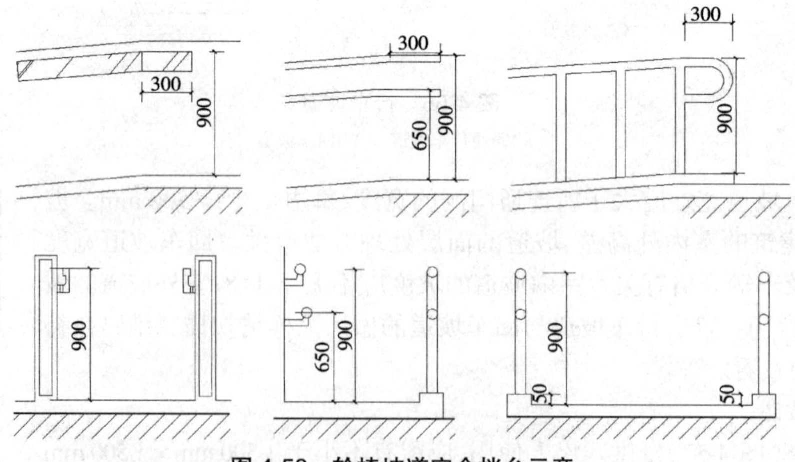

图 4-58 轮椅坡道安全挡台示意

坡道的一般类型如图 4-59 所示。

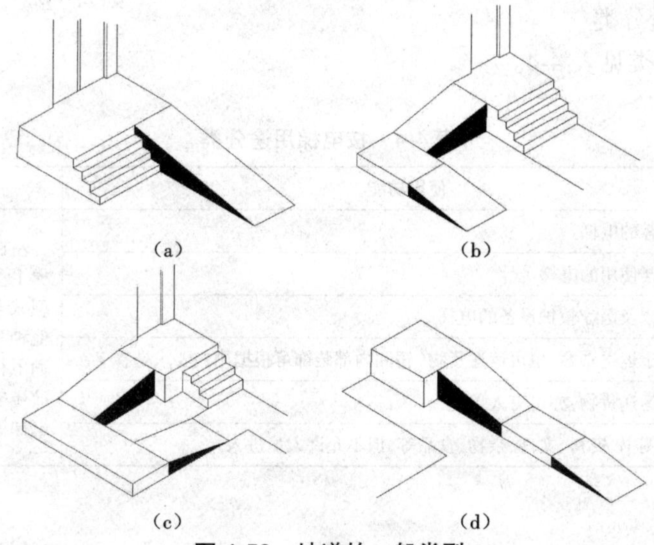

图 4-59　坡道的一般类型
(a)一字形坡道　(b)L 形坡道　(c)U 字形坡道　(d)一字形多段式坡道

4.6　电梯与自动扶梯

电梯是建筑物楼层间垂直交通运输的快速运载设备，按使用功能要求选择电梯种类及主参数(额定载重量和速度)，按运载量及要求配置电梯数量，此外还需有良好的布置方式，才能更有效地为用户提供舒适、快速的服务。

自动扶梯是建筑物楼层间连续运输效率最高的载客设备，适用于车站、码头、地铁、航空港、商场及公共大厅等人流量较大的场所。自动扶梯可正逆向运行，在停机时，亦可作为临时楼梯使用。

4.6.1　电梯

规范规定：住宅层数较多(7 层及 7 层以上)、建筑从室外设计标高至最高楼面超过 16 m 时，应设置电梯；4 层及 4 层以上门诊楼或病房楼、高级宾馆、多层仓库及商店等，也应设置电梯；高层及超高层建筑达到规定要求时还应设消防电梯。

1. 电梯的类型

1)按使用性质分类

(1)客梯：主要用于人们在建筑物中上下楼层。

(2)货梯：主要用于运送货物及设备。

(3)消防电梯：主要供火灾、爆炸等紧急情况下消防人员紧急救援使用。

2)按电梯行驶速度分类

(1)高速电梯：速度大于 2 m/s，目前最高速度达到 9 m/s 以上。

(2)中速电梯：速度在 1.5~2 m/s。

(3)低速电梯：速度在 1.5 m/s 以内。

3)按电梯用途分类

电梯按用途分类见表4-4。

表4-4 按电梯用途分类

种类	使用功能	备 注
乘客电梯	运送乘客的电梯	左栏内容引自国家标准《电梯主参数及轿厢、井道、机房的型式与尺寸》。此外,还有其他种类的电梯如观光电梯、车辆电梯、船舶电梯、冷库电梯、液压电梯、防爆电梯以及施工电梯等
住宅电梯	供住宅楼使用的电梯	
病床电梯	运送病床及医疗救护设备的电梯	
客货电梯	主要用于运送乘客,也可运送货物(轿厢内部装饰可根据用户要求选择)	
载货电梯	主要是运送货物,亦可有人伴随	
杂物电梯	供运送图书、资料、文件、杂物、食品等,但不允许人员进入	

4)其他分类

电梯还可按单台、双台分类,按交流电梯、直流电梯分类,按轿厢容量分类,按升降驱动方式分类,按电梯门开启方向分类等。

2. 电梯的组成

1)电梯井道

电梯井道(图4-60)是为电梯轿厢和对重装置运行而设置的空间。该空间是以井道底坑的底、井道壁和顶为界限的。井道内安装有电梯导轨、导轨架、缓冲器及爬梯、检修灯槽等,在建筑物每层楼面处,井道壁上开有洞口,安装井道门。为了检修,梯井顶部与底部应留有足够的检修空间。根据电梯主参数确定的各类电梯的井道型式和尺寸应符合国家标准《电梯主参数及轿厢、井道、机房的型式与尺寸》的规定。设计井道时应注意井道的防火、隔声、通风、防水等问题。

井道平面净空尺寸需根据选用电梯型号的要求决定,一般为(1 800~2 500)mm×(2 100~2 600)mm,具体要求如下。

(1)井道壁应垂直,规定井道净空尺寸只允许有≤ 50 mm的正偏差。

(2)多台电梯安装在同一井道内,当两轿厢相对一面设有安全门时,位于该两台电梯之间的井道壁不应为实体墙,应设钢或混凝土梁,留出的间隔≥ 100 mm。

(3)速度≥ 2 m/s的载人电梯,应在井道顶部和底部设≥ 600 mm× 600 mm带百叶窗的通风孔,井道较高时,中间需酌情增设。井道内严禁铺设可燃气、液体管道。

(4)井道内相邻两层门地坎间的距离超过11 m时,中间应设安全门,安全门需在井道外闭锁。井道内能手动开启安全门,安全门的开启方向不得朝向井道内。

2)电梯机房

电梯机房(图4-60)是安装曳引机和有关设备的房间,一般设置在电梯井道的顶部,也有少数设在底层井道旁边的。根据电梯主参数确定的各类电梯机房的形式与尺寸应符合国家标准《电梯主参数及轿厢、井道、机房的型式与尺寸》的规定。机房的面积要大于井道的面积,通往机房的通道、楼梯和门宽度不应小于1.2 m。电梯机房必须高于顶层楼板4 500 mm。具体要求如下。

(1)机房的平面位置:允许机房任意向井道平面两相邻方向伸出。

导轨距850
530 530
R2
缓冲器位置
R1 R1
380 380
轿厢深
675 160 160 675 25
净门口宽 900 550
轿厢宽 1 500
导轨宽 1 585
净井道宽 2 000
250
荷重20kN
机房高≥2 000
机房门高
顶层高≥4 500
门口高2 100
提升高度
每层高≥2 800
门口高2 100
固定导轨架每档间距2 000
≥2 000
200~2 500
270 550 500
6 976
ϕ16
16~20
≥120
300×150
300
H
150 145
50
100 300
2 100
100 95
(中分式门)
350~400
500~700

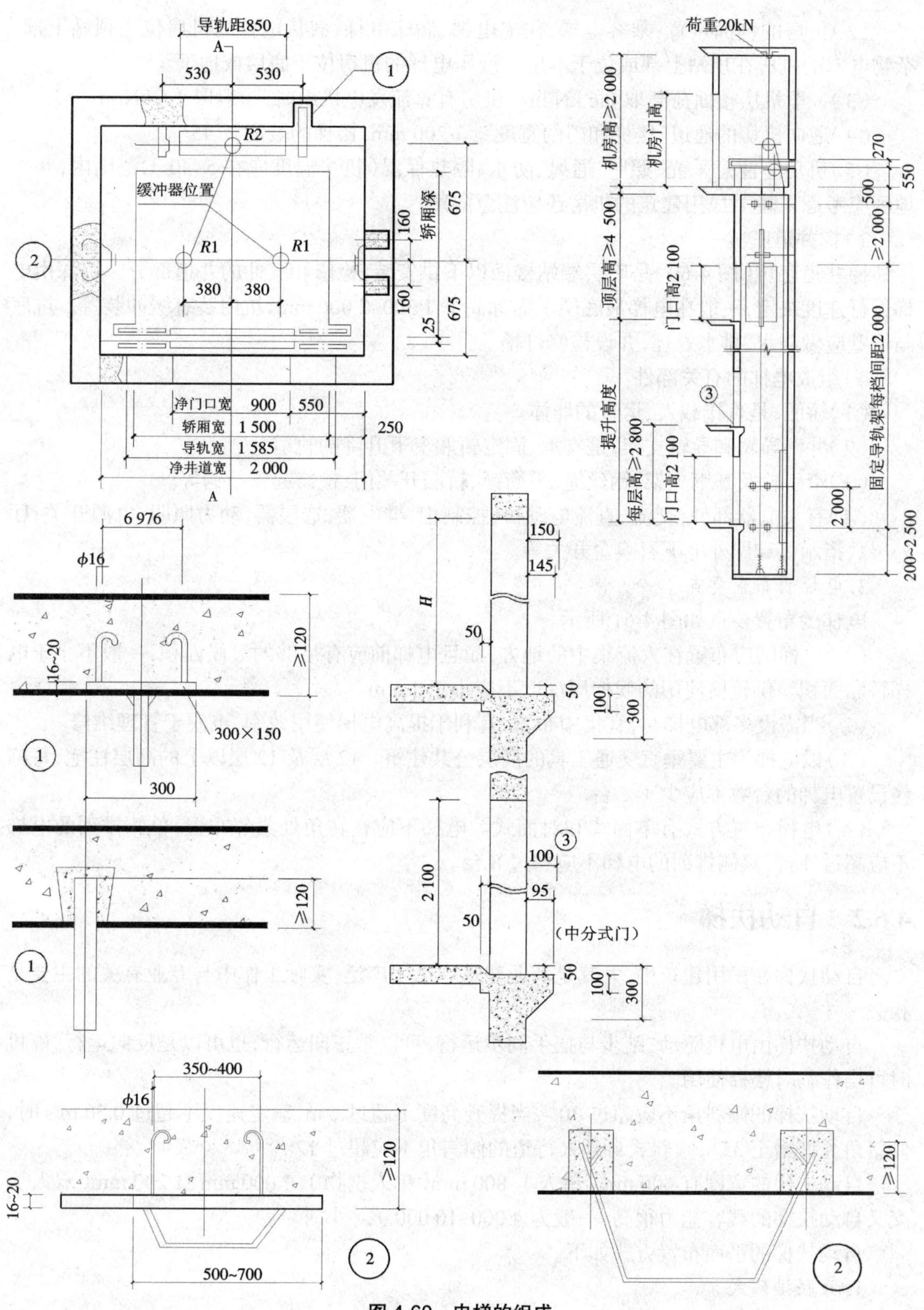

图4-60 电梯的组成

（2）机房的剖面位置：乘客电梯、住宅电梯、病床电梯、载货电梯的机房位于顶站上部。杂物电梯的机房在顶站上部或位于本层。液压电梯的机房位于底层或地下。

（3）一般机房楼面荷载取 0.6 kN/m。机房有直流发电机组时，一般取 1.6 kN/m。

（4）通向机房的通道、楼梯和门的宽度≥ 1 200 mm，楼梯的坡度≤ 45°。

（5）机房应注意采光、照明、通风、防水、隔热保温（机房温度应在 5~40 ℃范围内，寒冷地区应考虑采暖），民用建筑的机房还应注意隔声。

3）梯井道底坑

梯井道底坑（图 4-60）是底层端站楼面以下供安装、检修和缓冲的井道部分。坑深由电梯运行速度决定，一般在电梯最底层平面标高下 1 300~2 000 mm，坑内装有缓冲装置。坑底与坑壁应做防水、排水处理，并设检修灯槽。

4）组成电梯的有关部件

（1）轿厢，是直接载人、运货的厢体。

（2）井壁导轨和导轨支架，是支承、固定轿厢上下升降的轨道。

（3）牵引轮及其钢支架、钢丝绳、平衡锤、轿厢开关门、检修起重吊钩等。

（4）有关电器部件，交流、直流电动机，控制柜，继电器，选层器，动力照明，电源开关，厅外层数指示灯和厅外上下召唤盒开关等。

3. 电梯的布置要点

电梯的布置要点如图 4-61 所示。

（1）电梯间应布置在人流集中的地方，而且电梯前应有足够的等候面积，一般不小于电梯轿厢面积。供轮椅使用的候梯厅深度不应小于 1.5 m。

（2）当需设多部电梯时，宜集中布置，有利于提高电梯使用效率，也便于管理维修。

（3）以电梯为主要垂直交通工具的高层公共建筑、12 层及 12 层以上的高层住宅，每栋楼设置电梯的台数不应少于 2 台。

（4）电梯布置方式有单面式和对面式。电梯不应在转角处紧邻布置，单侧排列的电梯不应超过 4 台，双侧排列的电梯不应超过 8 台。

4.6.2 自动扶梯

自动扶梯在民用建筑中，尤其是商业建筑中运用广泛，实际工作中与专业有关的主要是相关尺寸。

自动扶梯由电机驱动，踏步与扶手同步运行，可以是正向运行，也可以是反向运行，停机时可当作临时楼梯使用。

自动扶梯的倾斜角不应超过 30°，当提升高度不超过 6 m，额定速度不超过 0.50 m/s 时，倾斜角允许增至 35°，倾斜式自动人行道的倾斜角不应超过 12°。

自动扶梯的宽度有 600 mm（单人）、800 mm（单人携物）、1 000 mm、1 200 mm（双人）。交叉自动扶梯的载客能力很高，一般为 4 000~10 000 人 / 小时。

自动扶梯的平面布置方式如下。

1. 并联排列式

并联排列式：楼层交通乘客流动可以连续，升降两方向交通分离清楚，外观豪华，但安装面积大，如图 4-62 所示。

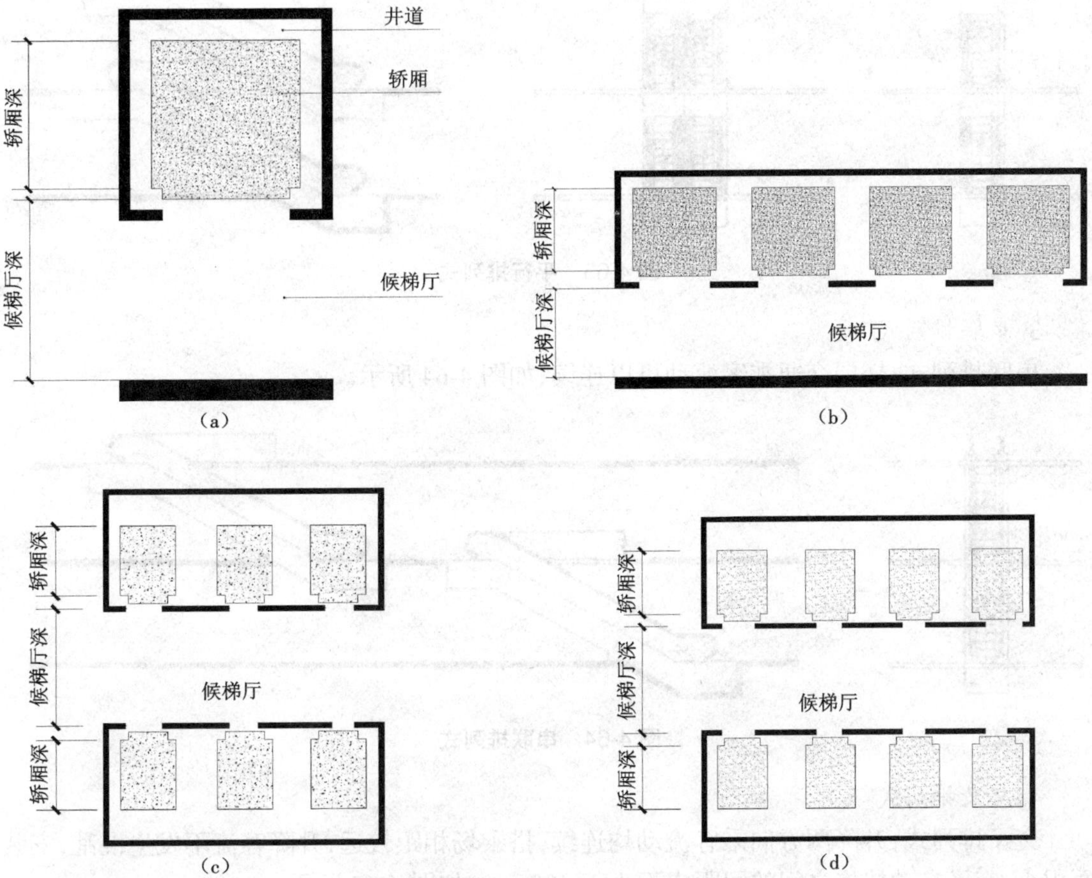

图 4-61　电梯的布置要点

（a）单台电梯　（b）多台并列（≥4 台）（c）三台对列式　（d）多台对列（≥8 台）

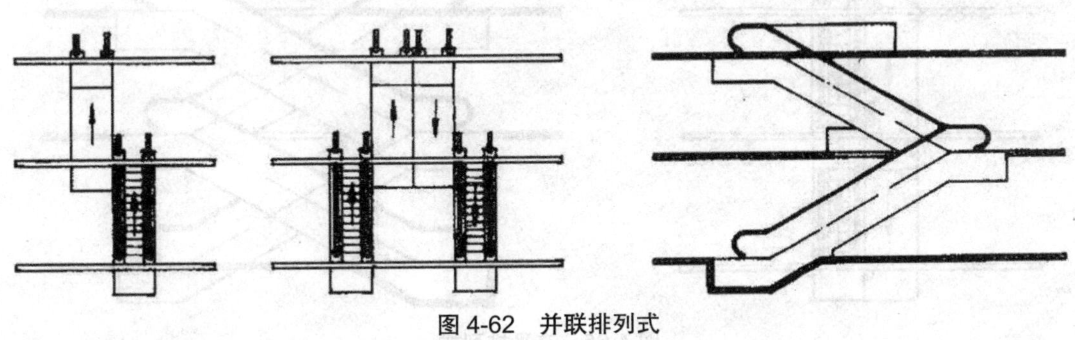

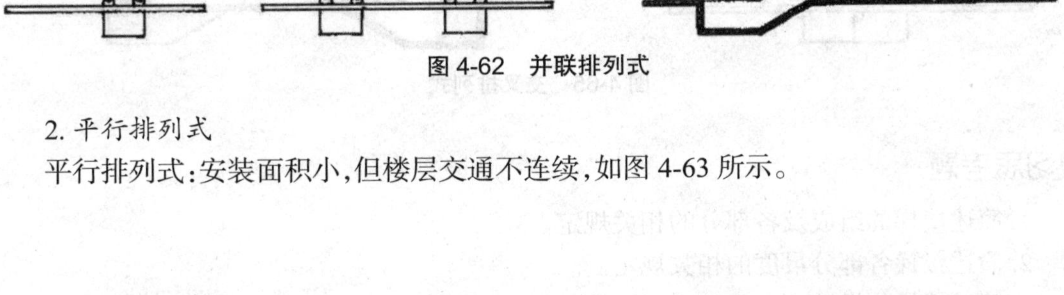

图 4-62　并联排列式

2. 平行排列式

平行排列式：安装面积小，但楼层交通不连续，如图 4-63 所示。

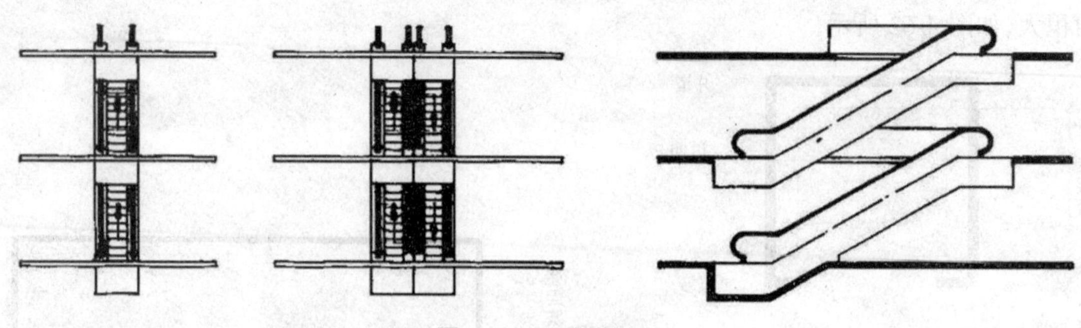

图 4-63 平行排列式

3. 串联排列式

串联排列式:楼层交通乘客流动可以连续,如图 4-64 所示。

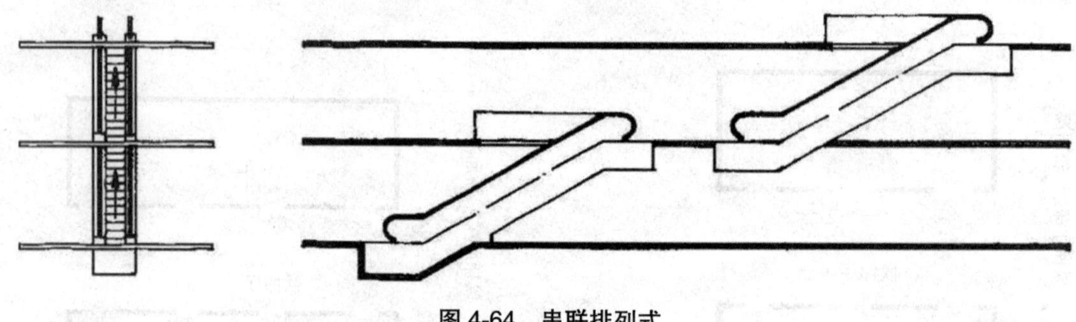

图 4-64 串联排列式

4. 交叉排列式

交叉排列式:升降两方向乘客流动均连续,搭乘场相距较远,升降客流不发生混乱,安装面积小,交叉自动扶梯之间的间距应不小于 400 mm,如图 4-65 所示。

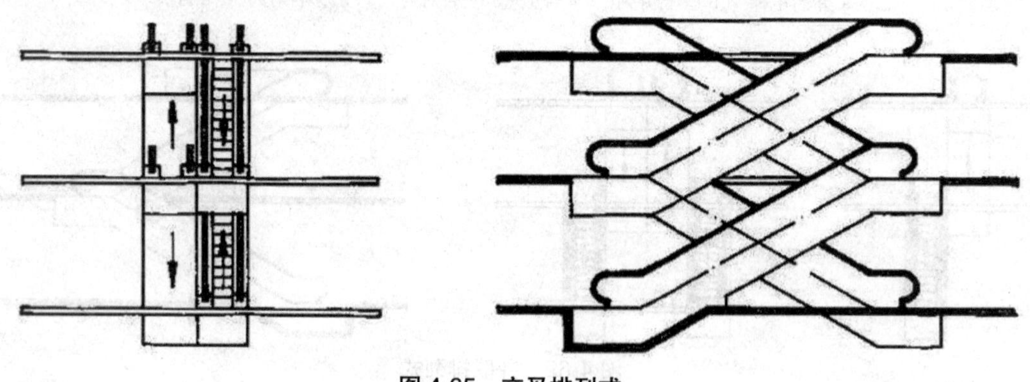

图 4-65 交叉排列式

复习思考题

1. 简述楼梯的组成及各部分的相关规定。
2. 简述楼梯各部分尺度的相关规定。
3. 简述楼梯的设计。

4. 简述室外台阶及坡道的相关规定。

5. 简述电梯的组成。

6. 简述电梯设计中的相关规定。

7. 简述自动扶梯的相关规定以及自动扶梯的平面布置方式。

8. 绘制楼梯有关的构造大样并按 1：50 制作所有楼梯构件。

楼梯相关视频请扫描以下二维码观看。

第 5 章　屋盖

5.1　屋盖的类型及设计要求

屋盖，又称屋顶，是房屋最上层起覆盖作用的围护结构，用于防风、沙、雨、雪、日光对室内的侵袭。在炎热地区，要求屋盖能隔热；寒冷地区要求屋盖能保温。

由于屋盖是建筑最上一层的围护结构，起主要的防护作用，因此在建筑施工图中所占比重较大。在《屋面工程技术规范》（GB 50345—2012）中，对屋面工程的基本要求如下。

（1）具有良好的排水功能和阻止水侵入建筑物内的作用。

（2）冬季保温减少建筑物的热损失和防止结露。

（3）夏季隔热降低建筑物对太阳辐射热的吸收。

（4）适应主体结构的受力变形和温差变形。

（5）承受风、雪荷载的作用不产生破坏。

（6）具有阻止火势蔓延的性能。

（7）满足建筑外形美观和使用的要求。

从以上规范规定中可以看到，屋盖应满足使用功能要求、结构要求，同时还对建筑的外形美观起着重要作用。

5.1.1　屋盖的形式

建筑技术发展到今天，建筑（尤其是现代建筑）屋盖形式千变万化，很多建筑甚至无法界定是什么屋盖形式。大体上，屋盖可以按照材料、外形和结构形式进行分类。按外形和结构形式，屋盖可以分为平屋盖、坡屋盖、悬索屋盖、薄壳屋盖、拱屋盖、折板屋盖等。

1. 平屋盖

平屋盖（图 5-1）是指屋面坡度小于 10% 的屋顶，可利用其作为各种活动场地，一般由结构层、隔热保温层和防水层 3 个主要层组成。平屋盖对屋面材料要求较高，由于坡度小，排水缓慢，处理不当易积水并产生渗漏。这种屋盖形式的建筑外观简洁；其结构和屋面构造较坡屋盖简单，故适用于建筑平面形状复杂的房屋。

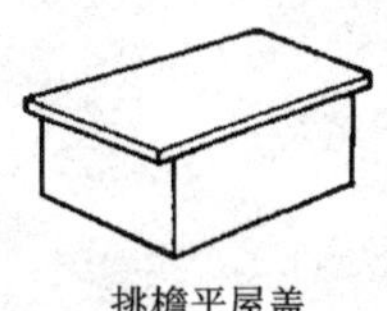

挑檐平屋盖

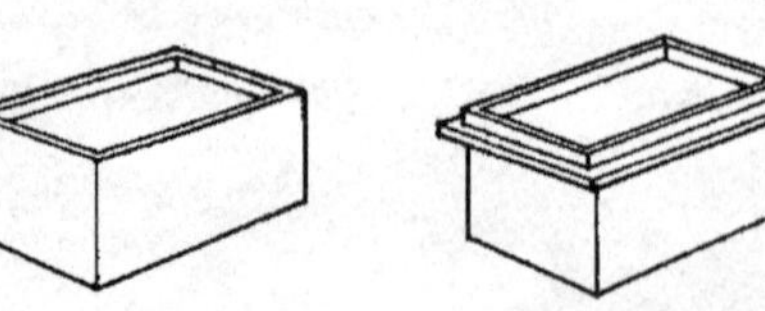

女儿墙平屋盖　　挑檐女儿墙平屋盖

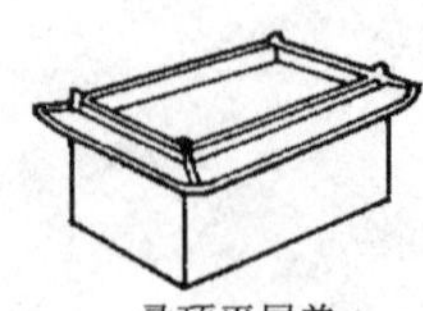

盝顶平屋盖

图 5-1　平屋盖

2. 坡屋盖

坡屋盖（图 5-2）又称斜屋盖，屋面由一个倾斜面或几个倾斜面相互交接构成。根据倾斜面数量的多少，坡屋盖可分为单坡屋盖、双坡屋盖、四坡屋盖等。屋面坡度因所采用的屋面材料与铺盖方法不同而异，一般大于 1 :10。

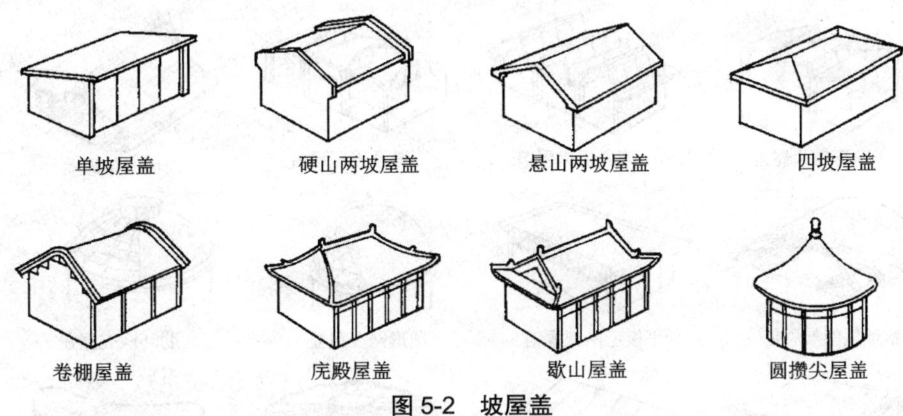

图 5-2　坡屋盖

3. 其他形式屋盖

其他形式屋盖（图 5-3）是指除平屋盖、坡屋盖之外，其他形式的屋盖，如双曲拱屋盖、筒壳屋盖、扭壳屋盖、落地扭壳屋盖、球壳屋盖、落地拱网架屋盖、鞍形悬索屋盖等，其形式独特，造型新颖。

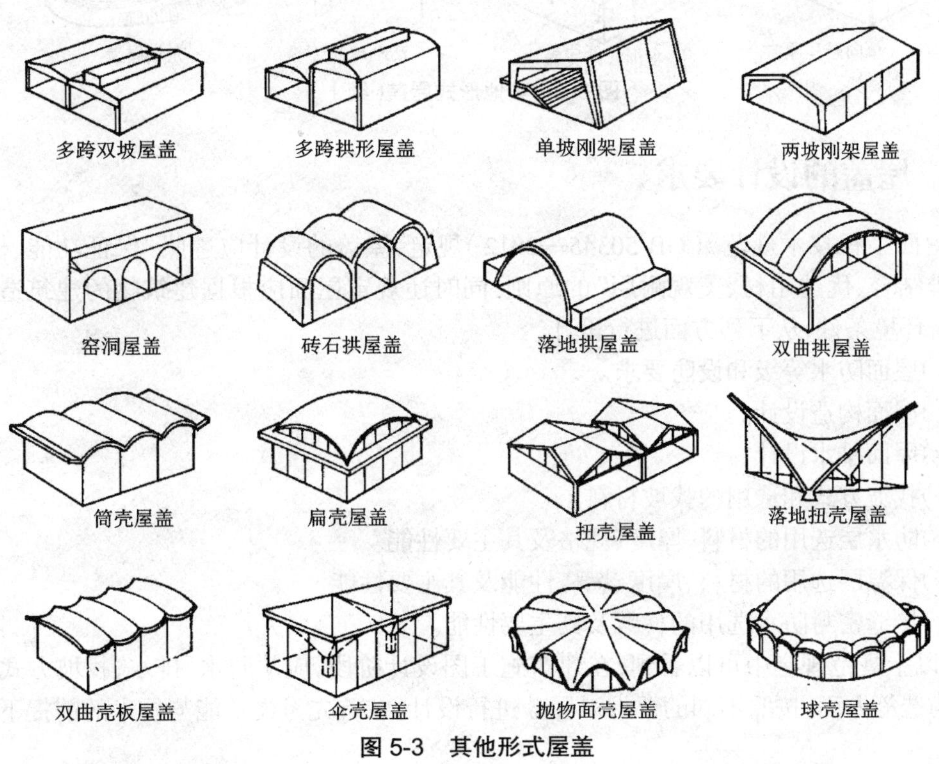

图 5-3　其他形式屋盖

图 5-3 其他形式屋盖(续)

5.1.2 屋盖的设计要求

《屋面工程技术规范》(GB 50345—2012)规定,屋盖的设计应遵照“保证功能、构造合理、防排结合、优选用材、美观耐用”的原则,同时还规定屋面应根据建筑物的建筑造型、使用功能、环境条件,从下列方面进行设计。

(1)屋面防水等级和设防要求。

(2)屋面构造设计。

(3)屋面排水设计。

(4)找坡方式和选用的找坡材料。

(5)防水层选用的材料、厚度、规格及其主要性能。

(6)保温层选用的材料、厚度、燃烧性能及其主要性能。

(7)接缝密封防水选用的材料及其主要性能。

从以上规范规定中可以看到,在建筑施工图设计阶段,应从防水、排水、找坡方式、保温隔热、构造等方面,按照不同的要求对屋盖进行设计,在首先考虑功能与技术的前提下,再考虑美观。

1. 防水排水

防止渗漏，是屋盖作为围护结构最基本、最重要的功能，而屋面又是最容易积水的部位，因而屋盖构造设计的主要任务就是解决防水、排水的问题。

1）防水

屋面防水工程首先应根据建筑物的类别、重要程度、使用功能要求确定防水等级，进而按相应等级进行防水设防；对防水有特殊要求的建筑屋面，应进行专项防水设计。在《屋面工程技术规范》（GB 50345—2012）中，规定屋面防水等级和设防要求应符合表 5-1。

表 5-1　屋面防水等级和设防要求

防水等级	建筑类别	设防要求
Ⅰ	重要建筑和高层建筑	两道防水设防
Ⅱ	一般建筑	一道防水设防

注：在建筑施工图的设计说明中，屋面工程部分应表述清楚本工程屋面防水等级、防水层合理使用年限。例如：本工程的屋面防水等级为Ⅱ级，防水层合理使用年限为 15 年，各类屋面做法见本图集第 13 页屋面工程做法表。

屋面防水等级和设防要求、防水材料的选用请扫描二维码在补充知识 5-1 中查看。

2）排水

屋面排水设计，首先是排水方式的选择，应根据建筑物屋盖形式、气候条件、使用功能等因素确定。在建筑施工图设计阶段，应根据不同形式的屋盖，确定不同的排水方式、不同的坡度，进而再进行相应的构造设计。

2. 保温隔热

在我国北方寒冷地区的冬季，室内一般都要采暖，屋盖应有良好的保温性能，以保持室内温度。在我国南方炎热地区，夏季气温高、湿度大、天气闷热，太阳辐射下，热量会通过屋盖传入室内，因此需要采取隔热措施。

屋面保温措施通常是设置保温层，保温层应根据屋面所需传热系数或热阻选择轻质、高效的保温材料，保温层及其保温材料应符合表 5-2 的规定。

表 5-2　保温层及其保温材料

保温层	保温材料
板状材料保温层	聚苯乙烯泡沫塑料，硬质聚氨酯泡沫塑料，膨胀珍珠岩制品，泡沫玻璃制品，加气混凝土砌块，泡沫混凝土砌块
纤维材料保温层	玻璃棉制品，岩棉、矿渣棉制品
整体材料保温层	喷涂硬泡聚氨酯，现浇泡沫混凝土

屋面隔热措施通常为设置隔热层，隔热层设计应根据地域、气候、屋面形式、建筑环境、使用功能等条件，采取种植、架空和蓄水等隔热措施。

此外，随着社会的进步、科技的发展以及对环境的日益重视，对屋盖的设计还提出了绿色、环保、节能等更高的要求。例如，现代超高层建筑出于消防扑救和疏散的需要，要求屋盖设置直升机停机坪等设施。因此，在进行屋盖设计时，应从多方面进行考虑，协调好各种要求之间的关系。

5.2 屋盖排水

5.2.1 排水坡度

1. 排水坡度的表示方法

在进行施工图绘制时，应表示出各种不同屋面的排水坡度，排水坡度的表示方法有角度法、斜率法、百分比法。

（1）角度法：用倾斜的屋面与水平面的夹角来表示坡度，如∠=30°、45°等。角度法常用于表达角度较大的坡度，如坡屋盖。

（2）斜率法：以屋盖斜面的垂直投影高度与其水平投影长度之比来表示，如1∶5、1∶10、1∶20等。斜率法既可用于表达坡屋盖坡度，也可用于表达平屋盖坡度。

（3）百分比法：以屋盖斜面的垂直投影高度与其水平投影长度的百分比来表示，$i=(H/L)\times 100\%$，如 $i=1\%$、$i=2\%$、$i=3\%$ 等。百分比法主要用于表达平屋盖坡度。

2. 各种类型的屋面及其适宜坡度

屋面排水坡度，受防水材料尺寸、年降雨量、排水的路线长度、室内外空间的要求、不过多增加屋面荷载、结构经济合理、施工方便等因素影响，此外还要求建筑构造做法合理，因此，不同类型的屋面应采用适宜的坡度，见表5-3。

表5-3 各种类型的屋面及其适宜坡度

屋面类别	屋面名称	适宜坡度（%）	屋面类别	屋面名称	适宜坡度
坡屋面	黏土瓦屋面	≥ 40	拱屋面	砖拱屋面	
	小青瓦屋面	≥ 30		双曲砖拱屋面	
	平瓦屋面	20~50		拱壳砖屋面	
	卷材坡屋面			折板屋面	
	波形瓦屋面	10~50		薄壳屋面	
	构件自防水屋面	≥ 25		网架结构金属薄板屋面	≥ 4
平屋面	卷材涂膜平屋面	2~3	其他屋面	悬索结构金属薄板屋面	≥ 4
	刚性防水屋面	2~3		网架结构卷材屋面	≥ 3
	建筑拒水粉屋面			金属压型板屋面	5~17
	架空板隔热屋面	≤ 5		金属夹心板屋面	5~17
	种植屋面	≤ 3		玻璃屋顶	
	蓄水屋面	≤ 0.5		天文馆屋面	
				天文台观测室活动屋面	

3. 平屋盖排水坡度的形成

为迅速排除屋面水，首先应选择合适的排水坡度，平屋盖排水坡度一般通过两种方法实现：构造找坡和结构找坡。《屋面工程技术规范》（GB 50345—2012）规定：混凝土结构层宜采用结构找坡，坡度不应小于 3%；当采用材料找坡时，宜采用质量轻、吸水率低和有一定强度的材料，坡度宜为 2%。

1）构造找坡

构造找坡（图 5-4），又称为材料找坡或垫置找坡，屋面板水平搁置，板上用轻质材料垫置坡度。利用垫置材料在板上的厚度不一，形成一定的排水坡度。常见的找坡材料有水泥焦砟、石灰炉渣等轻质材料，若设置保温层，也可用保温材料来垫置坡度。构造找坡的优点是室内可得平整的顶棚，缺点是找坡层会增加屋顶结构荷载。

2）结构找坡

结构找坡（图 5-5），又称为搁置找坡，是指将屋面板倾斜搁置，结构本身达到屋面所需坡度，不在屋面另加找坡材料。这种方式的优点是省工、省料、构造简单（缺少找坡层）；缺点是顶棚倾斜，使用上不习惯，往往需设吊顶加以改善。结构找坡适用于室内美观要求不高或设吊顶的建筑，故跨度较大的平屋盖只能用结构找坡。

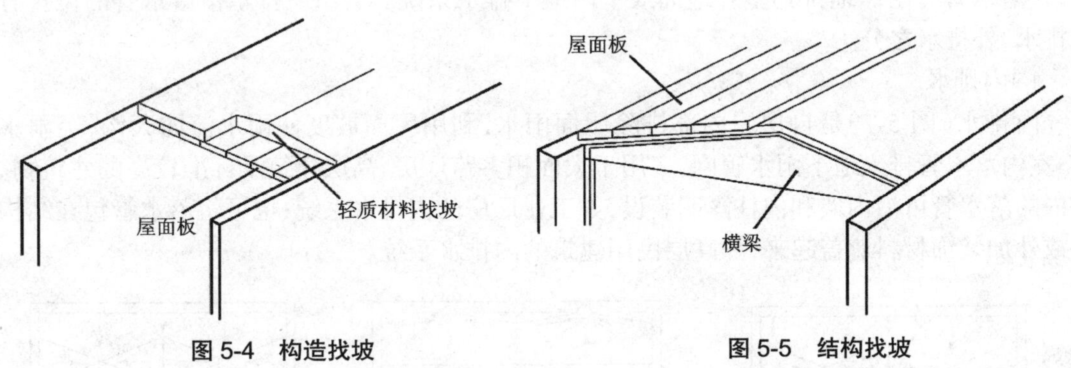

图 5-4　构造找坡　　图 5-5　结构找坡

5.2.2　屋盖排水方式

屋盖排水方式分为有组织排水和无组织排水两大类。

1. 无组织排水

无组织排水（图 5-6），又称自由落水，是将屋面伸出外墙，形成挑檐，利用屋面坡度使雨水经挑檐自由下落的屋面排水方式。无组织排水多用于房屋不高、屋面面积不大的次要建筑和降雨量较少的地区。

无组织排水方案的优点是构造简单、造价低、不易漏雨和堵塞；缺点是屋面雨水自由落下会溅湿墙面，尤其是建筑高度高的建筑，在降雨量大时，在檐口易形成水帘，影响环境、危害墙身。

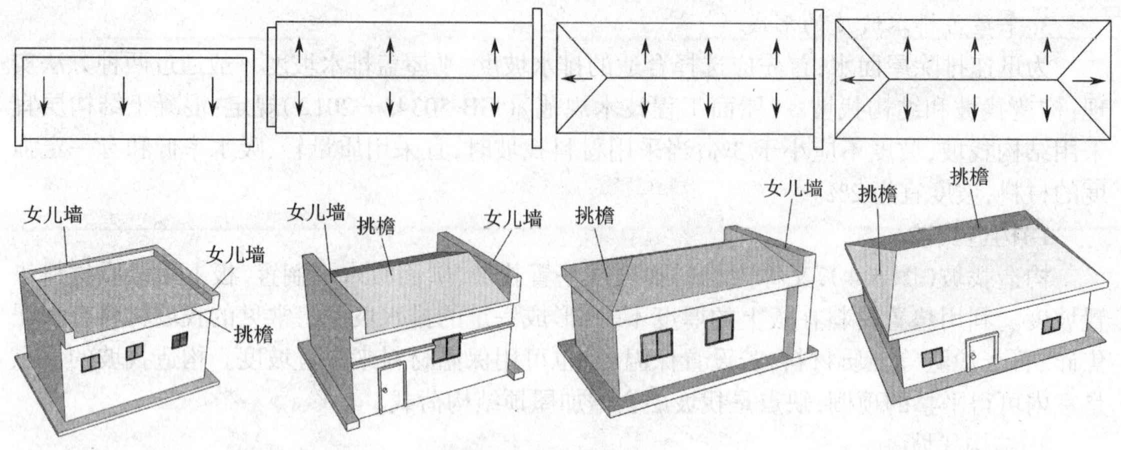

图 5-6　无组织排水

2. 有组织排水

有组织排水是将屋面积水通过排水系统,有组织排落到地面,一般用于多层以上建筑和高标准低层建筑。屋盖设与屋面排水方向垂直的纵向天沟、檐沟,汇集雨水后,将雨水由落水口、落水管有组织地排到室外地面或室内地下排水系统。有组织排水按落水管的位置有内排水、外排水之分。

1)内排水

内排水(图 5-7)是自房屋内部排除屋面雨水,利用屋面坡度使雨水流向天沟,经雨水口、室内落水管排入地下雨水管网,多用于大面积多跨厂房、高层建筑及标准较高的建筑物。室内的落水管可沿内墙和内柱露明装设,如工业厂房的内排水系统;也可将落水管包在结构内或外加装饰材料遮盖起来,如高层民用建筑的内排水系统。

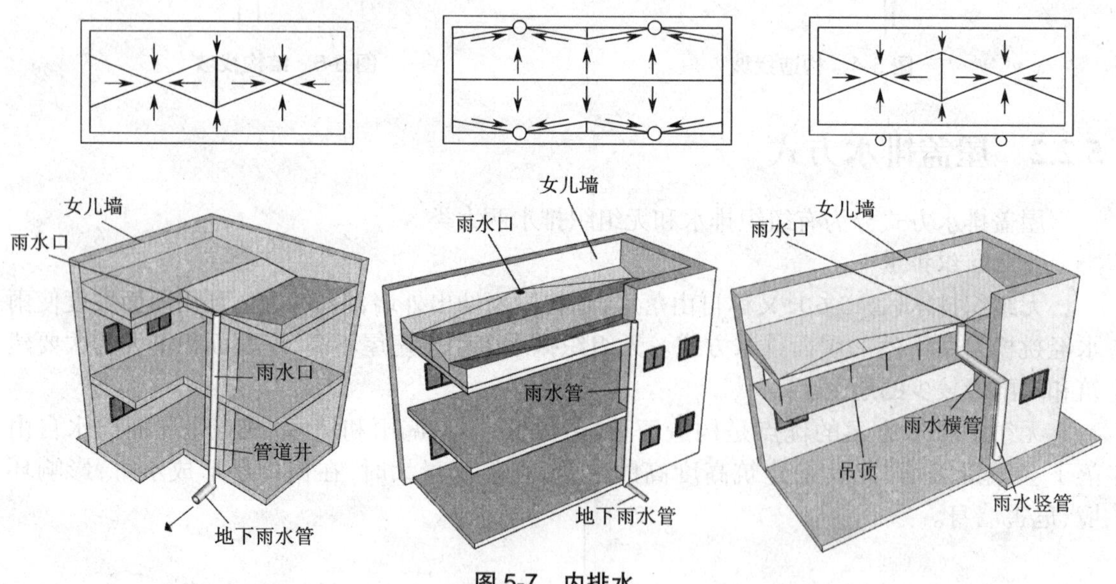

图 5-7　内排水

2)外排水

外排水(图 5-8)是自房屋外部排除屋面雨水,利用屋面坡度使雨水流向檐沟或天沟,经过装在室外的落水管,排至室外地面、明沟或室外雨水管网。由于落水管露明,施工及检修方便,是一般建筑常用的形式。

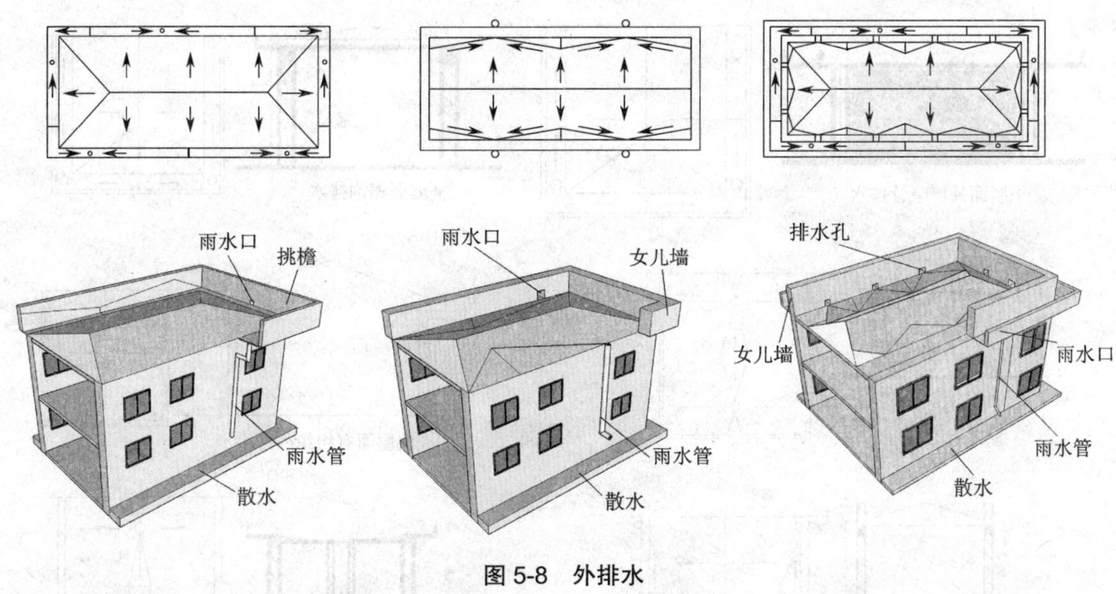

图 5-8　外排水

内排水的落水管设于室内,构造复杂,极易渗漏,维修不便,常用于多跨或高层屋盖,一般建筑则应尽量采用有组织外排水的方式。

3. 有组织排水对排水系统的要求

有组织排水应使屋面流水线路短捷,流水通畅,雨水口的布置负荷适当且均匀。

(1)屋面流水线路不宜过长,因而屋面宽度较小时可做成单坡排水;若屋面宽度较大,如 12 m 以上时宜采用双坡排水。

(2)落水口负荷按每个落水口排出 150~200 m^2 面积的雨水量估算,且应符合《建筑给水排水设计规范》(GB 50015—2003)的有关规定。当屋面有高差时,如高处屋面的集水面积小于 100 m^2,可将高处屋面的雨水直接排在低屋面上,但出水口应采取防护措施;如高处屋面面积大于 100 m^2,则应自成排水系统。

(3)檐沟或天沟应有纵向坡度,使沟内雨水迅速排到落水口。纵坡的坡度一般为 1%,用石灰炉渣等轻质材料垫置起坡。

(4)檐沟净宽不小于 200 mm,分水线处最小深度大于 120 mm,沟底水落差不得超过 200 mm。

(5)落水管的管径有 75 mm、100 mm、125 mm 等几种,一般屋顶雨水管内径不得小于 100 mm。管材有铸铁、石棉、水泥、塑料、陶瓷等。落水管安装时离墙面的距离不小于 20 mm,管身用管箍卡牢,管箍的竖向间距不大于 1.2 m。

注:屋面排水设计通常情况下是由给排水专业完成,但实际工作中比较灵活,因而建筑学相关专业学生也应对上述设计要求有所了解。

5.2.3 有组织排水方案

有组织排水有下列几种常用方案，但在实际工程中还可根据需要派生出各种不同的排水形式，如图 5-9 所示。

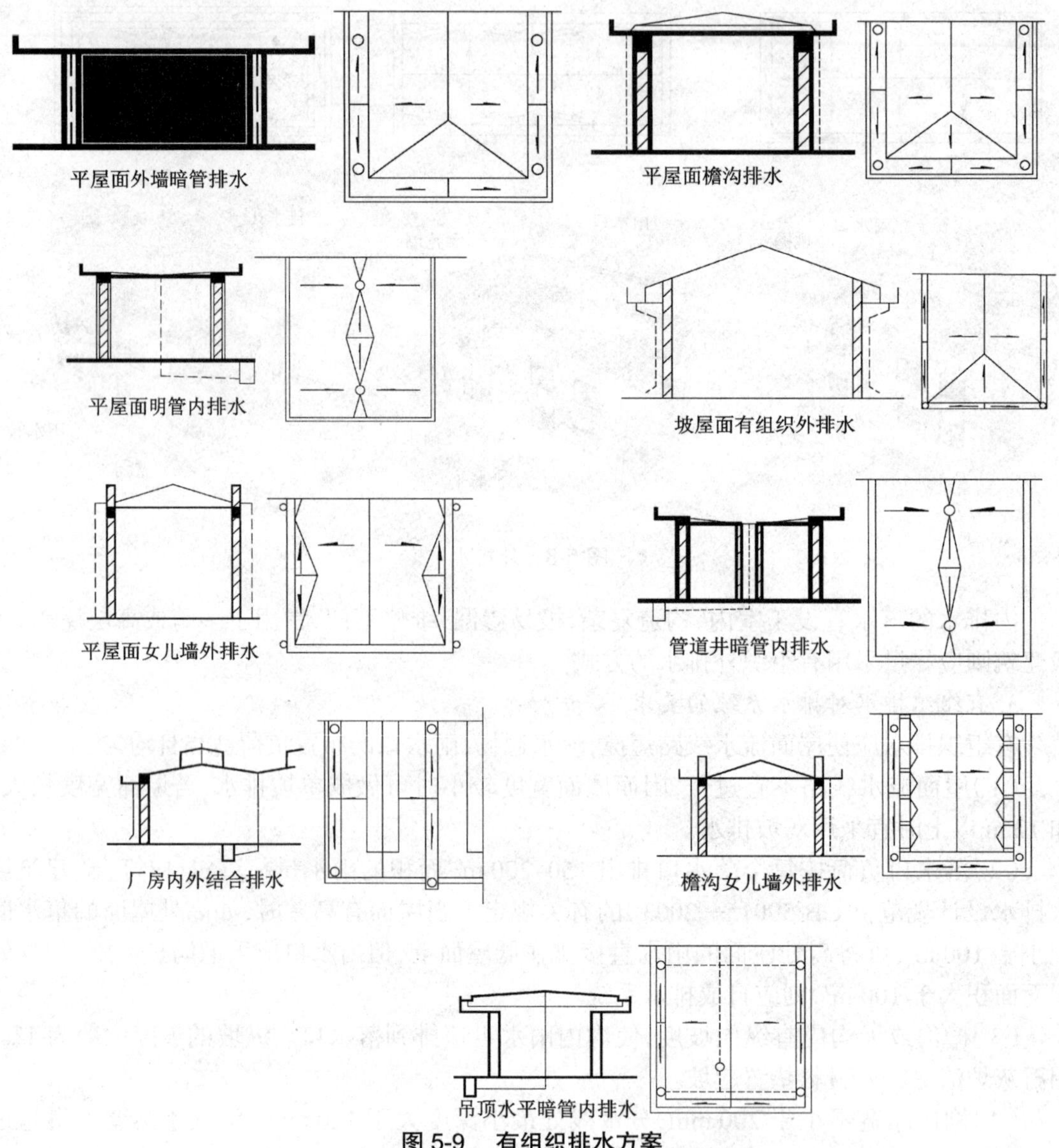

图 5-9　有组织排水方案

1. 挑檐沟外排水

挑檐沟外排水是指屋面雨水汇集到悬挑在墙外的檐沟内，再由落水管排下。采用挑檐沟外排水方案时，水流路线的水平距离不应超过 18 m。挑檐沟外排水方案适用于平屋盖和坡屋盖。

1）平屋盖挑檐沟外排水

平屋盖建筑通常采用钢筋混凝土檐沟，由于它是悬挑构件，为了防止倾覆，常采用现浇式、预制搁置式、自重平衡式固定，如图 5-10 所示。

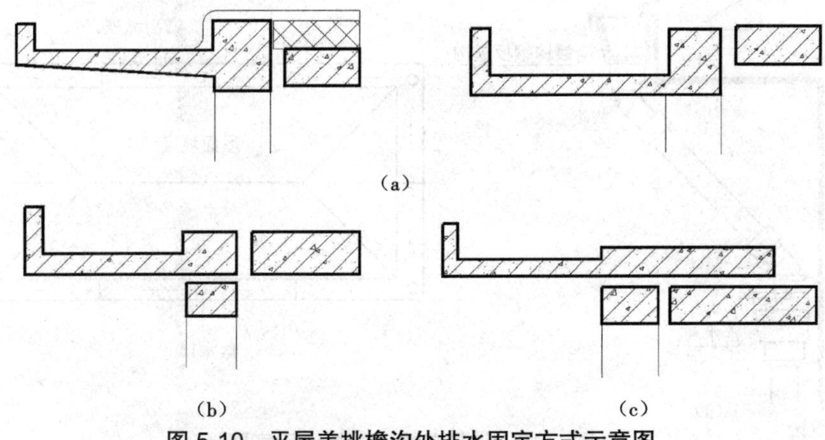

图 5-10　平屋盖挑檐沟外排水固定方式示意图

(a)现浇式 (b)预制搁置式 (c)自重平衡式

屋面雨水直接流入挑檐沟内，再由沟内纵坡导入落水口。这种方案排水通畅，设计时檐沟的高度可视建筑体形而定。平屋盖挑檐沟外排水是一种常用的排水形式，如图 5-11 所示。

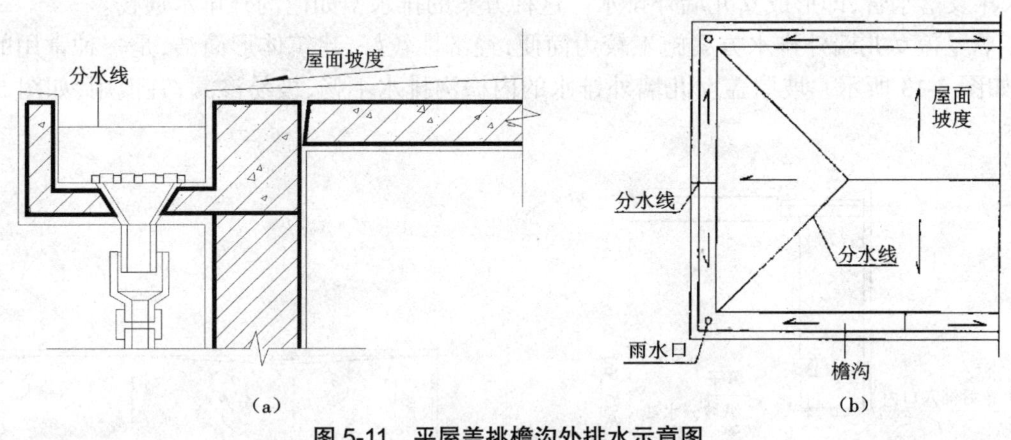

图 5-11　平屋盖挑檐沟外排水示意图

(a)构造示意 (b)屋顶平面示意

2)坡屋盖挑檐沟外排水

外排水檐沟悬挂在坡屋盖的挑檐处，可采用镀锌薄钢板或石棉水泥等轻质材料制作，落水管则仍可用铸铁、塑料、陶瓦、石棉、水泥等材料。

檐沟的纵坡一般由檐沟斜挂形成，不宜在沟内垫置材料起坡，如图 5-12 所示。

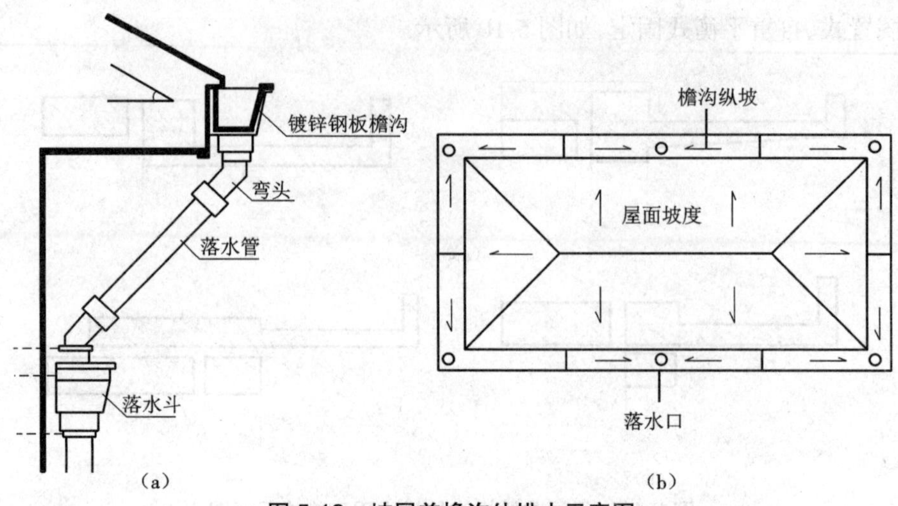

图 5-12 坡屋盖檐沟外排水示意图

(a)构造示意 (b)屋顶

2. 女儿墙外排水

房屋周围的外墙高于屋面时即形成封檐,高于屋面的这段外墙称作女儿墙。如将女儿墙与屋面交接处做出坡度为 1% 的纵坡,让雨水沿此纵坡流向弯管式落水口,再流入墙外的落水斗及落水管,即形成女儿墙外排水。这种方案的排水不如檐沟外排水通畅。

平屋盖女儿墙外排水方案施工较为简便,经济性较好,建筑体形简洁,是一种常用的形式,如图 5-13 所示。坡屋盖女儿墙外排水的内檐沟排水不畅,极易渗漏,宜慎用,如图 5-14 所示。

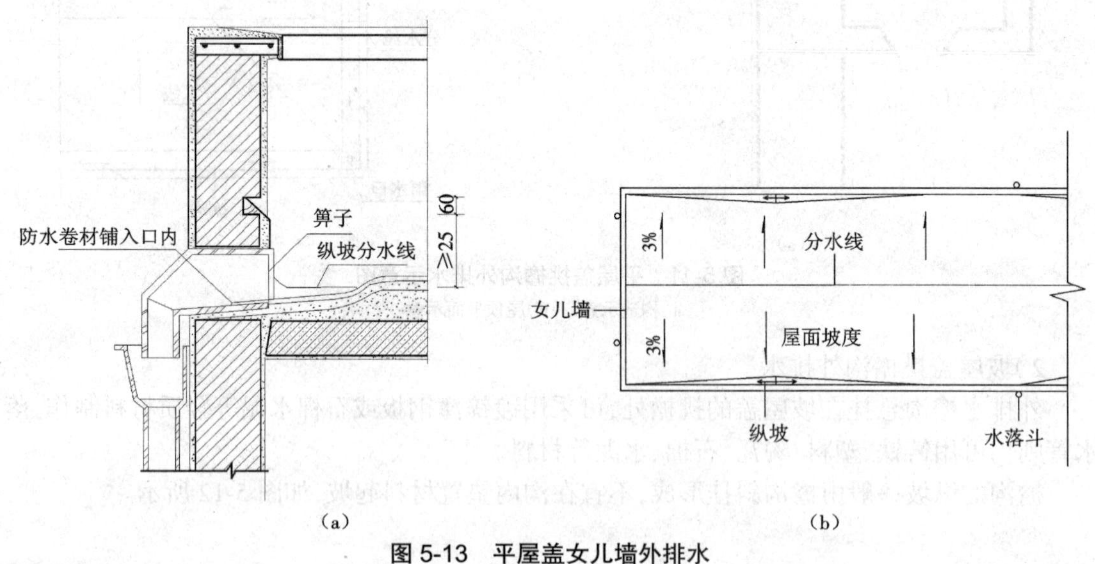

图 5-13 平屋盖女儿墙外排水

(a)构造示意 (b)屋顶

3. 内排水

内排水方案的屋面向内倾斜,坡度方向与外排水相反。屋面雨水汇集到中间天沟内,再沿天沟纵坡流向落水口,最后排入室内落水管,经室内地沟排往室外。内排水方案的落水管在室内接头甚多，易渗漏，多用于不宜采用外排水的建筑，如高层及多跨建筑等。

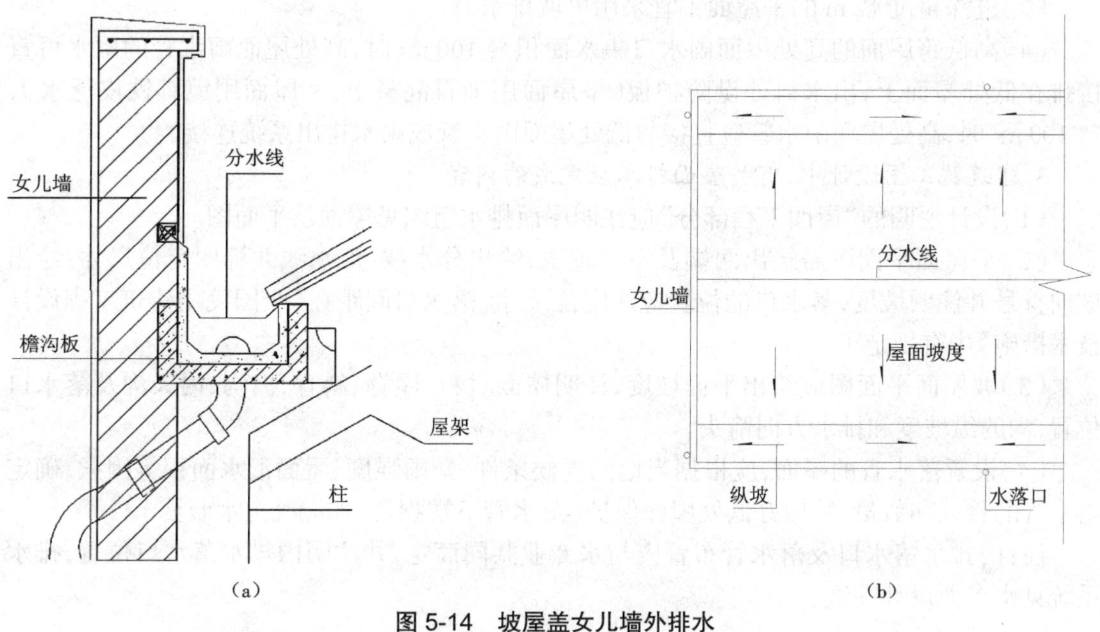

图 5-14　坡屋盖女儿墙外排水

(a)构造示意　(b)屋顶

5.2.4　排水设计

1. 排水方式选择

(1)建筑物排水方式选择应综合考虑结构形式、气候条件、使用特点等因素，并优先考虑选用外排水方式。若采用有组织排水时，宜采用雨水收集系统。

(2)下列任一情况均应采用有组织排水，见表 5-4。

表 5-4　应采用有组织排水的情况

地区	檐口离地(m)	天窗跨度(m)	相邻屋面
年降雨量≤ 900 mm	8~10	9~12	高差≥ 4 m 的高处檐口
年降雨量 >900 mm	5~8	6~9	高差≥ 3 m 的高处檐口

(3)积灰多的屋面应采用无组织排水。如采用有组织排水应有防堵措施。

(4)高层建筑屋面宜采用内排水；多层建筑屋面宜采用有组织外排水；低层建筑及檐高小于 10 m 的屋面，可采用无组织排水；多跨及汇水面积较大的屋面宜采用天沟排水，天沟找坡较长时，宜采用中间内排水和两端外排水。

(5)严寒地区为防止雨水管冰冻堵塞，应采用内排水，寒冷地区宜采用内排水。

(6)湿陷性黄土地区宜采用有组织排水，并应将雨雪水直接排至排水管网。

2. 排水组织

(1)屋面适当划分排水坡、排水沟组织排水区，力求排水通畅简捷，雨水口负荷均匀。

（2）屋面排水区一般按每个雨水口排出 150~200 m² 屋面（水平投影）的雨水划分。

（3）进深超过 12 m 的平屋面不宜采用单坡排水。

（4）高低跨屋面的高处屋面雨水口集水面积≤ 100 m² 时，高处屋面雨水管的雨水可直接排在低处屋面上，出水口处设防护板（平屋面用细石混凝土，瓦屋面用镀锌铁皮泛水），≥ 100 m² 时，高处屋面雨水管应直接与低处屋面雨水管或雨水排出系统连接。

3. 建筑施工图设计中，有关屋面排水应完成的内容

（1）设计说明的“屋面工程部分”应注明屋面排水组织见屋面层平面图。

（2）平屋面平面图需绘出两端及主要轴线，绘出分水线、汇水线并标明定位尺寸；绘出坡向符号并注明坡度，落水口的位置应注定位尺寸（落水口间距在《全国民用建筑工程设计技术措施》中有规定）。

（3）坡屋面平面图应绘出平面坡度，注明屋面材料、屋脊、斜脊、檐沟、内天沟及落水口位置，沟的纵坡度和排水方向箭头。

（4）设置落水管的屋面，应根据当地的气候条件、暴雨强度、屋面汇水面积等因素，确定落水管的管径和数量，并做好低处屋面保护（落水管下端拐弯、加混凝土水簸箕）。

注：内排水落水口及落水管布置应与水专业共同商定，并注明内排水落水口位置，排水系统见水专业设计图纸。

5.3 卷材防水屋面

卷材防水屋面，由于防水层具有一定的延伸性和适应变形的能力，故又称柔性防水屋面，它是将各种防水卷材与胶黏剂结合在一起，形成连续致密的构造层，作为防水层的屋面。卷材屋面防水等级和防水做法规定见表 5-5。卷材的种类很多，有沥青油毡、再生橡胶卷材、合成橡胶卷材、聚氯乙烯卷材等。卷材防水屋面较能适应温度、振动、不均匀沉陷因素的变化作用，能承受一定的水压，整体性好，不易渗漏。严格遵守施工操作规程，能保证防水质量，但施工操作较为复杂，技术要求较高。

表 5-5 卷材屋面防水等级和防水做法规定

防水等级	防水做法
Ⅰ级	卷材防水层和卷材防水层、卷材防水层和涂膜防水层、复合防水层
Ⅱ级	卷材防水层、涂膜防水层、复合防水层

注：在Ⅰ级屋面防水做法中，防水层仅作单层卷材时，应符合有关单层防水卷材屋面技术的规定。

5.3.1 卷材防水屋面的材料

卷材防水屋面的材料主要有卷材以及卷材胶黏剂两大类。

1. 卷材

（1）高分子类：以合成橡胶、合成树脂或二者混合物为主要原材料，加入适量化学助剂和填充料加工制成的弹性或弹塑性卷材，均称为高分子防水卷材。高分子防水卷材质量轻（2 kg/ m²）、在使用中温度范围宽（-20~80 ℃）、耐候性能好、抗拉强度高（2~18.2 MPa）、延

伸率大(>450%),逐渐在国内各种防水工程中得到推广应用。

(2)高聚物改性沥青类:以高分子聚合物改性沥青为涂盖层,纤维织物或纤维毡为胎体,粉状、粒状、片状或薄膜材料为覆面材料制成的可卷曲的片状防水材料。

(3)沥青类防水卷材:俗称沥青油毡(包括非高聚物改性沥青),由沥青、胎体、填充料经浸渍或辊压制成,属低档材料。因其低温柔性差、温度稳定性差、易老化,渐被其他高性能材料取代。

2. 卷材胶黏剂

高聚物改性沥青防水卷材和高分子防水卷材的胶黏剂主要为各种与卷材配套使用的溶剂型胶黏剂。例如适用于改性沥青类卷材的 RA-86 型氯丁胶胶黏剂, SBS 改性沥青胶黏剂等;三元乙丙橡胶卷材防水屋面的基层处理剂有聚氯酯底胶,胶黏剂有氯丁橡胶为主体的 CX-404 胶;氯化聚乙烯橡胶卷材胶黏剂有 LYX-603、CX-404 胶。

3. 防水卷材选择的规定

在《屋面工程技术规范》(GB 50345—2012)中,对防水卷材的选择做了如下规定。

(1)防水卷材可按合成高分子防水卷材和高聚物改性沥青防水卷材选用,其外观质量和品种、规格应符合国家现行有关材料标准的规定。

(2)应根据当地历年最高气温、最低气温、屋面坡度和使用条件等因素,选择耐热度、低温柔性相适应的卷材。

(3)应根据地基变形程度、结构形式、当地年温差、日温差和振动等因素,选择与拉伸性能相适应的卷材。

(4)应根据屋面卷材的暴露程度,选择耐紫外线、耐老化、耐霉烂的卷材。

(5)种植隔热屋面的防水层应选择耐根穿刺防水卷材。

各类防水卷材的物理性能以及每道卷材防水层最小厚度的规定请扫描二维码在补充知识 5-2 中查看。

5.3.2　卷材防水屋面构造

1. 构造组成

1)基本构造层次

《屋面工程技术规范》(GB 50345—2012)规定:卷材屋面的基本构造层次宜符合表 5-6 的要求。设计人员可根据建筑物的性质、使用功能、气候条件等因素进行组合。

表 5-6　卷材屋面的基本构造层次

屋面类型	基本构造层次(自上而下)
卷材	保护层、隔离层、防水层、找平层、保温层、找平层、找坡层、结构层
	保护层、保温层、防水层、找平层、找坡层、结构层
	种植隔热层、保护层、耐根穿刺防水层、防水层、找平层、保温层、找平层、找坡层、结构层
	架空隔热层、防水层、找平层、保温层、找平层、找坡层、结构层
	蓄水隔热层、隔离层、防水层、找平层、保温层、找平层、找坡层、结构层

由表 5-6 可知,卷材防水屋面由多层材料叠合而成,根据保护层、保温隔热层的不同,有不同层次,如图 5-15 所示。

(1)结构层:主要承受荷载的构造层。通常是钢筋混凝土板,其断面尺寸视荷载情况和板跨度大小而定。

(2)找坡层:一般做法是使用 1:8 水泥炉渣,也可利用保温层材料或找平层衬起坡度。

(3)找平层:卷材防水层要求铺贴在坚固而平整的基层上,以防止卷材凹陷或断裂,常用 1:3 水泥砂浆,也可用 1:8 沥青砂浆等,厚度根据基层的平整程度一般为 15~30 mm。找平层宜留分隔缝,缝宽一般为 5~20 mm,纵横间距一般不宜大于 6 m。分隔缝上应附加 200~300 mm 宽卷材,和胶黏剂单边点贴覆盖。卷材防水屋面分隔缝如图 5-16 所示。

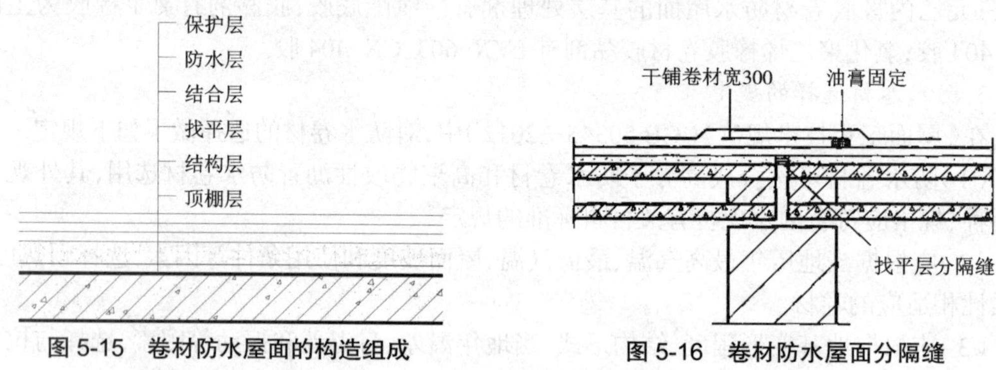

图 5-15 卷材防水屋面的构造组成　　图 5-16 卷材防水屋面分隔缝

(4)结合层:在面层和下面构造层之间起连接作用的中间层,一般在基层或找平层上,用水泥砂浆或胶料等作为结合材料,所选材料必须与所粘贴构造层的材性一致。结合层的作用是在基层与卷材胶黏剂间形成一层胶质薄膜,使卷材与基层胶结牢固。沥青类卷材通常用冷底子油作为结合层;高分子卷材则多采用配套基层处理剂,也有采用冷底子油或稀释乳化沥青作为结合层的。

(6)防水层:能够隔绝水而不使水向建筑物内部渗透的构造层。(注:在施工图设计中,应根据不同的防水等级和设防要求、防水卷材选择的规范规定进行卷材防水层的设计。一般是从国家标准图集或地方标准图集中选择,以索引详图的方式标注,或者在设计说明的屋面工程部分以文字的方式说明。)

(7)保护层:对防水层或保温层起防护作用的构造层,使卷材在阳光和大气的作用下不致迅速老化,同时保护层还可以防止沥青类卷材中的沥青过热流淌,并防止暴雨对沥青的冲刷。保护层的构造做法应视屋面的利用情况而定。保护层材料的适用范围和技术要求见表 5-7。

表 5-7 保护层材料的适用范围和技术要求

保护层材料	适用范围	技术要求
浅色涂料	不上人屋面	丙烯酸系反射涂料
铝箔	不上人屋面	0.05 mm 厚铝箔反射膜
矿物粒料	不上人屋面	不透明的矿物粒料
水泥砂浆	不上人屋面	20 mm 厚 1:2.5 或 M15 水泥砂浆

续表

保护层材料	适用范围	技术要求
块体材料	上人屋面	地砖或 30 mm 厚 C20 细石混凝土预制块
细石混凝土	上人屋面	40 mm 厚 C20 细石混凝土或 50 mm 厚 C20 细石混凝土内配ϕ4@100 双向钢筋网片

不上人屋面保护层可采用浅色涂料、铝箔、矿物粒料、水泥砂浆等材料。改性沥青卷材防水屋面一般在防水层上撒粒径为 3~5 mm 的小石子作为保护层，称为绿豆砂保护层；高分子卷材通常是在卷材面上涂刷水溶型或溶剂型浅色保护着色剂，如图 5-17 所示。

上人屋面的保护层有双重作用：既保护防水层又是地面面层，因而要求保护层平整耐磨。上人屋面保护层可采用块体材料、细石混凝土等材料，保护层的构造做法通常有：用沥青砂浆铺贴缸砖、大阶砖、混凝土板等块材；在防水层上现浇 30~40 mm 厚细石混凝土。板材保护层或整体保护层均应设分隔缝，位置是屋盖坡面的转折处，屋面与凸出屋面的女儿墙、烟囱等的交接处。保护层分隔缝应尽量与找平层分隔缝错开，缝内用油膏嵌缝。上人屋面做屋盖花园时，水池、花台等构造均在屋面保护层上设置。上人屋面保护层的做法如图 5-18 所示。

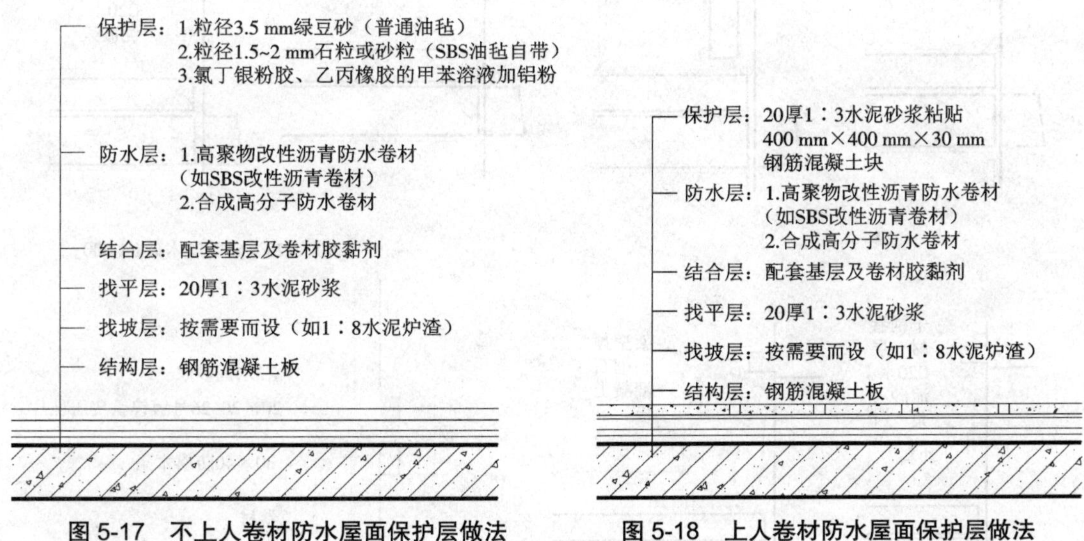

图 5-17 不上人卷材防水屋面保护层做法　　**图 5-18 上人卷材防水屋面保护层做法**

2）辅助层次

辅助层次是根据屋盖的使用需要或为提高屋面性能而补充设置的构造层，如保温层、隔热层、隔汽层、找坡层等。

（1）隔汽层：阻止室内水蒸气渗透到保温层内的构造层。

（2）隔离层：消除相邻两种材料之间黏结力、机械咬合力、化学反应等不利影响的构造层。

（3）复合防水层：由彼此相容的卷材和涂料组合而成的防水层。

（4）附加层：在易渗漏及易破损部位设置的卷材或涂膜加强层。

3)女儿墙

女儿墙是建筑物外墙高出屋面的矮墙。古代在城垣和城堡顶部用砖或石砌成凹凸形的矮墙,以利警戒和防卫,称为胸墙,又称女墙,以后普遍用作建筑物平屋顶上的拦护设施,或作为房屋外形处理手段,成为房屋檐部的组成部分,沿称女儿墙,又称压檐墙。

2. 细部构造

卷材防水层是一个封闭的整体,如果在屋面开设孔洞,有管道出屋面,或层顶边缘封闭不牢,都可能破坏卷材屋面的整体性,形成防水的薄弱环节而造成渗漏。因此,必须对这些细部加强防水处理。

1)泛水构造

泛水又称反水、范水,是高出屋面的山墙、女儿墙和烟囱等下端与屋面相交处,为防止雨水渗漏所做的向上翻起的挡水构造,目的在于防止交接缝出现漏水。泛水构造要点如图5-19所示。

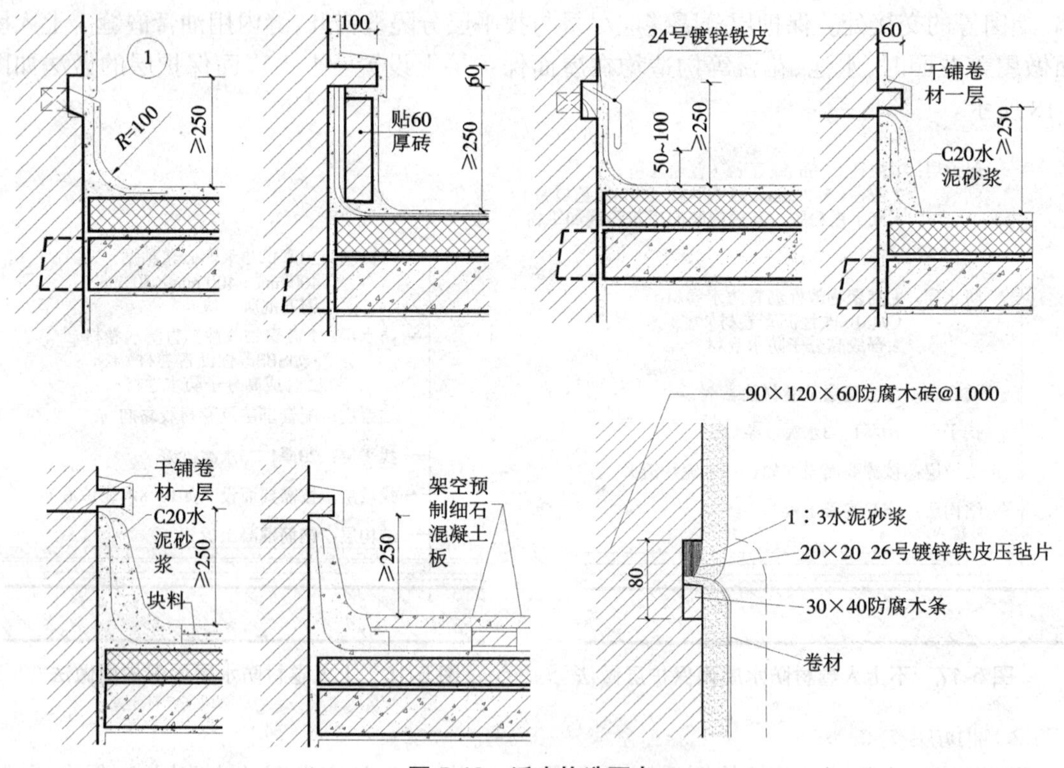

图 5-19 泛水构造要点

(1)将屋面的卷材继续铺至垂直墙面上,形成卷材泛水,泛水高度不小于250 mm。

(2)屋面与垂直女儿墙面交接缝处,砂浆找平层应抹成圆弧形,圆弧半径为20~150 mm,上刷卷材胶黏剂,使卷材铺贴密实,避免卷材架空或折断,并加铺一层卷材。

(3)做好泛水上口的卷材收头固定,防止卷材在垂直墙面上下滑。一般做法是:低女儿墙泛水处卷材收头直接铺贴至压顶下,用金属压条钉压固定,并用密封材料封严;或在垂直墙中凿出通长凹槽,将卷材收头压入凹槽内,用防水压条钉压后再用密封材料嵌填封严,外抹水泥砂浆保护。凹槽上部的墙体亦应做防水处理。

2)檐口

Ⅰ. 自由落水檐口

一般与屋顶圈梁整体浇筑,为防止卷材收头处黏结不牢,出现“张口”现象,在防水卷材收头处于檐板上做一凹槽,防水卷材用水泥钉等固定在檐板上,上用油膏嵌固。不可用砂浆等硬性材料,因为油膏有一定弹性,能适应卷材的温度变形。为使屋面雨水迅速排出,距檐口 0.2~0.5 m 范围内屋面坡度不宜小于 15%,檐口处做滴水线,并用 1∶3 水泥砂浆抹面。自由落水檐口构造示意如图 5-20 所示。

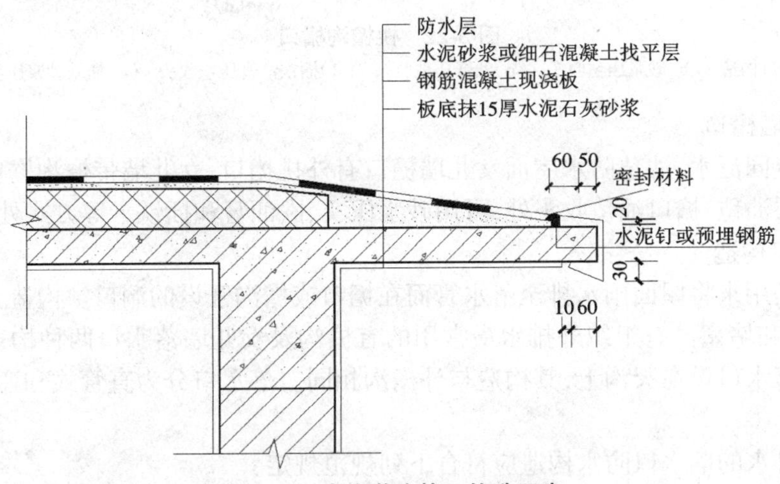

图 5-20 自由落水檐口构造示意

Ⅱ. 挑檐沟檐口

如图 5-21 所示,将汇水檐沟设置于挑檐上,檐沟板可与圈梁连成整体,其防水构造需加 1~2 层卷材,转角处应做成圆弧或 45° 斜面,防水卷材铺设至檐沟边缘固定,并用砂浆盖缝。挑檐沟檐口如图 5-22 所示。

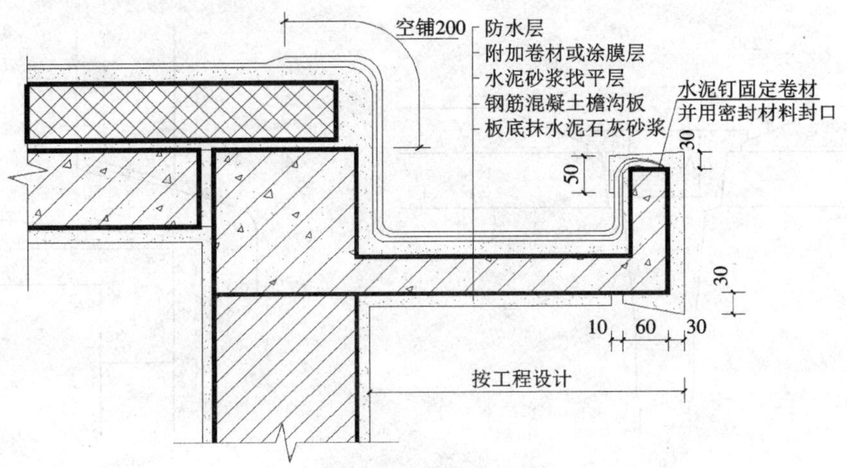

图 5-21 挑檐沟檐口构造示意

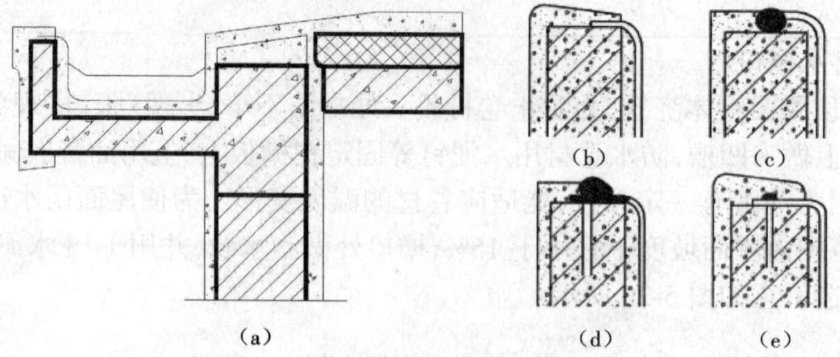

图 5-22　挑檐沟檐口

(a)檐口构造　(b)砂浆压毡收头　(c)油膏压毡收头　(d)插铁油膏压毡收头　(e)插铁砂浆压毡收头

Ⅲ. 女儿墙檐口

构造要点同泛水,油毡防水屋面女儿墙檐口有外挑檐口、女儿墙带檐沟檐口等。在檐沟内要加铺一层油毡,檐口油毡收头处,可用砂浆压实、嵌油膏和插铁卡等方式处理。

3)落水口构造

落水口是用来将屋面雨水排至落水管而在檐口或檐沟开设的洞口。构造上要求排水通畅,不易渗漏和堵塞。有组织外排水最常用的有檐沟及女儿墙落水口两种构造形式。有组织内排水的落水口设在天沟上,其构造与外檐沟相同。落水口分为直管式和弯管式两类,如图 5-23 所示。

重力式排水的落水口防水构造应符合下列规范规定:

(1)落水口可采用塑料或金属制品,落水口的金属配件均应做防锈处理;

(2)落水口杯应牢固地固定在承重结构上,其埋设标高应根据附加层的厚度及排水坡度加大的尺寸确定;

(3)落水口周围直径 500 mm 范围内坡度不应小于 5%,防水层下应增设涂膜附加层;

(4)防水层和附加层伸入落水口杯内不应小于 50 mm,并应黏结牢固。

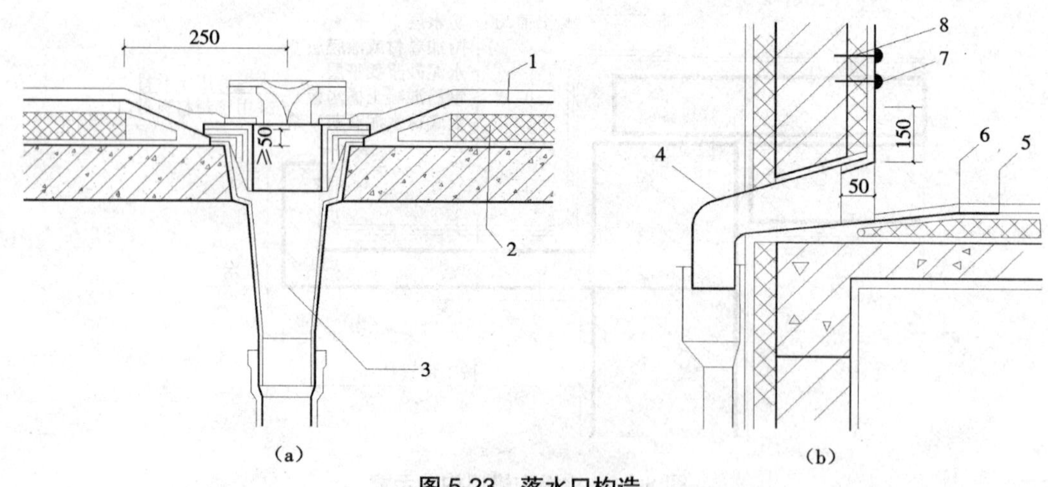

图 5-23　落水口构造

(a)直管式　(b)弯管式

1—防水层;2—附加层;3、4—落水斗;5—防水层;6—附加层;7—密封材料;8—水泥钉

Ⅰ. 檐沟外排水落水口构造

檐沟板预留孔中安装铸铁或塑料连接管，为防止落水口四周漏水，将防水卷材铺入连接管内 50 mm，落水口与基层接触处，应留宽 20 mm、深 20 mm 的凹槽，用油膏嵌缝，落水口上用定型铸铁罩或钢丝球盖住，防止杂物落入落水口中。檐沟外排水落水口构造如图 5-24 所示。

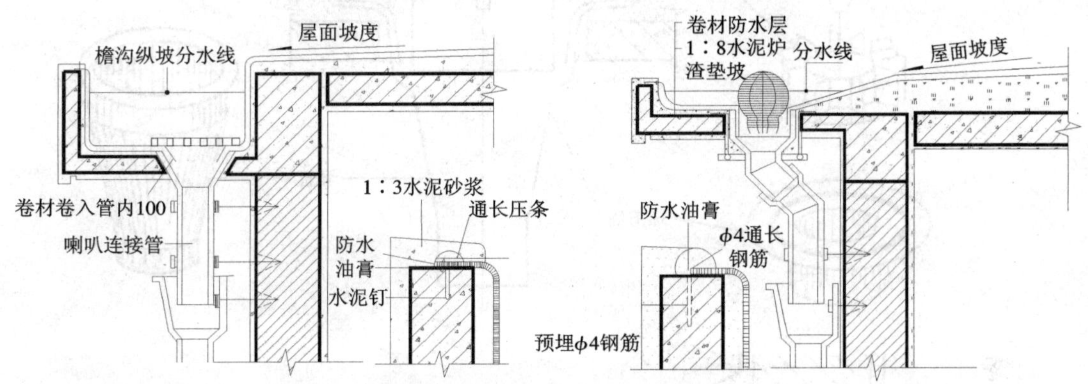

图 5-24　檐沟外排水落水口构造

Ⅱ. 女儿墙外排水落水口构造

在女儿墙上的预留孔洞中安装落水口构件，使屋面雨水穿过女儿墙排至墙外的落水斗中。为防止落水口与屋面交接处发生渗漏，也需将屋面卷材铺入落水口 50 mm，落水口上还应安装铁箅子，以防杂物落入造成堵塞。女儿墙外排水落水口构造如图 5-25 所示。

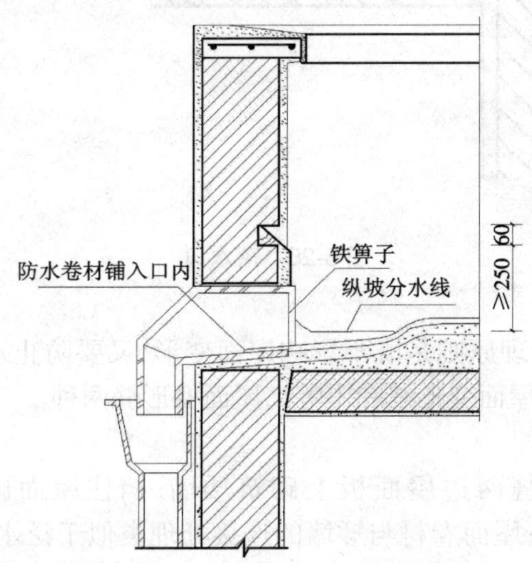

图 5-25　女儿墙外排水落水口构造

Ⅲ. 落水口

落水口是将屋面雨水排至落水管的连通构件，应排水通畅，不易堵塞和渗漏。落水口分为直管式和弯管式两类。落水口连接管固定形式：一种是用喇叭形管卡在檐沟板上，再用普通管箍固定在墙上;另一种是用带挂钩的圆形管箍将其悬吊在檐沟板上。落水口如图 5-26 所示。

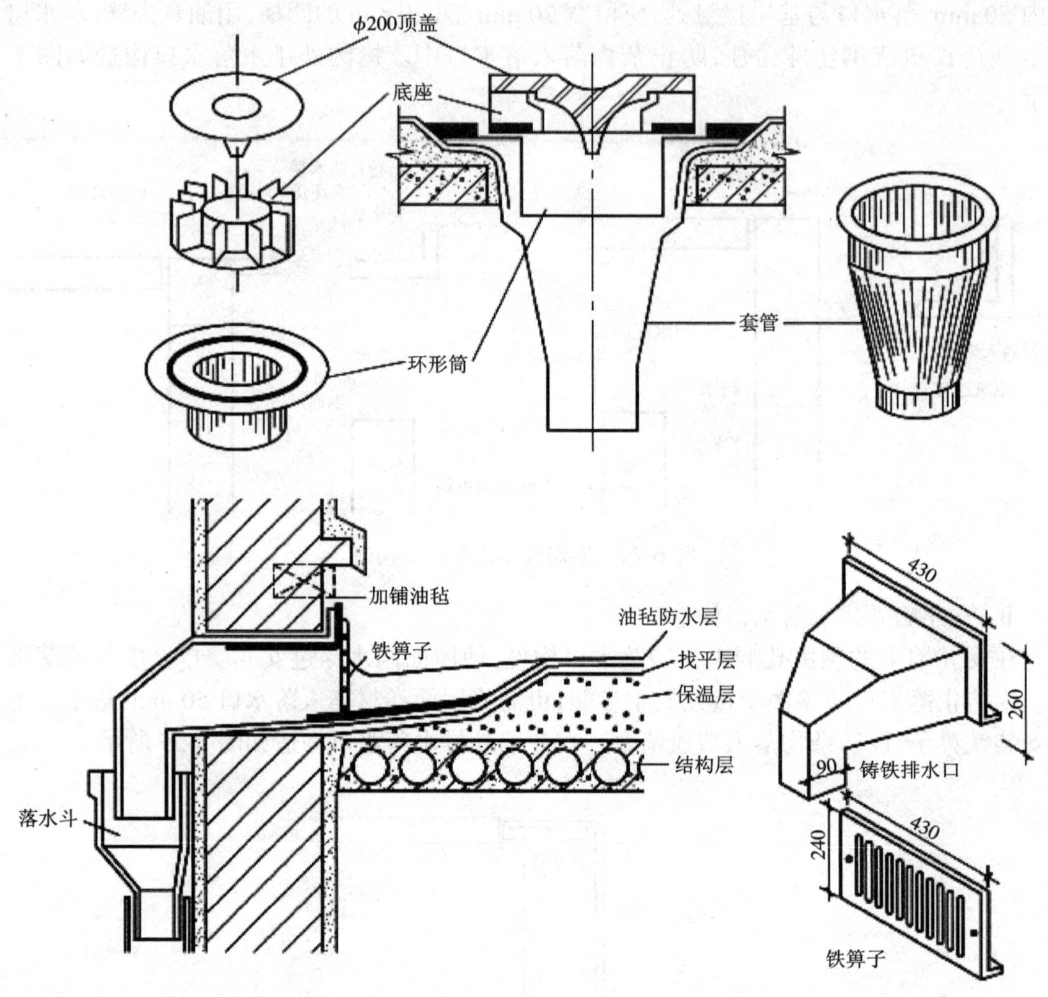

图 5-26 落水口

4)屋面变形缝构造

屋面变形缝构造的处理原则是既不影响屋面变形,又要防止水从变形缝处渗入室内。屋面变形缝处构造分等高屋面变形缝和不等高屋面变形缝两种。

Ⅰ. 等高屋面变形缝

等高屋面变形缝在缝两边屋面板上砌筑矮墙,挡住屋面雨水。矮墙高度应大于 250 mm,厚度为半砖墙厚;屋面卷材与矮墙的连接处理类似于泛水构造。矮墙顶部可用镀锌薄钢板盖缝,也可铺一层油毡后用混凝土板压顶。等高屋面变形缝如图 5-27、图 5-28 所示。

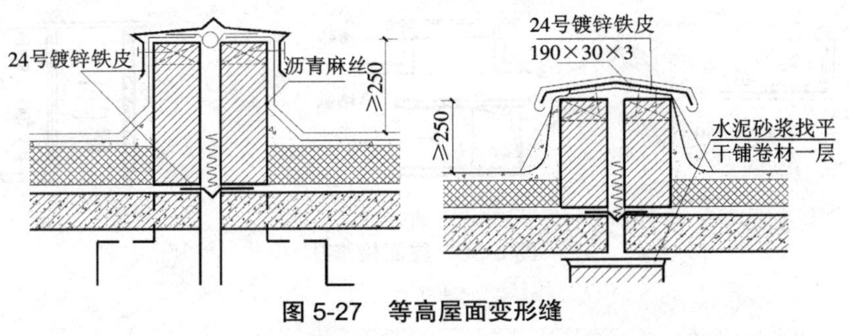

图 5-27　等高屋面变形缝

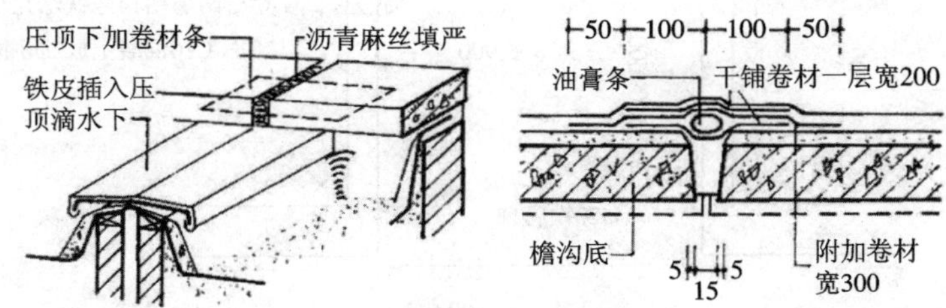

图 5-28　等高屋面变形缝大样

(1)不上人屋面变形缝:不考虑人的活动,应从有利于防水考虑。

(2)上人屋面变形缝:变形缝处除保证不渗漏、不变形外,还要有利于人的行走。

Ⅱ. 不等高屋面变形缝(高低屋面交接处)

低屋面变形缝是在低侧屋面板上砌筑矮墙,当变形缝高度较小时,可用镀锌铁皮盖缝并固定在高侧墙上,做法同泛水构造,也可从高侧墙上悬挑钢筋混凝土板盖缝。不等高屋面变形缝(高低屋面交接处)如图 5-29 所示。

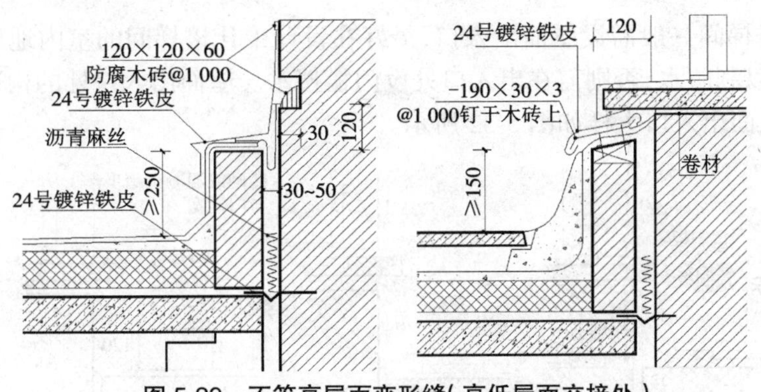

图 5-29　不等高屋面变形缝(高低屋面交接处)

5)屋面检修孔、出入口构造

屋面检修孔(图 5-30)的形式多样,四周的孔壁可用砖立砌,也可在现浇屋面板时将混凝土上翻制成,高度≥ 250 mm。壁外的防水层应做成泛水并将卷材用镀锌薄钢板盖缝、压钉好。屋面出入口大样如图 5-31 所示。

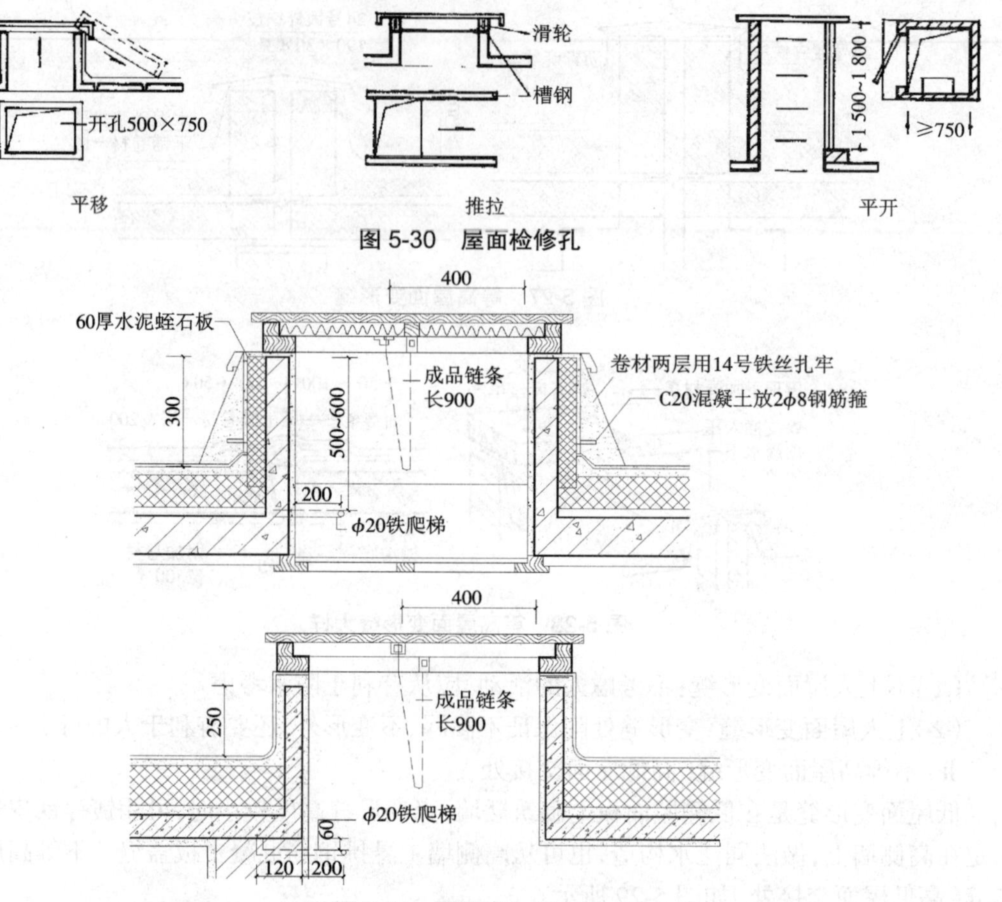

图 5-30 屋面检修孔

图 5-31 屋面出入口大样

出屋面的楼梯间一般需设屋面出入口，最好在设计中让楼梯间的室内地坪与屋面间留有足够的高差，以利防水，否则需在出入口处设门槛挡水。屋面出入口处的构造与泛水构造类同。楼梯间屋面出入口大样如图 5-32 所示。

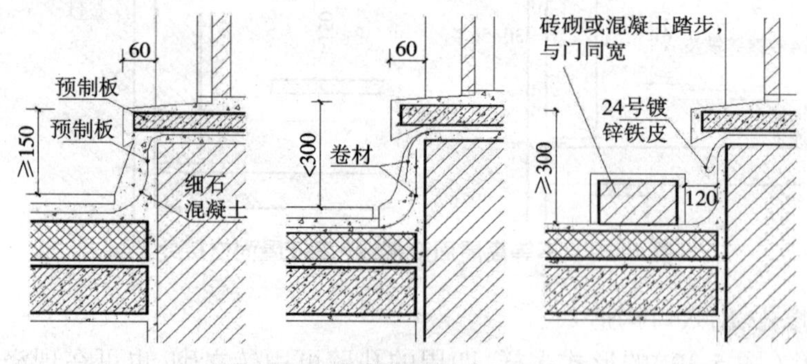

图 5-32 楼梯间屋面出入口大样

5.4 刚性防水屋面

刚性防水层是指普通细石混凝土防水层、补偿收缩混凝土防水层、块体刚性防水层。它通过控制混凝土的水灰比、最小水泥用量、含砂率、灰砂比与配筋以及使用外加剂(减水剂、防水剂与膨胀剂)来保证混凝土的密实度,提高抗渗性与抗裂度,从而达到防水的目的。

刚性防水屋面具有所用材料易得、价格便宜、耐久性好、维修方便、便于施工等特点。刚性防水层可用作屋面多道防水设防中的一道防水层,不适用于设有松散材料保温层的屋面以及受较大振动或冲击的屋面。

5.4.1 刚性防水屋面的构造层次及做法

刚性防水屋面的构造一般有防水层、隔离层、找平层、结构层等,刚性防水屋面应尽量采用结构找坡,如图 5-33 所示。

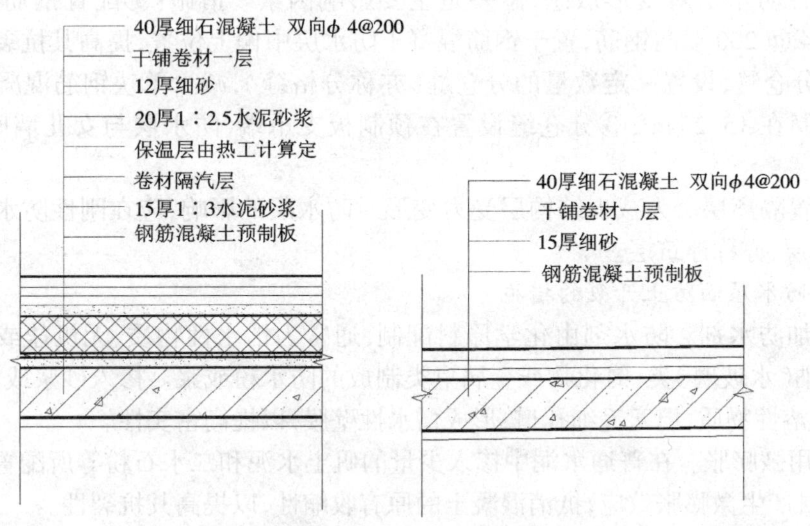

图 5-33 刚性防水屋面

1. 防水层

防水层采用不低于 C20 的细石混凝土整体现浇而成,其厚度不小于 40 mm。为防止混凝土开裂,可在防水层中配直径 4~6 mm、间距 100~200 mm 的双向钢筋网片,钢筋的保护层厚度不小于 10 mm。为提高防水层的抗裂和抗渗性能,可在细石混凝土中掺入适量的外加剂,如膨胀剂、减水剂、防水剂等。

2. 隔离层

隔离层位于防水层与结构层之间,其作用是减少结构变形对防水层的不利影响。结构层在荷载作用下产生挠曲变形,在温度变化作用下产生胀缩变形。由于结构层较防水层厚,刚度相应也较大,当结构产生上述变形时容易将刚度较小的防水层拉裂。因此,宜在结构层与防水层间设一隔离层使二者脱开。隔离层可采用铺纸筋灰、低强度等级砂浆或薄砂层上干铺一层油毡等做法。

3. 找平层

当结构层为预制钢筋混凝土屋面板时,其上应用 1∶3 水泥砂浆做找平层,厚度为 20 mm。若屋面板为整体现浇混凝土结构则可不设找平层。

4. 结构层

结构层一般采用预制或现浇的钢筋混凝土屋面板。结构应有足够的刚度，以免结构变形过大而引起防水层开裂。刚性防水屋面的排水坡度一般采用结构找坡。

5.4.2 刚性防水屋面存在的问题和防止措施以及设计要点

1. 刚性防水屋面存在的问题和防止措施

（1）普通混凝土是不能作为刚性屋面防水层的，混凝土中有多余的水，在硬化过程中内部会形成毛细通道，使混凝土收水干缩时表面开裂从而失去防水作用。措施：①增加防水剂；②采用微膨胀；③提高自身密实度。

（2）刚性防水层对变形敏感，温差是主要影响因素。措施：①配置钢筋，一般配置ϕ3@150或ϕ4 @ 200双向钢筋，置于钢筋混凝土防水层中偏上位置，提高其抗裂和应变的能力；②设置分仓缝，设置一定数量的分仓缝（亦称分格缝），减少单块钢筋混凝土防水层面积，一般控制在15~25 m^2；③分仓缝设置在预制板支承端、防水层与女儿墙间、屋面转折处等。

（3）设置隔离层。为减少结构层受力变形对防水层的影响，应在刚性防水层和结构层之间设隔离层，亦称浮筑层。

2. 刚性防水屋面防止开裂的措施

（1）增加防水剂。防水剂由化学原料配制，通常为憎水性物质、无机盐或不溶解的肥皂，如硅酸钠（水玻璃）类、氯化物或金属皂类制成的防水粉或浆。掺入砂浆或混凝土后，能与之生成不溶性物质，填塞毛细孔道，形成憎水性壁膜，以提高密实性。

（2）采用微膨胀。在普通水泥中掺入少量的矾土水泥和二水石粉等所配置的细石混凝土，在结硬时产生微膨胀效应，抵消混凝土的原有收缩性，以提高其抗裂性。

（3）提高密实性。控制水灰比，加强浇筑时的振捣，均可提高砂浆和混凝土的密实性。细石混凝土屋面在初凝前表面用铁辊辗压，使余水压出，初凝后加少量干水泥，待收水后用铁板压平，表面打毛，后盖席浇水养护，从而提高面层密实性，避免表面的龟裂。

3. 设计要点

（1）刚性防水屋面的坡度宜为2%~3%，并应采用结构找坡。

（2）细石混凝土防水层的厚度不小于40 mm，并应配置直径为4~6 mm、间距为100~200 mm的双向钢筋网片。钢筋网片在分格缝处应断开，其保护层厚度不应小于10 mm。

（3）防水层内配置的钢筋宜采用冷拔低碳钢丝。

（4）细石混凝土强度不应低于C20，水泥标号不宜低于425号，并不得使用火山灰质水泥。

（5）细石混凝土防水层与基层间宜设置隔离层，隔离层可采用低强度等级砂浆、干铺卷材等材料。

（6）防水层的分格缝应设在屋面板的支承端、屋面转折处、防水层与凸出屋面结构的交接处，并与板缝对齐，其纵横间距不宜大于6 m，缝中应嵌填密封材料。

（7）块体刚性防水层应用1∶3水泥砂浆铺砌；块体之间的缝宽应为12~15 mm；坐浆厚

度不应小于 25 mm；面层应用 1 : 2 水泥砂浆，其厚度不应小于 12 mm。水泥砂浆中应掺入防水剂。

5.4.3　刚性防水屋面的细部构造

与卷材防水屋面一样，刚性防水屋面也需处理好泛水、天沟、檐口、落水口等细部构造，另外，还应做好防水屋面的分隔缝构造。

1. 分隔缝

分隔缝实质上是屋面防水层上设置的变形缝，如图 5-34 所示。分隔缝设置的目的（作用）是：

（1）防止温度变形引起防水层开裂；

（2）防止结构变形将防水层拉坏。

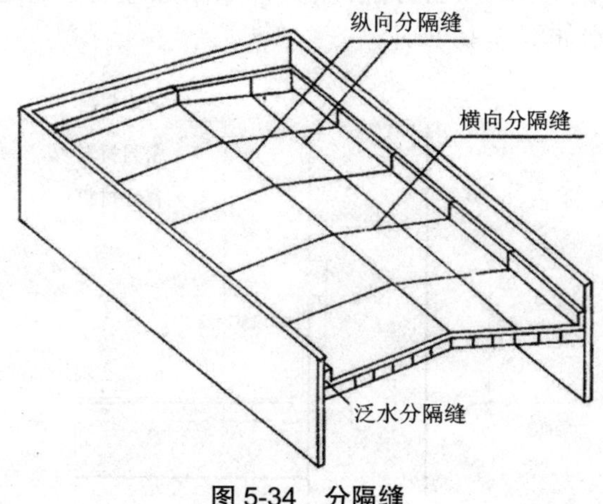

图 5-34　分隔缝

设置一定数量的分隔缝可将混凝土防水层面积减小，从而减少其因伸缩和翘曲引起的变形，可有效地防止和限制裂缝的产生。分隔缝应设置在装配式结构屋面板的支承端、屋面转折处、与立墙的交接处。分隔缝的纵横间距不宜大于 6 m。分隔缝的宽度为 20~40 mm，有平缝和凸缝两种构造，如图 5-35 所示。

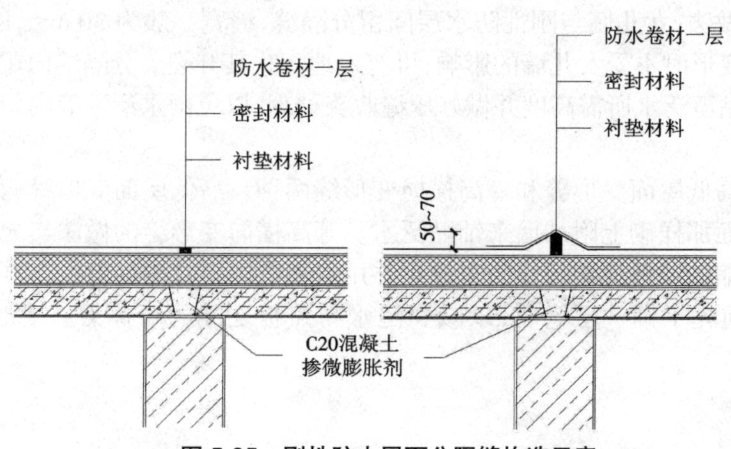

图 5-35　刚性防水屋面分隔缝构造示意

屋脊处应设一纵向分隔缝，横向分隔缝每开间设一道，并与装配式屋面板的板缝对齐，沿女儿墙四周也应设分隔缝。其他凸出屋面的结构物四周均应设置分隔缝。设计分隔缝时应注意：

（1）防水层内的钢筋在分隔缝处应断开；

（2）屋面板缝用浸过沥青的木丝板等密封材料嵌填，缝口用油膏嵌填；

（3）缝口表面用防水卷材铺贴盖缝，卷材的宽度为200~300 mm；

（4）屋脊和平行于流水方向的分隔缝处，也可将防水层做成翻边泛水，用盖瓦单边坐灰固定覆盖。

2. 泛水

刚性防水屋面的泛水构造要点与卷材屋面相同的地方：泛水应有足够高度，一般不小于250 mm，泛水应嵌入立墙上的凹槽内并用压条及水泥钉固定。不同的地方：刚性防水层与屋面凸出物（女儿墙、烟囱等）间须留分隔缝，另铺贴附加卷材盖缝形成泛水。泛水与屋面防水层应一次浇筑。泛水如图5-36所示。

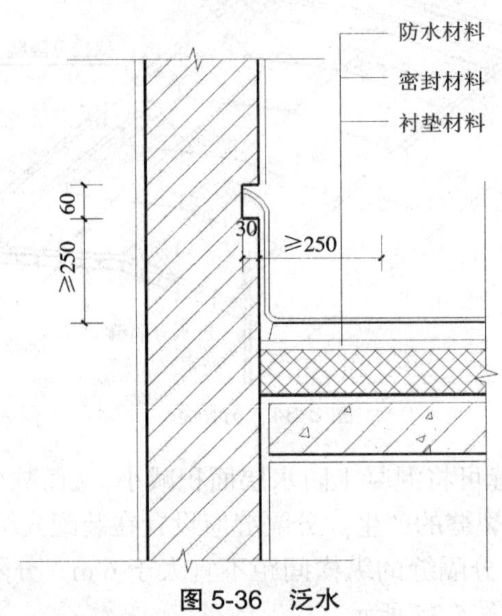

图5-36　泛水

女儿墙泛水做法：女儿墙与刚性防水层间留分隔缝，缝宽一般为30 mm，使混凝土防水层在收缩和温度变形时不受女儿墙的影响，可有效地防止其开裂。分隔缝内用油膏嵌缝，缝外用附加卷材铺贴至泛水所需高度并做好压缝收头处理，以免雨水渗进缝内。

3. 变形缝

变形缝分为高低屋面变形缝和等高横向变形缝两种。高低屋面变形缝构造，其低跨屋面也需像卷材屋面那样砌上附加墙来铺贴泛水。等高横向变形缝的做法与之不同，泛水顶端的盖缝可用伸缩的镀锌薄钢板作为盖缝板并用水泥钉固定在附加墙上，也可用混凝土预制板盖缝，盖缝前先干铺一层卷材，以减少泛水与盖板之间的摩擦力。变形缝如图5-37所示。

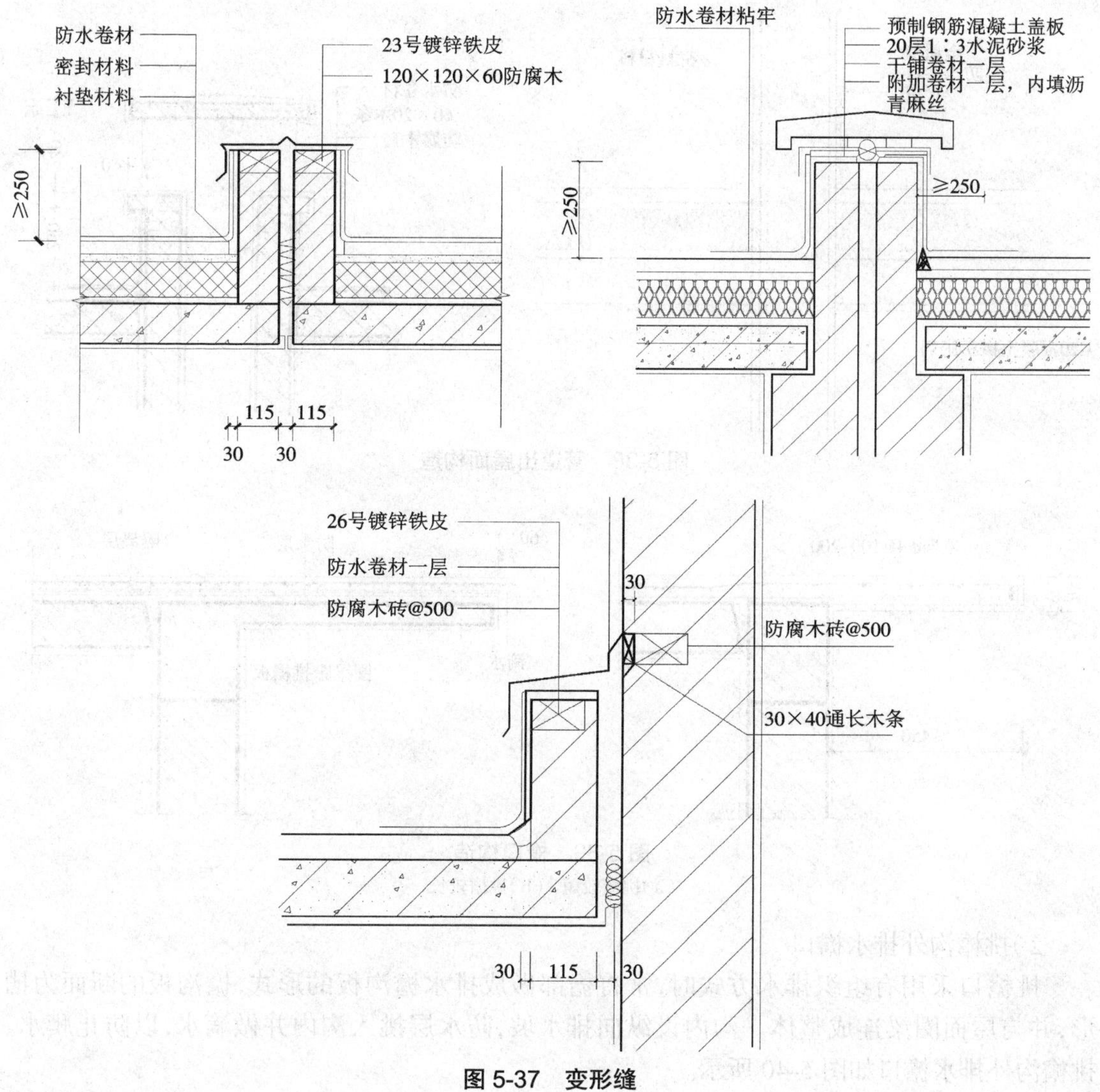

图 5-37 变形缝

4. 管道出屋面构造

伸出屋面的管道(如厨房、卫生间等的透气管等)与刚性防水层间亦应留设分隔缝,缝内用油膏嵌填,然后用卷材或涂膜防水层在管道周围做泛水。管道出屋面构造如图 5-38 所示。

5. 檐口构造

刚性防水屋面常用的檐口形式有自由落水檐口、挑檐沟外排水檐口、女儿墙外排水檐口和坡檐口。

1)自由落水檐口

当挑檐较短时,可将混凝土防水层直接悬挑出去形成挑檐口,如图 5-39(a)所示。当所需挑檐较长时,为了保证悬挑结构的强度,应采用与屋盖圈梁连为一体的悬臂板形成挑檐,如图 5-39(b)所示。在挑檐板与屋面板上做找平层和隔离层后浇筑混凝土防水层,檐口处注意做好滴水。

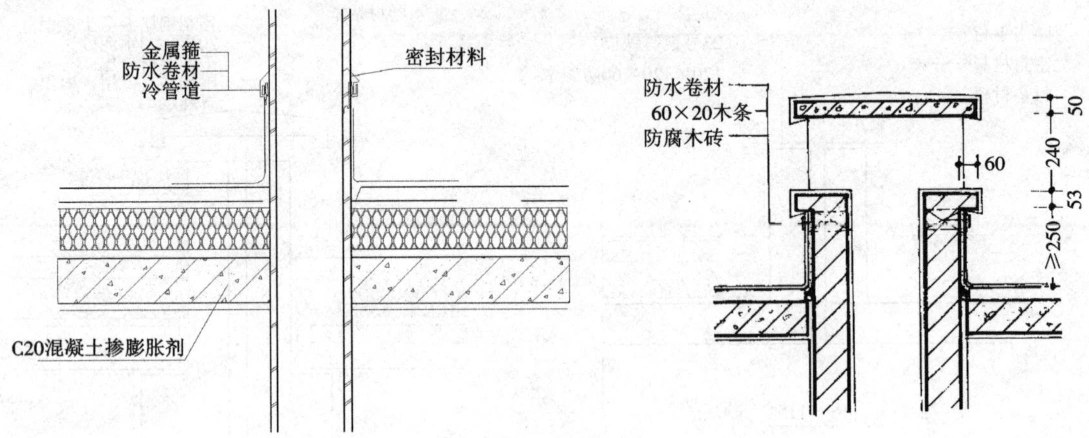

图 5-38 管道出屋面构造

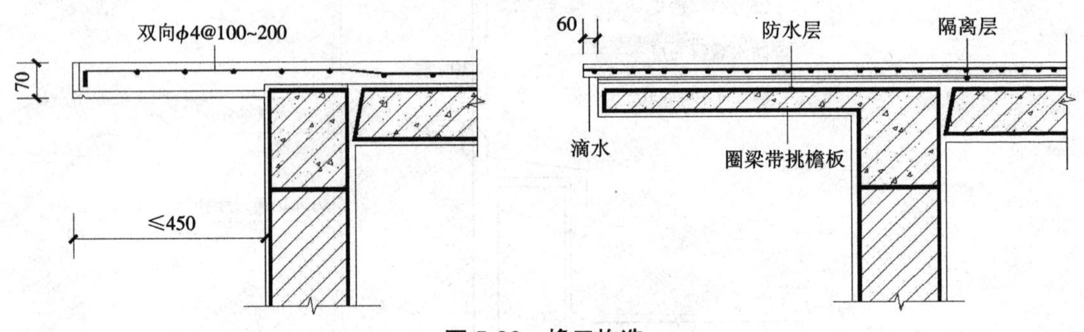

图 5-39 檐口构造

（a）挑檐较短 （b）挑檐较长

2）挑檐沟外排水檐口

挑檐口采用有组织排水方式时，常将檐部做成排水檐沟板的形式，檐沟板的断面为槽形，并与屋面圈梁连成整体。沟内设纵向排水坡，防水层挑入沟内并做滴水，以防止爬水。挑檐沟外排水檐口如图 5-40 所示。

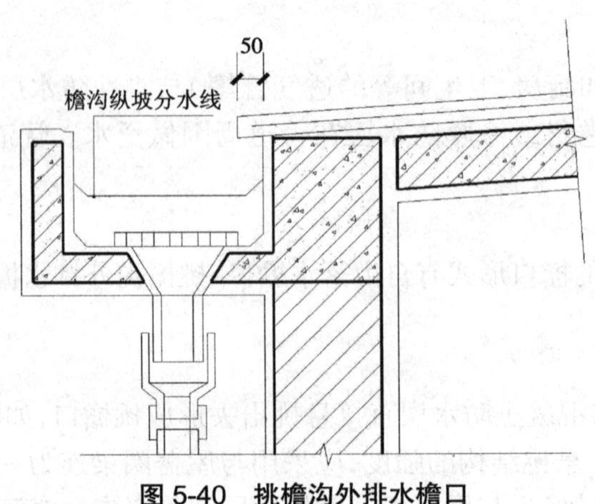

图 5-40 挑檐沟外排水檐口

3）女儿墙外排水檐口

女儿墙外排水檐口应沿女儿墙周边做泛水。在跨度不大的平屋盖中，采用女儿墙外排水时，常利用倾斜的屋面板与女儿墙间的夹角做成三角形断面天沟，其泛水做法与前述做法相同。天沟内也需设纵向排水坡。女儿墙外排水檐口如图 5-41 所示。

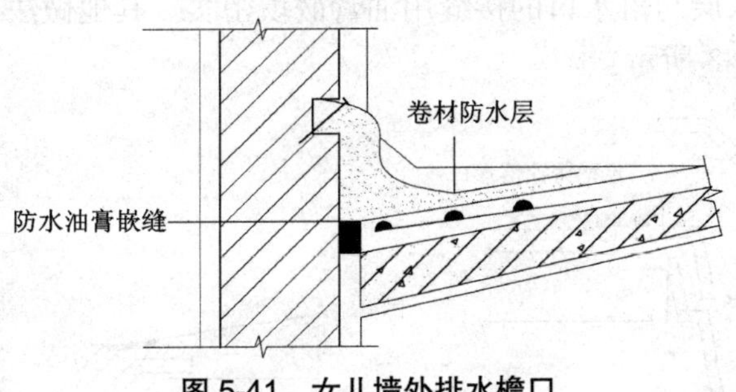

图 5-41　女儿墙外排水檐口

4）坡檐口

建筑设计中出于造型方面的考虑，常用一种平顶坡檐的处理形式，意在使较为呆板的平顶建筑具有某种传统的韵味，形象更为丰富。由于在挑檐的端部加大了荷载，结构和构造设计应特别注意悬挑构件的抗倾覆，要处理好构件的拉结锚固。坡檐口如图 5-42 所示。

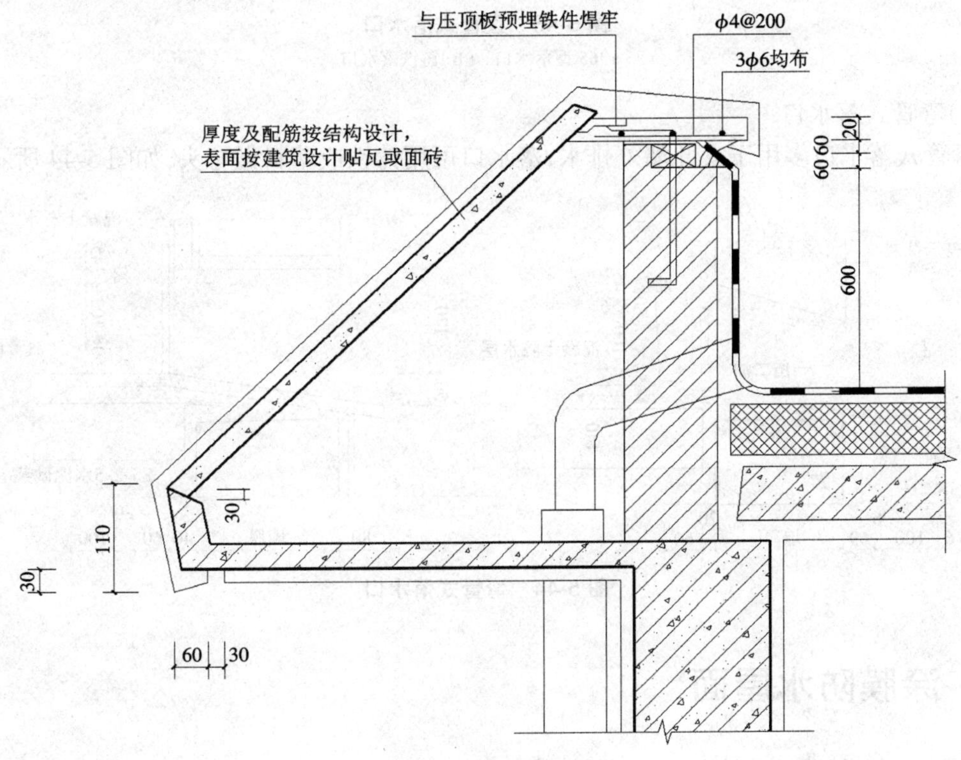

图 5-42　坡檐口

6. 落水口构造

1)直管式落水口

安装直管式落水口时,为防止雨水从落水口套管与檐沟底板间的接缝处渗漏,应在落水口四周加铺宽度约200 mm的附加卷材,卷材应铺入套管内壁中;天沟内的混凝土防水层应盖在卷材的上面,防水层与落水口的接缝用油膏嵌填密实。其他做法与卷材防水屋面相似。直管式落水口如图5-43所示。

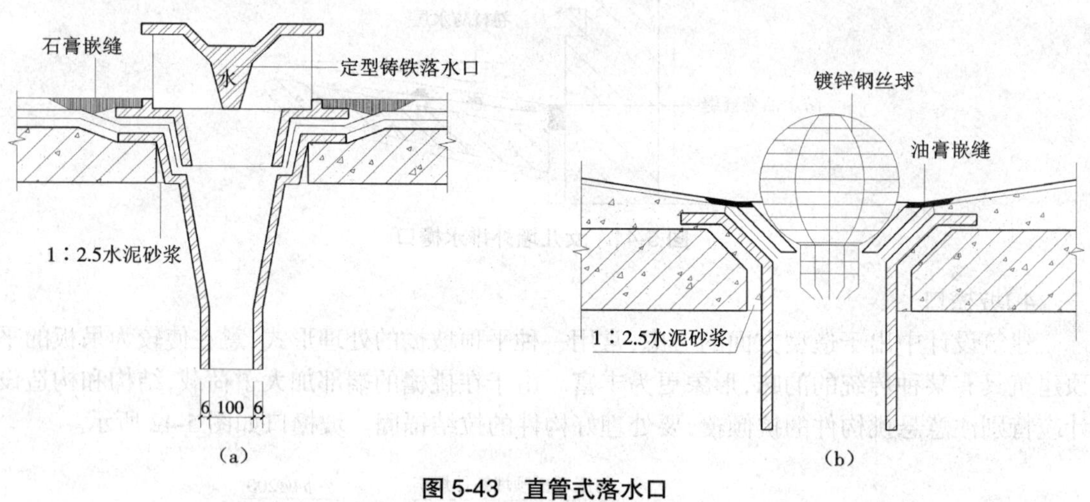

图5-43 直管式落水口

(a)65型落水口 (b)铸铁落水口

2)弯管式落水口

弯管式落水口多用于女儿墙外排水,落水口可用铸铁或塑料做弯头,如图5-44所示。

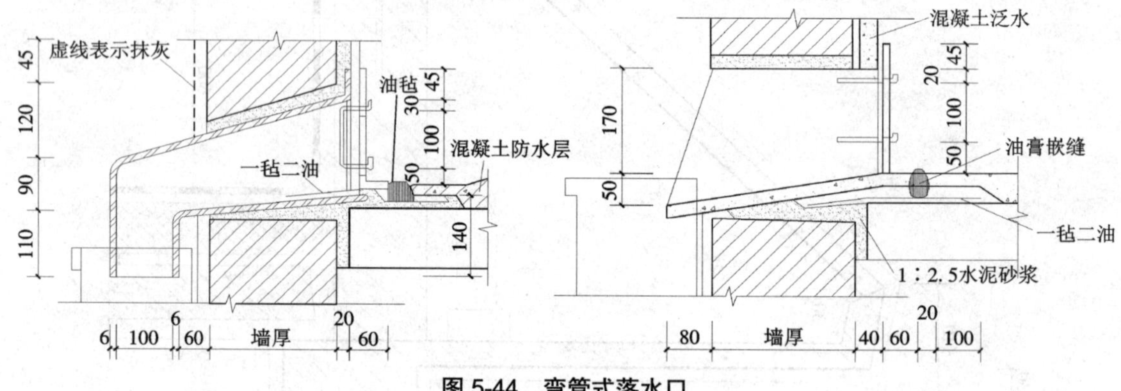

图5-44 弯管式落水口

5.5 涂膜防水屋面

涂膜防水屋面,又称涂料防水屋面,是以改性沥青、合成树脂、合成橡胶等防水涂料涂于屋面基层上,凝固结膜而成的防水屋面。涂料有厚质与薄质之分,施工时有加筋布和无加筋布的做法。涂膜防水屋面一般用于钢筋混凝土装配式结构无保温层屋盖体系中,板缝一般先用油膏或密封材料嵌缝。随着材料和施工工艺的不断改进,现在的涂膜防水屋面具有防水、抗渗、黏结力强、耐腐蚀、耐老化、延伸率大、弹性好、不延燃、无毒、施工方便等诸多优点，已广泛用于建筑各部位的防水工程中。

5.5.1　涂膜防水材料

1. 涂料

防水涂料的种类很多，按其溶剂或稀释剂的类型可分为溶剂型、水溶型、乳液型等；按施工时涂料液化方法的不同则可分为热熔型、常温型等。

1）沥青基防水涂料

沥青基防水涂料是以沥青为基料配制而成的水乳型或溶剂型的防水涂料，其常用的分散剂为石棉和膨润土。这种涂料在耐水性、耐候性、稳定性和耐久性方面，优于一般乳化沥青。

2）高聚物改性沥青防水涂料

高聚物改性沥青防水涂料是以石油沥青为基料，用合成高分子聚合物对其改性，加入适量助剂配制而成的水乳型或溶剂型防水涂料。与沥青基涂料相比，其柔韧性、抗裂性、强度、耐高温性和使用寿命等都有很大改善。

3）合成高分子防水涂料

合成高分子防水涂料是以合成橡胶或合成树脂为原料，加入适量的活性剂、改性剂、增塑剂、防霉剂及填充料等制成的单组分或双组分防水涂料，具有高弹性、防水性好、耐久性好、耐高低温等优良性能，其中以聚氨酯防水涂料性能最好。

各类防水涂料的质量要求请扫描二维码在补充知识 5-3 中查看。

2. 胎体增强材料

某些防水涂料需要与胎体增强材料配合，以增强涂层的贴附覆盖能力和抗变形能力。目前，使用较多的胎体增强材料为 0.1 mm × 6 mm × 4 mm 或 0.1 mm × 7 mm × 7 mm 中性玻璃纤维网格布或中碱玻璃布、聚酯无纺布等。

5.5.2　涂膜防水屋面的相关规范

1. 防水涂料的选择

防水涂料的选择应符合下列规定。

（1）防水涂料可按合成高分子防水涂料、聚合物水泥防水涂料和高聚物改性沥青防水涂料选用，其外观、质量、品种、型号应符合国家现行有关材料标准的规定。

（2）应根据当地历年最高气温、最低气温、屋面坡度和使用条件等因素，选择耐热性、低温柔性相适应的涂料。

（3）应根据地基变形程度、结构形式，当地年温差、日温差和振动等因素，选择拉伸性能相适应的涂料。

（4）应根据屋面涂膜的暴露程度，选择耐紫外线、耐老化相适应的涂料。

（5）屋面坡度大于 25% 时，应选择成膜时间较短的涂料。

2. 每道涂膜防水层最小厚度

每道涂膜防水层最小厚度应符合表 5-8 的规定。

表 5-8 每道涂膜防水层最小厚度 （mm）

防水等级	合成高分子防水涂膜	聚合物水泥防水涂膜	高聚物改性沥青防水涂膜
Ⅰ级	1.5	1.5	2.0
Ⅱ级	2.0	2.0	3.0

3. 胎体增强材料的设计

胎体增强材料的设计应符合下列规定。

（1）胎体增强材料宜采用聚酯无纺布或化纤无纺布。

（2）胎体增强材料长边搭接宽度不应小于 50 mm，短边搭接宽度不应小于 70 mm。

（3）上下层胎体增强材料的长边搭接缝应错开，且不得小于幅宽的 1/3。

（4）上下层胎体增强材料不得相互垂直铺设。

5.5.3 屋面接缝密封防水

接缝密封防水是与卷材防水、涂膜防水、刚性防水配套使用的屋面防水工程，用于满足防水屋面的水密、气密要求。密封防水的基层应牢固、平整、密实、干净、干燥。

密封材料按外观形态可分为以下两类：定型密封材料，如密封带、密封圈、止水带等；不定型密封材料，如密封膏、嵌缝油膏等。屋面防水工程使用的密封材料，按材质可分为改性沥青密封材料及合成高分子密封材料两大类。

接缝密封防水设计要点如图 5-45 所示。

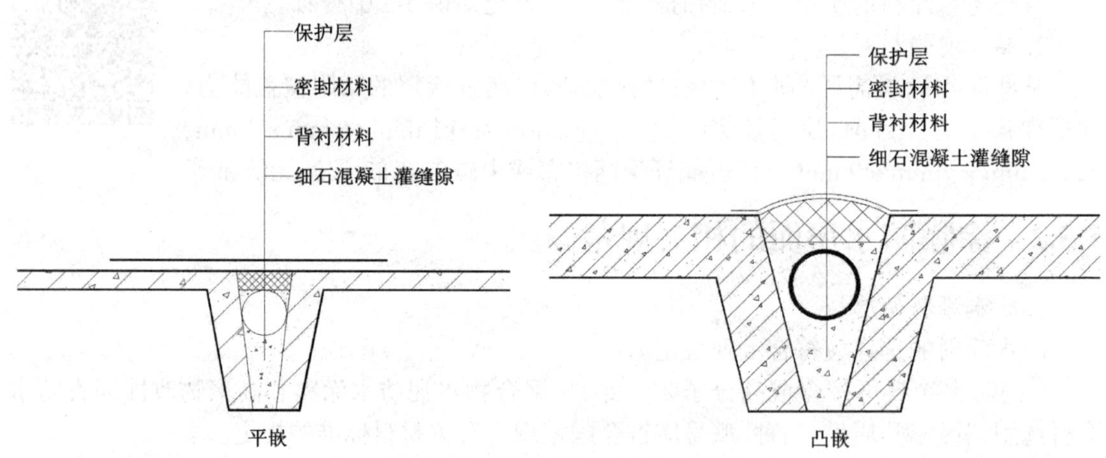

图 5-45 接缝密封防水设计要点

（1）屋面密封防水的接缝宽度不应大于 40 mm，且不应小于 10 mm；接缝深度可取接缝宽度的 0.5~0.7。

（2）密封材料品种的选择应根据当地历年最高、最低气温，屋面构造特点和使用条件等，选用耐热度和柔性相适应的材料；根据屋面接缝位移的大小和特征，选择延伸性和拉伸压缩循环性能相适应的材料。

（3）密封防水处理连接部位的基层应涂刷与密封材料材性相近、相容的基层处理剂。

（4）接缝处的密封材料底部宜设置背衬材料。背衬材料应选择与密封材料不黏结或黏结力弱的材料，如泡沫棒。

（5）接缝部位外露的密封材料上宜设置保护层，其宽度不小于 100 mm。

5.6　坡屋盖

坡屋盖的特点：造型古朴，柔和优美；迎风面大，构造复杂；内部空间大。

5.6.1　坡屋盖的组成

坡屋盖由承重结构、屋面、顶棚等部分组成，根据使用要求的不同，有时还需增设保温层或隔热层。

坡屋盖的承重结构主要承受作用在屋面上的各种荷载，并把它们传到墙或柱上。一般由椽条、檩条、屋架或大梁等组成，类型有横墙承重、屋架承重等，如图 5-46 所示。

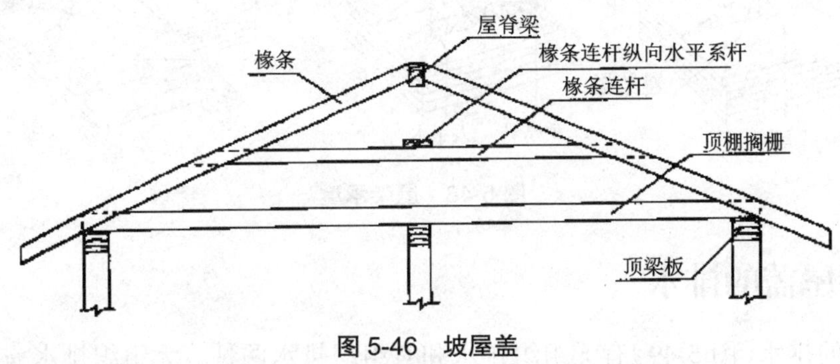

图 5-46　坡屋盖

1. 横墙承重

横墙承重（图 5-47）是先将横墙顶部按屋面坡度大小砌成三角形，在墙上直接搁置檩条或钢筋混凝土屋面板支撑屋面传来的荷载。优点：构造简单、施工方便、节约木材、有利于防火和隔声。缺点：房间开间尺寸受到限制。

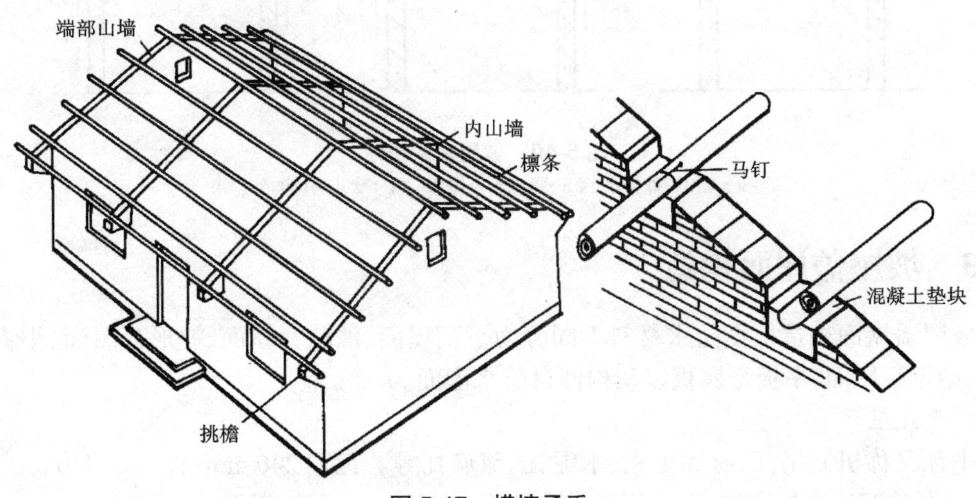

图 5-47　横墙承重

2. 屋架承重

屋架承重(图 5-48)是屋架支撑在外纵墙或柱上,上面搁置的檩条或钢筋混凝土屋面板承受屋面传来的荷载,可以省去横墙,使房间内部有较大的空间。

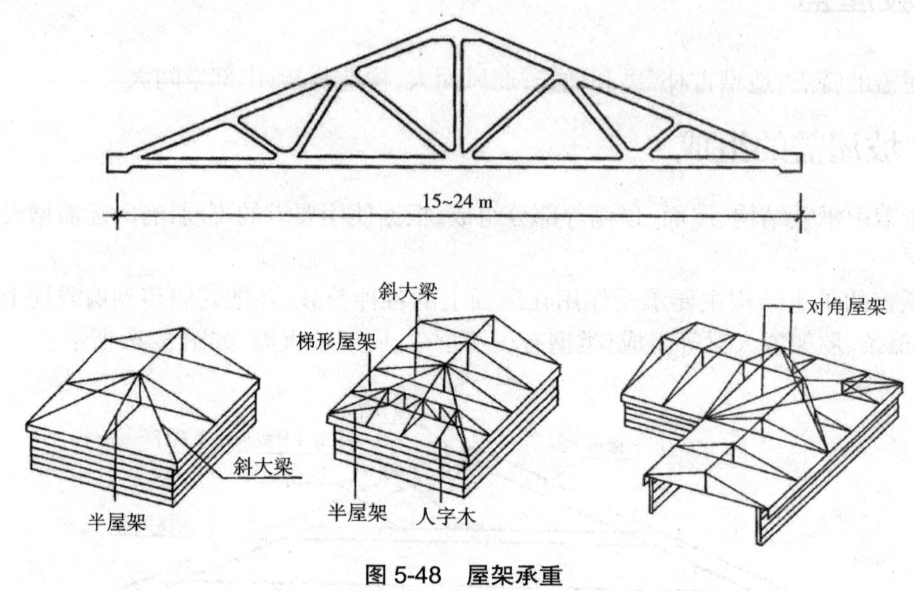

图 5-48 屋架承重

5.6.2 坡屋盖的排水

坡屋盖的排水(图 5-49)有无组织排水和有组织排水两种。无组织排水一般用于少雨地区或低层建筑,构造简单、施工方便,造价低。有组织排水包括挑檐沟外排水和女儿墙檐沟外排水。

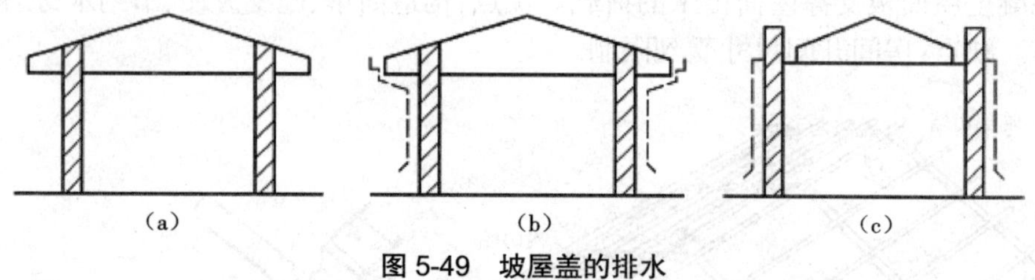

图 5-49 坡屋盖的排水

(a)无组织外排水 (b)挑檐沟外排水 (c)女儿墙檐沟外排水

5.6.3 坡屋盖屋面构造

坡屋盖屋面构造根据防水材料不同分为平瓦屋面、油毡瓦屋面、波形瓦屋面、小青瓦屋面、压型钢板屋面、平板金属板以及构件自防水屋面。

1. 平瓦屋面

平瓦又称机制平瓦,有黏土瓦、水泥瓦、琉璃瓦等。瓦宽 240 mm,长 380~420 mm,净厚 20 mm,瓦的四边有榫和沟槽,适用于排水坡度为 20%~50% 的坡屋盖。

1）木望板平瓦屋面

木望板平瓦屋面（图 5-50）构造方法：先在檩条上铺钉 15~20 mm 厚木望板；然后在望板上干铺一层油毡，油毡须平行于屋脊铺设并顺水流方向钉木压毡条，压毡条又称为顺水条，其断面尺寸为 30 mm × 15 mm，中距 500 mm；上铺平瓦屋面。屋面构造层次多，屋顶防水、保温效果好，应用广泛。

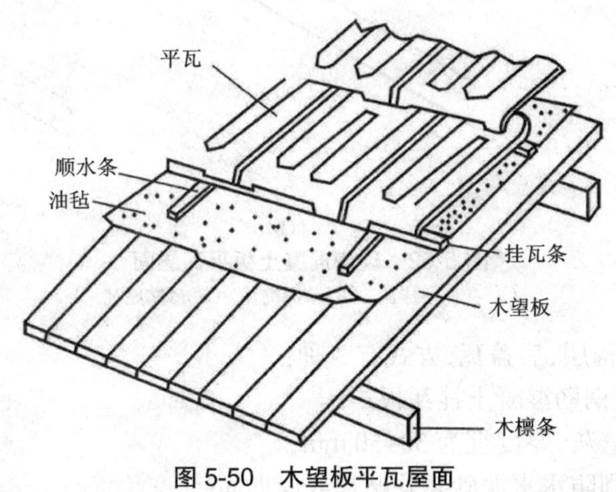

图 5-50　木望板平瓦屋面

2）钢筋混凝土挂瓦板平瓦屋面

钢筋混凝土挂瓦板平瓦屋面（图 5-51）是将檩条、木望板以及挂瓦条等结合为一个整体的钢筋混凝土预制构件。挂瓦板直接搁在横墙上或屋架上，板上直接挂瓦。该方式构造简单、施工方便、造价低，缺点是易渗水，多用于等级较低的建筑。

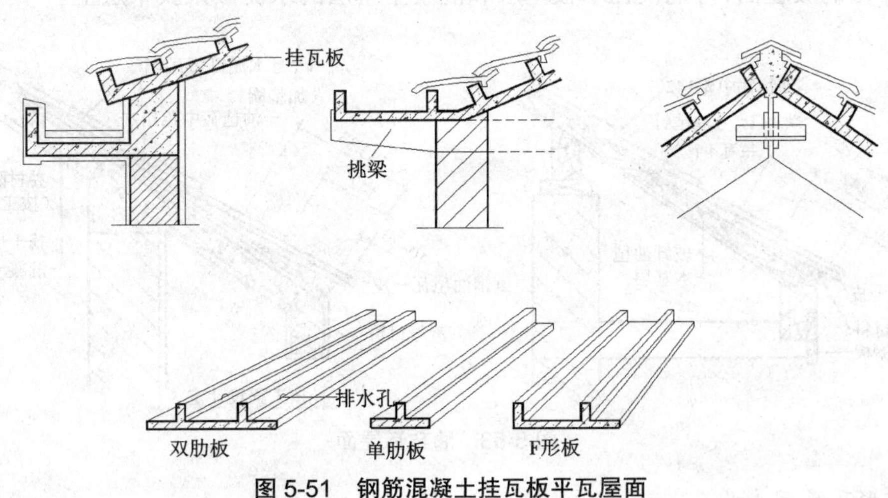

图 5-51　钢筋混凝土挂瓦板平瓦屋面

3）现浇混凝土板平瓦屋面

现浇混凝土板平瓦屋面如图 5-52 所示。

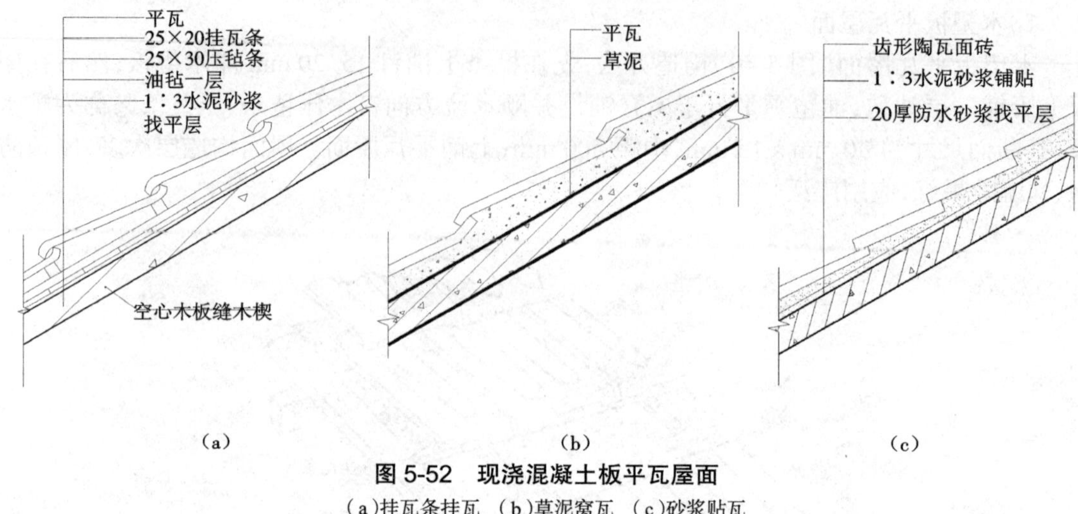

图 5-52 现浇混凝土板平瓦屋面

(a)挂瓦条挂瓦 (b)草泥窝瓦 (c)砂浆贴瓦

现浇混凝土做结构层,后盖瓦,方式有 3 种:

(1)钉挂瓦条、用钢筋混凝土挂瓦板;

(2)用草泥或煤渣灰,厚度宜为 30~50 mm;

(3)屋面板上粉刷防水水泥砂浆并贴瓦或齿形面砖。

2. 油毡瓦屋面

油毡瓦屋面(图 5-53)是以玻璃纤维为胎基,经浸涂石油沥青后,面层热压各色彩砂,背面撒以隔离材料制成瓦状材料,其形状有方形和半圆形两种。油毡瓦具有柔性好、耐酸碱、不褪色、质量轻的优点,适用于坡屋面的防水层或多层防水层的面层。油毡瓦适用于排水坡度大于 20% 的坡屋面,可铺设在木板基层和混凝土基层的水泥砂浆找平层上。

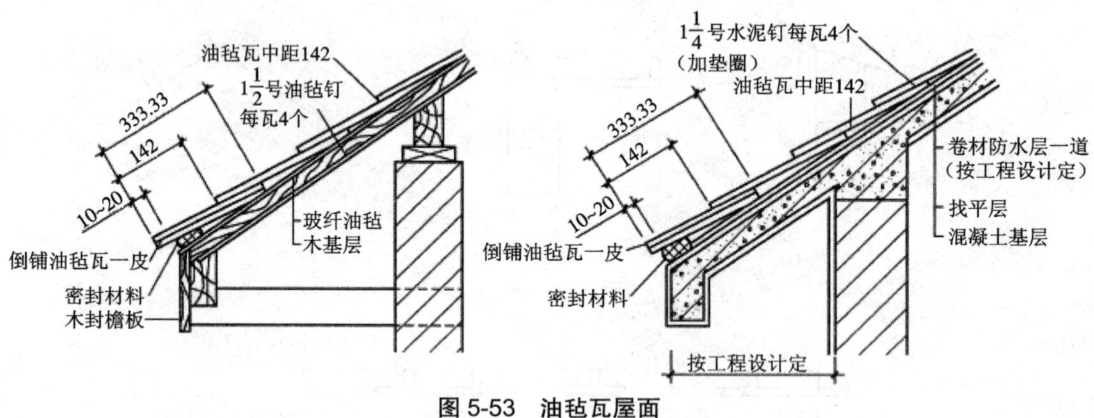

图 5-53 油毡瓦屋面

3. 波形瓦屋面

波形瓦屋面是由石棉水泥、塑料、玻璃钢和金属等材料制成的,其中,石棉水泥波形瓦应用最多。石棉水泥波形瓦屋面具有质量轻、构造简单、施工方便、造价低廉等优点,但易脆裂、保温隔热性能较差,多用于室内要求不高的建筑。

石棉水泥波形瓦分大波瓦、中波瓦和小波瓦 3 种规格。石棉水泥波形瓦尺寸较大,具有一定的刚度，可直接铺钉在擦条上，擦条的间距要保证每张瓦至少有 3 个支承点。瓦的上下搭接长度不小于 100 mm，左右方向也应满足一定的搭接要求，应在适当部位去角，以保证搭接处瓦的层数不致过多。波形瓦屋面如图 5-54 所示。

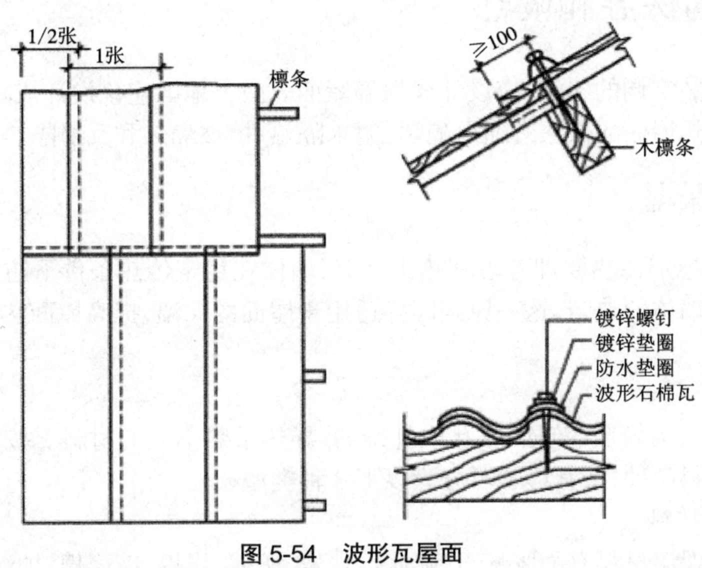

图 5-54　波形瓦屋面

4. 小青瓦屋面

小青瓦屋面（图 5-55）是我国传统民居中常用的一种屋面形式，断面呈圆弧形，平面形状为一头较宽，另外一头较窄，尺寸规格各地不一。一般采用木望板、苇箔等做基层，上铺灰泥，灰泥上再铺瓦。铺设时，少雨地区搭接长度为搭六露四，多雨地区为搭七露三。

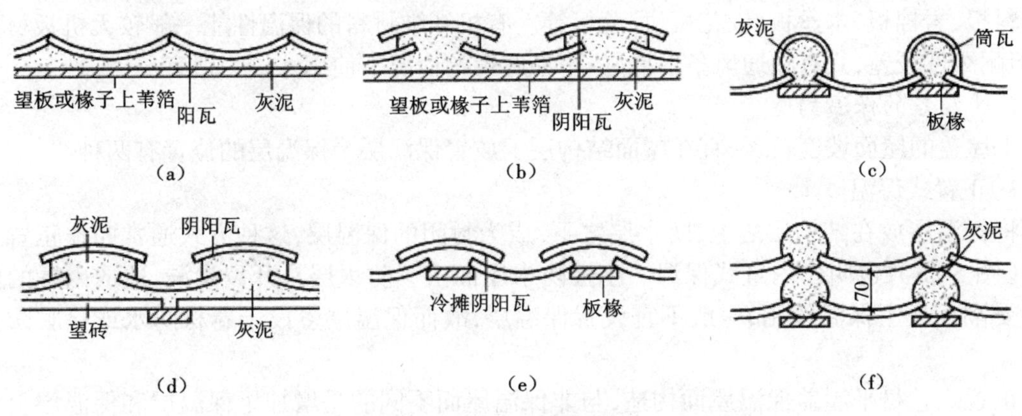

图 5-55　小青瓦屋面

（a）单层瓦（适用于少雨地区）（b）、（d）阴阳瓦（适用于多雨地区）（c）筒板瓦（适用于多雨地区）（e）冷摊瓦（适用于炎热地区）（f）通风屋面（适用于炎热地区）

5. 压型钢板屋面

压型钢板屋面是将镀锌钢板轧制成型，表面涂刷防腐涂层或彩色烤漆而成的屋面材料，有多种规格，有的中间填充保温材料，成为夹芯板，可提高屋顶的保温效果。压型钢板屋面一般与钢屋架相配合，可先在钢屋架上固定工字形或槽形擦条，然后在擦条上固定钢板支架。压型钢板屋面有自重轻、施工方便、装饰性与耐久性强等优点,一般用于对屋顶的装饰性要求较高的建筑中。

5.7 屋面的保温和隔热

寒冷地区和装空调的建筑,应设计成保温屋面。南方地区应该设计成隔热屋面,减少太阳辐射。一般隔热屋面的做法有通风隔热、蓄水隔热、植被隔热和反射隔热。

5.7.1 屋面保温

保温屋面按稳定传热原理考虑其热工计算,墙体在稳定传热条件下防止室内热损失的主要措施是提高墙体的热阻,这一原则同样适用于屋面的保温,提高屋面热阻的办法是在屋面设置保温层。

1. 保温材料

保温材料一般为轻质、疏松、多孔或纤维的、导热系数不大的材料。按其成分可分为无机材料和有机材料两种;按其形状可分为以下 3 种类型。

1)松散保温材料

常用的松散保温材料有膨胀蛭石、膨胀珍珠岩、矿棉、岩棉、玻璃棉、炉渣等。

2)整体保温材料

整体保温材料通常用水泥或沥青等胶结材料与松散保温材料拌和,整体浇筑在需保温的部位,如沥青膨胀珍珠岩、水泥膨胀珍珠岩、水泥膨胀蛭石、水泥炉渣等。

3)板状保温材料

板状保温材料如加气混凝土板、泡沫混凝土板、膨胀珍珠岩板、膨胀蛭石板、矿棉板、泡沫塑料板、岩棉板、木丝板、刨花板、甘蔗板等。有机纤维材料的保温性能一般较无机板材更好,但耐久性较差,只有在通风条件良好、不易腐烂的情况下使用才较为适宜。

2. 平屋盖的保温构造

平屋盖的屋面坡度较缓,宜在屋面结构层上放置保温层。保温层的位置有两种。

1)正置式保温

将保温层放在结构层之上,防水层之下,成为封闭的保温层,这种方式通常叫作正置式保温(图 5-56),也叫作内置式保温。刚性防水屋面由于防水层易开裂渗漏,造成内置的保温层受潮而失去保温作用,一般不宜设置保温层,故而保温层多设于卷材防水或涂膜防水屋面。

正置式卷材平屋盖保温屋面构造,与非保温屋面不同的是增加了保温层和保温层上下的找平层及隔汽层。

保温层上设找平层是因为保温材料的强度通常较低,表面也不够平整,其上需经找平才便于铺贴防水卷材;保温层下设隔汽层是因为冬季室内气温高于室外,热气流从室内向室外渗透,空气中的水蒸气随热气流从屋面板的孔隙渗透进保温层,由于水的导热系数比空气大得多,一旦多孔隙的保温材料进了水其保温效果便会大大降低。同时,积存在保温材料中的水分遇热也会转化为蒸汽而膨胀,容易引起卷材防水层的起鼓。因此,正置式保温层下应铺设隔汽层，常用做法是“一毡二油”或“一布四油”。

隔汽层阻止了外界水蒸气渗入保温层，但也产生了一些副作用。因为保温层的上下均被不透水的材料封住，如施工中保温材料或找平层未干透就铺设了防水层，残存于保温层中的水蒸气就无法散发出去。为了解决这个问题，需在保温层中设置排气道，道内填塞大粒径的炉渣，既可让水蒸气在其中流动，又可保证防水层的坚实牢靠，如图 5-57 所示。

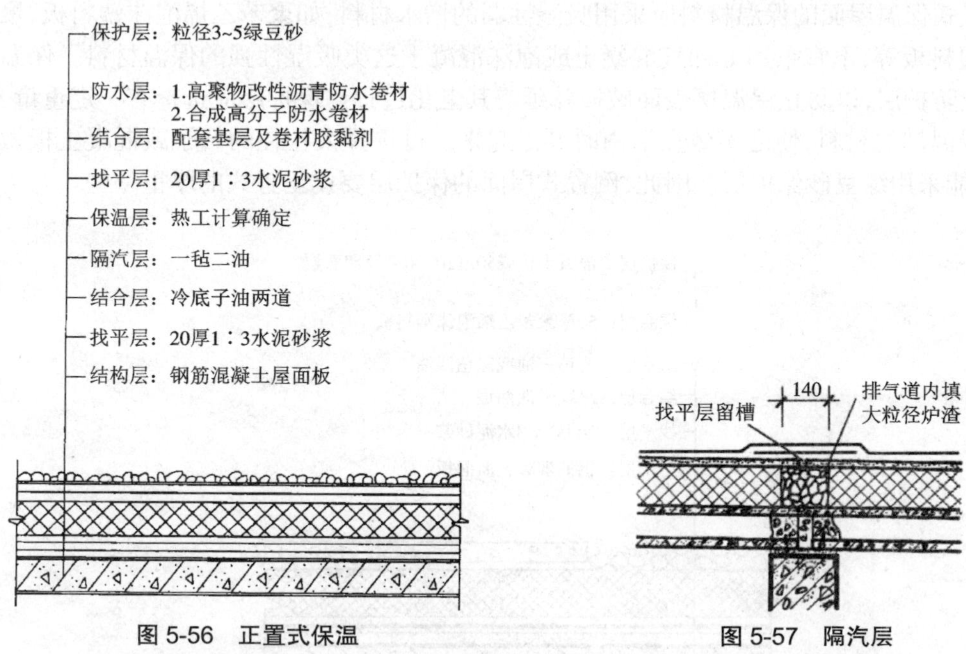

图 5-56 正置式保温　　图 5-57 隔汽层

找平层内的相应位置也应留槽做排气道，并在其上干铺一层宽 200 mm 的卷材，卷材用胶黏剂单边点贴铺盖。排气道应在整个屋面纵横贯通，并与连通大气的排气孔相通。排气孔的数量视基层的潮湿程度而定，一般以每 36 m² 设置一个为宜，檐口排气管、排气孔、通风帽如图 5-58 所示。

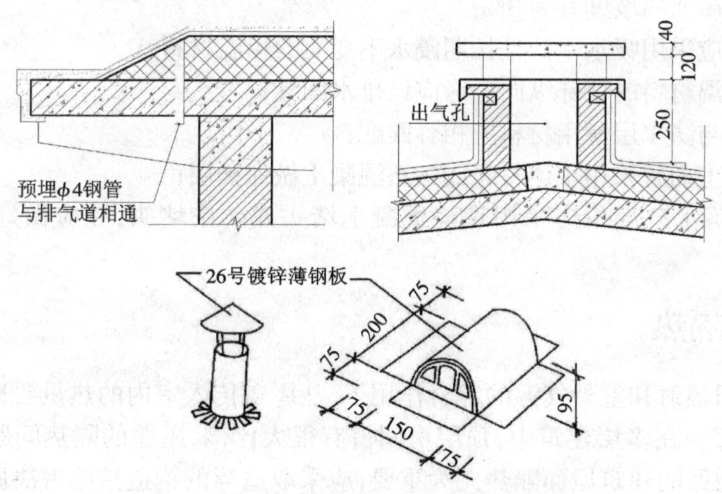

图 5-58 檐口排气管、排气孔、通风帽

2)倒置式保温

倒置式保温屋面(图 5-59)于 20 世纪 60 年代开始在德国和美国被采用,其特点是保温层做在防水层之上,对防水层起到一个屏蔽和防护的作用,使之不受阳光、气候和温度变化的影响而导致变形,也不易受到来自外界的机械损伤。因此,现在有不少人认为这种屋面是一种值得推广的保温屋面。

倒置式保温屋面的保温材料应采用吸湿性弱的憎水材料,如聚苯乙烯泡沫塑料板、聚氨酯泡沫塑料板等,不宜采用如加气混凝土或泡沫混凝土这类吸湿性强的保温材料。保温层上应铺设防护层,以防止保温层表面破损并延缓其老化过程。保护层应选择有一定重量、足以压住保温层的材料,使之不致在下雨时漂浮起来。可选择大粒径的石子或混凝土板做保护层,不能采用绿豆砂保护层。因此,倒置式屋面的保护层要比正置式的厚重一些。

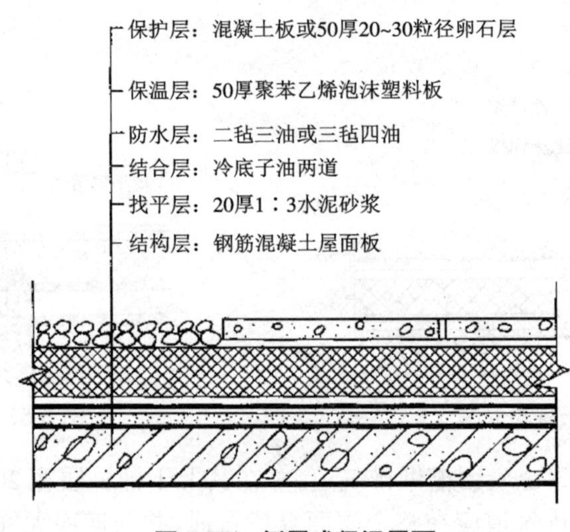

图 5-59 倒置式保温屋面

倒置式屋面保温层设计应符合下列规范规定:

(1)倒置式屋面的坡度宜为 3%;

(2)保温层应采用吸水率低且长期浸水不变质的保温材料;

(3)板状保温材料的下部纵向边缘应设排水凹缝;

(4)保温层与防水层所用材料应相容匹配;

(5)保温层上面宜采用块体材料或细石混凝土做保护层;

(6)檐沟、落水口部位应采用现浇混凝土堵头或砖砌堵头,并应做好保温层的排水处理。

5.7.2 屋面隔热

夏季在太阳辐射和室外气温的综合作用下,从屋盖传入室内的热量要比从墙体传入室内的热量多得多。在多层建筑中,顶层房间占有很大比例,屋盖的隔热问题应予以认真考虑。我国南方地区的建筑屋面隔热尤为重要,应采取适当的构造措施解决屋盖的降温和隔热问题。

屋盖隔热降温的基本原理:减少直接作用于屋盖表面的太阳辐射热量。所采用的主要构造做法是通风隔热、蓄水隔热、种植隔热、反射阳光隔热等。

1. 通风隔热

通风隔热是指设置通风的空气间层,利用空气的流动散发部分热量。这种方法隔热好、散热快,多用于夏热冬暖而又多雨的地区。通常有两种方式:一种是在屋面上做架空通风隔热间层;另一种是利用吊顶棚内的空间做通风间层。

1)架空通风隔热

架空通风隔热(图 5-60)即在结构层上组织通风,屋面上再多一个架空层,让空气在架空层里流通,不断把屋面热量带走。其隔热原理是:一方面利用架空的面层遮挡直射的阳光;另一方面架空层内被加热的空气与室外冷空气产生对流,将层内的热量源源不断地排走,从而达到降低室内温度的目的。架空通风层通常用砖、瓦、混凝土等材料及制品制作,其中最常用的是砖墩架空混凝土板(或大阶砖)通风层。

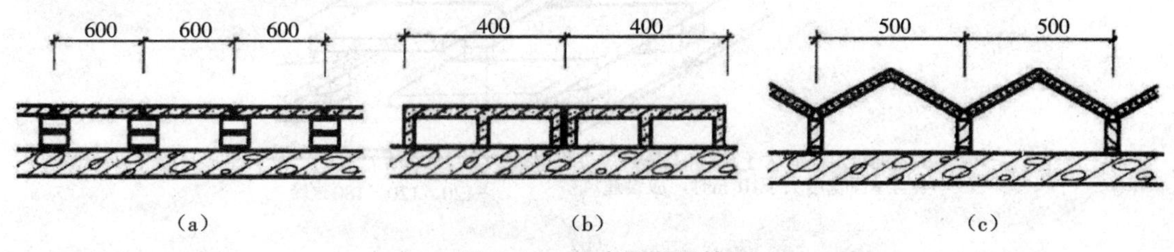

图 5-60 架空通风隔热

(a)架空预制板(或大阶砖) (b)架空混凝土山形板 (c)架空钢丝网水泥折板

架空隔热层的设计应符合下列规范规定:

(1)架空隔热层宜在屋顶有良好通风的建筑物上采用,不宜在寒冷地区采用;

(2)当采用混凝土板架空隔热层时,屋面坡度不宜大于 5%;

(3)架空隔热制品及其支座的质量应符合国家现行有关材料标准的规定;

(4)架空隔热层的高度宜为 180~300 mm,架空板与女儿墙的距离不应小于 250 mm,如图 5-61(a)所示;

(5)当屋面宽度大于 10 m 时,架空隔热层中部应设置通风屋脊,如图 5-61(b)所示;

(6)架空隔热层的进风口,宜设置在当地炎热季节最大频率风向的正压区,出风口宜设置在负压区。

架空层(图 5-62)的净空高度应随屋面宽度和坡度的大小而变化:屋面宽度和坡度越大,净空越高,但不宜超过 360 mm ,否则架空层内的风速将变小,影响降温效果。为保证架空层内的空气流通顺畅,其周边应留设一定数量的通风孔,可将通风孔留设在对着风向的女儿墙上。如果在女儿墙上开孔有碍建筑立面造型,也可以在离女儿墙至少 250 mm 宽的范围内不铺架空板,让架空板周边开敞,以利于空气对流。

隔热板的支承物可以做成砖垄墙式的,也可做成砖墩式的。当架空层的通风口能正对当地夏季主导风向时,采用砖垄墙式的可以提高架空层的通风效果。但当通风孔不能朝向夏季主导风向时,采用砖垄墙式的反而不利于通风,最好采用砖墩式支承架空板方式,这种方式与风向无关,但砖墩式通风效果不如砖垄墙式。

因为砖垄墙式架空板通风是一种巷道式通风,只要正对主导风向,巷道内就易形成流速很快的对流风，散热效果好，而砖墩式架空层内的对流风速要慢得多。

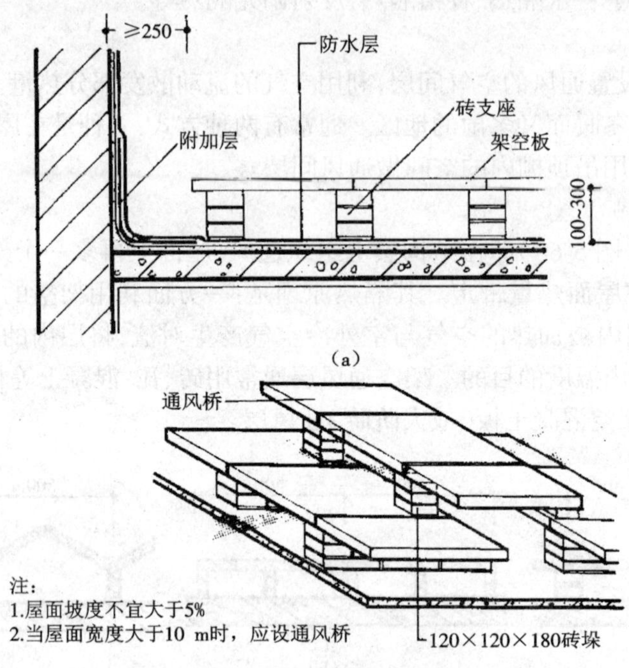

图 5-61　架空隔热层

(a)架空隔热屋面构造　(b)通风桥

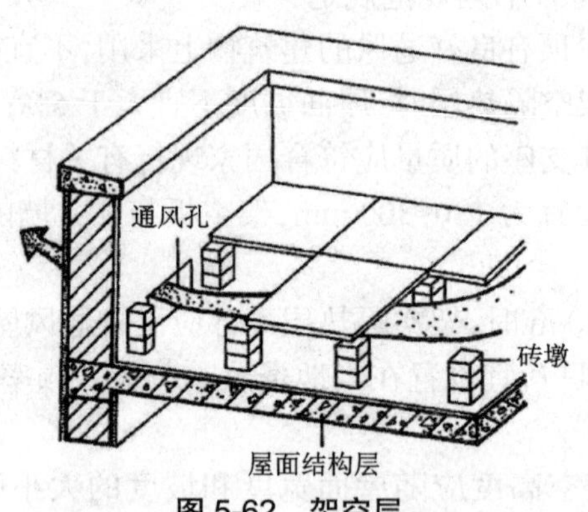

图 5-62　架空层

2)顶棚通风隔热

顶棚通风隔热(图 5-63)即在结构层下做吊顶，檐墙开设通风口，利用结构层与吊顶之间的通风间层通风降温。一般将进、排气口设在通风层侧墙上，进气口应正对夏季的主导风向。平、坡屋顶均可采用这种方式。

顶棚通风隔热屋面的设计应注意满足下列要求。

(1)必须设置一定数量的通风孔，使顶棚内的空气能迅速对流，如图 5-64 所示。平屋盖的通风孔通常开设在外墙上，孔口饰以混凝土花格或其他装饰性构件。坡屋盖的通风孔常设在挑檐顶棚处、檐口外墙处、山墙上部。屋盖跨度较大时可以在屋盖上开设天窗作为出气孔,以加强顶棚层内的通风。进气孔可根据具体情况设在顶棚或外墙上;有的还利用空心屋面板的孔洞作为通道,其进风孔设在檐口处,屋脊设通风桥;有的则在屋盖安放双层屋面板形成通风隔热层,其中上层屋面板用来铺设防水层,下层屋面板则用于通风,顶棚通风层的四周仍需设通风孔。

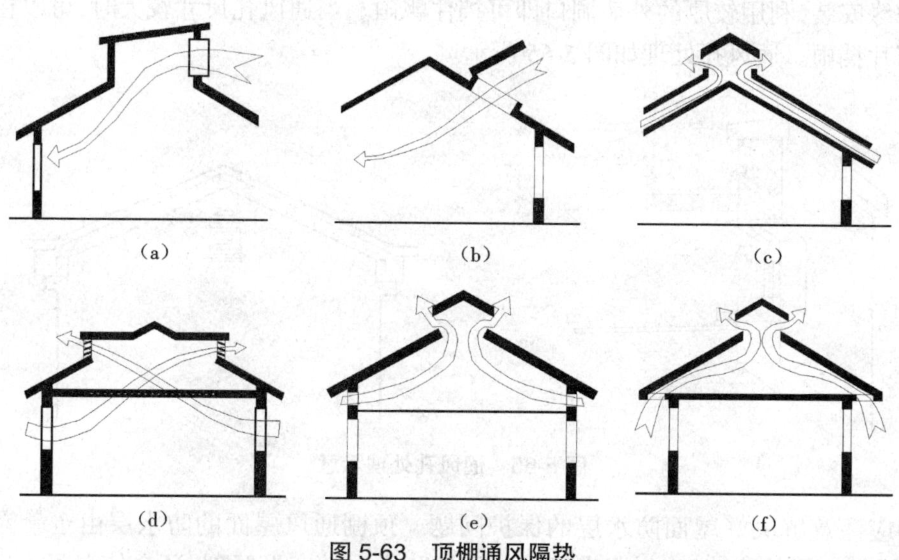

图 5-63　顶棚通风隔热

(a)开口朝向夏季主导风向,窗扇为中悬或立转,以绳索操纵,起引风导流作用
(b)开口朝向夏季主导风向,盖板可以启闭,以绳索操纵,开启时可引风入室
(c)双层小青瓦屋面,屋脊处设排气口,形成通风屋面,达到既防漏又隔热的效果
(d)平顶上设进气口,屋面上设通风窗做排气口,造成空气对流,通风窗可做成多种形式
(e)檐墙自平顶以上成开敞式,作为进气口,通风屋脊为排气口,形成空气对流
(f)进气口设在挑檐平顶上,排气口设在屋脊上,增大高差以获得较大热压,加强通风

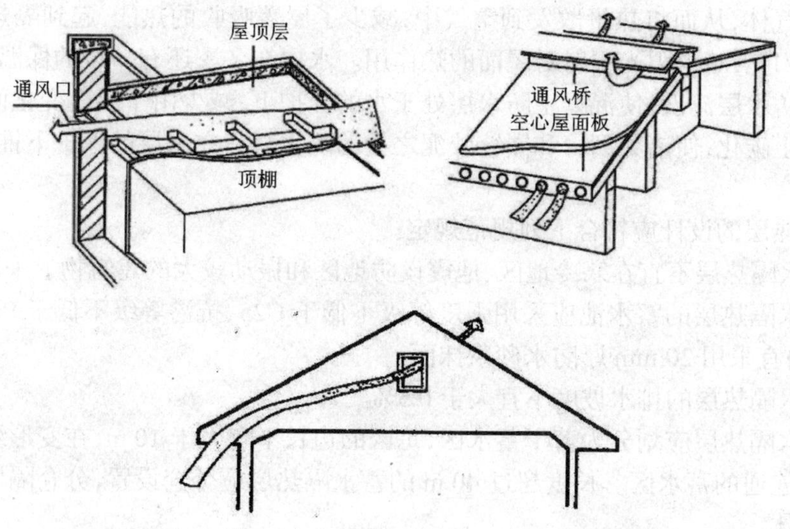

图 5-64　在外墙上设通风孔、空心板通风孔、檐口及山墙通风孔

(2)顶棚通风层应有足够的净空高度,其根据各综合因素所需高度加以确定。如通风

孔自身的必需高度，屋面梁、屋架等结构的高度，设备管道占用的空间高度及供检修用的空间高度等。仅供通风隔热用的空间净高一般为 500 mm 左右。

（3）通风孔须考虑防止雨水飘进，特别是无挑檐遮挡的外墙通风孔和天窗通风口应注意解决好飘雨问题。当通风孔较小（不大于 300 mm × 300 mm）时，只要将混凝土花格靠外墙的内边缘安装，利用较厚的外墙洞口即可挡住飘雨。当通风孔尺寸较大时，可以在洞口处设百叶窗片挡雨。通风孔处理如图 5-65 所示。

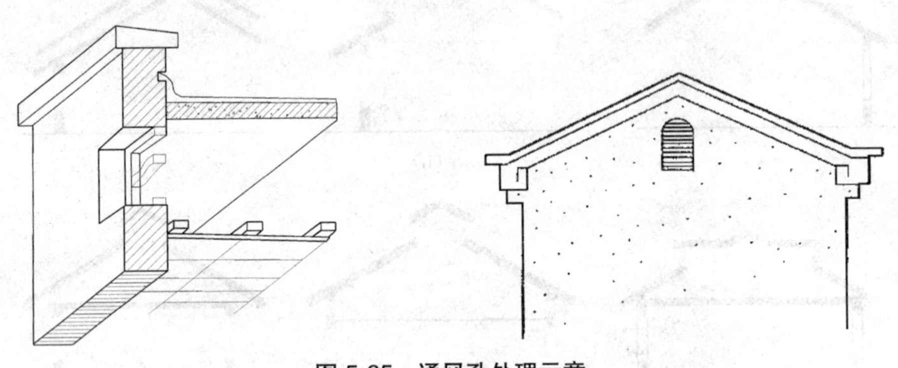

图 5-65 通风孔处理示意

（4）应注意解决好屋面防水层的保护问题。顶棚通风屋面的防水层由于暴露在大气中，缺少了架空层的遮挡，直射阳光可引起刚性防水层的变形开裂，还会使混凝土出现碳化现象。防水层的表面一旦粉化，内部的钢筋便会锈蚀。因此，炎热地区应在刚性防水屋面的防水层上涂浅色涂料，既可用于反射阳光，又能防止混凝土碳化。卷材特别是油毡卷材屋面也应做好保护层，以防屋面过热导致卷材脱落和涂料流淌。

2. 蓄水隔热

蓄水隔热是把屋面做成蓄水池，利用水面进行隔热。其原理为：水能吸收大量的热而由液体蒸发为气体，从而将热量散发到空气中，减少了屋盖吸收的热能，起到隔热的作用。水面还能反射阳光，减少阳光辐射对屋面的热作用。水层在冬季还有一定的保温作用。此外，水层长期将防水层淹没，使混凝土防水层处于水的养护下，减少由于温度变化而引起的开裂和防止混凝土碳化，使诸如沥青和嵌缝胶泥之类的防水材料在水层的保护下推迟老化，延长使用年限。

蓄水隔热层的设计应符合下列规范规定。

（1）蓄水隔热层不宜在寒冷地区、地震设防地区和振动较大的建筑物上采用。

（2）蓄水隔热层的蓄水池应采用强度等级不低于 C25、抗渗等级不低于 P6 的现浇混凝土，蓄水池内宜采用 20 mm 厚防水砂浆抹面。

（3）蓄水隔热层的排水坡度不宜大于 0.5%。

（4）蓄水隔热层应划分为若干蓄水区，每区的边长不宜大于 10 m，在变形缝的两侧应分成两个互不连通的蓄水区。长度超过 40 m 的蓄水隔热层应分仓设置，分仓隔墙可采用现浇混凝土或砌体。

（5）蓄水池应设溢水口、排水管和给水管，排水管应与排水出口连通。

（6）蓄水池的蓄水深度宜为 150~200 mm。

(7)蓄水池溢水口距分仓墙顶面的高度不得小于 100 mm。

(8)蓄水池应设置人行通道。

在进行蓄水屋面的构造设计时,主要应解决好以下几个问题。

1)水层深度及屋面坡度

过厚的水层会加大屋面荷载,过薄又容易被晒干,不便于管理。从理论上讲, 50 mm 深的水层即可满足降温与保护防水层的要求,比较适宜的水层深度为 150~200 mm。为保证屋面蓄水深度的均匀,蓄水层面的坡度不宜大于 0.5%。

2)防水层的做法

蓄水屋面既可用于刚性防水屋面,也可用于卷材防水屋面。采用刚性防水层时也应按规定做好分格缝,防水层做好后应及时养护,蓄水后不得断水。采用卷材防水层时,其做法与前述的卷材防水屋面相同,应注意避免在潮湿条件下施工。

3)蓄水区的划分

为了便于分区检修和避免水层产生过大的风浪,蓄水屋面应划分为若干蓄水区,每区的边长不宜超过 10 m。其构造与刚性防水平屋顶基本相同,主要区别是增加了“一壁三孔”,即分仓壁、溢水孔、泄水孔和过水孔。一壁三孔如图 5-66 所示。

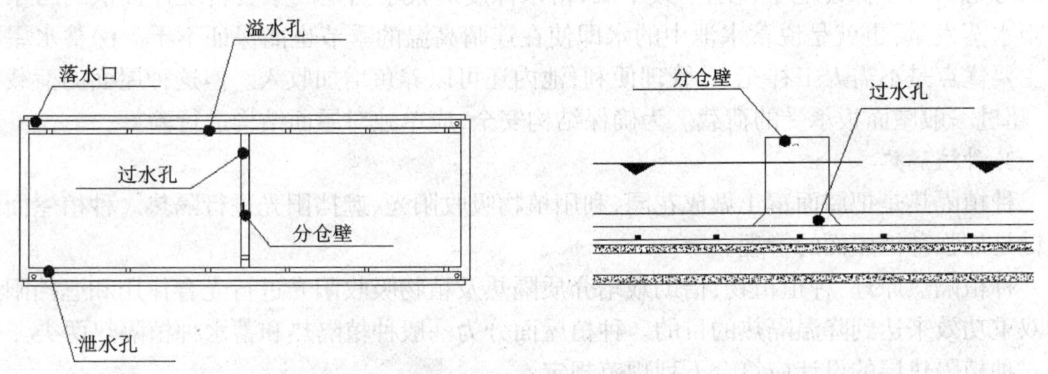

图 5-66　一壁三孔示意

蓄水区间用混凝土做成分仓壁,壁上留过水孔,使各蓄水区的水层连通,变形缝的两侧应设计成互不连通的蓄水区。当蓄水屋面的长度超过 40 m 时,应做横向伸缩缝一道。分仓壁也可用 M10 水泥砂浆砌筑砖墙,顶部设置直径 6 mm 或 8 mm 的钢筋砖带。

4)女儿墙与泛水

蓄水屋面四周可做女儿墙并兼作蓄水池的仓壁。在女儿墙上应将屋面防水层延伸到墙面形成泛水,泛水的高度应高出溢水孔 100 mm。若从防水层面起算,泛水高度刚为水层深度与 100 mm 之和,即 250~300 mm,如图 5-67 所示。

5)溢水孔与泄水孔

为避免暴雨时蓄水深度过大,应在蓄水池外壁上均匀布置若干溢水孔,通常每个开间约设一个,以使多余的雨水溢出屋面。为便于检修时排除蓄水,应在池壁根部设泄水孔,每个开间约一个。泄水孔和溢水孔均应与排水檐沟或落水管连通,如图 5-67 所示。

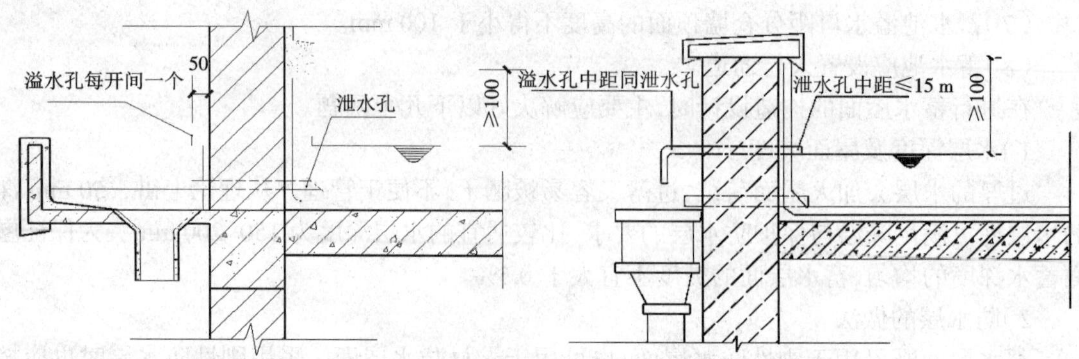

图 5-67 蓄水池女儿墙、泛水大样

6)管道的防水处理

蓄水屋面不仅有排水管,一般还应设给水管,以保证水源的稳定。所有的给排水管、溢水管、泄水管均应在做防水层之前装好,并用油膏等防水材料妥善嵌填接缝。

近年来,我国南方部分地区也有采用深蓄水屋面做法的,其蓄水深度可达 600~700 mm,具体视各地气象条件而定。采用这种做法是出于水源完全由天然降雨提供,不需人工补充水的考虑。为了保证池中蓄水不致干涸,蓄水深度应大于当地气象资料统计提供的历年最大雨水蒸发量,也就是说蓄水池中的水即使在连晴高温的季节也能保证不干。深蓄水屋面的主要优点是不需人工补充水,管理便利,池内还可以养鱼增加收入。但这种屋面的荷载很大,超过一般屋面板承受的荷载。为确保结构安全,应单独对屋面结构进行验算。

3. 种植隔热

种植隔热是把屋面覆土做成花园,利用植物吸收阳光、遮挡阳光进行隔热。种植屋面的关键是加强种植屋面的管理。

种植隔热原理:种植植物,借助栽培介质隔热及植物吸收阳光进行光合作用和遮挡阳光的双重功效来达到降温隔热的目的。种植屋面分为一般种植隔热和蓄水种植隔热两类。

种植隔热层的设计应符合下列规范规定:

(1)种植隔热层的构造层次应包括植被层、种植土层、过滤层和排水层等;

(2)种植隔热层所用材料及植物等应与当地气候条件相适应,并应符合环境保护要求;

(3)种植隔热层宜根据植物种类及环境布局的需要进行分区布置,分区布置应设挡墙或挡板;

(4)排水层材料应根据屋面功能及环境、经济条件等进行选择,过滤层宜采用 200~400 g/m² 的土工布,过滤层应沿种植土周边向上铺设至种植土高度;

(5)种植土四周应设挡墙,挡墙下部应设泄水孔,并应与排水出口连通;

(6)种植土应根据种植植物的要求选择综合性能良好的材料,种植土厚度应根据不同种植土和植物种类等确定;

(7)种植隔热层的屋面坡度大于 20% 时,其排水层、种植土层应采取防滑措施。

1)一般种植隔热屋面

一般种植隔热屋面是在屋面防水层上直接铺填种植介质,栽培各种植物。其构造要点如下。

(1)选择适宜的种植介质,见表 5-9。为了不过多地增加屋面荷载,尽量选用轻质材料作为栽培介质,常用的有谷壳、蛭石、陶粒、泥炭等,即所谓的无土栽培介质。近年来,还有以聚苯乙烯、尿甲醛等作为栽培介质的,其质量更轻,耐久性和保水性更好。

表 5-9 适宜的种植介质

植物种类	种植层深度(mm)	备 注
草 皮	150~300	前者为该类植物的最小生存深度,后者为最小开花结果深度
小灌木	300~450	
大灌木	450~600	
浅根乔木	600~900	
深根乔木	900~1 500	

为降低成本,也可以在发酵后的锯末中掺入约 30% 体积比的腐殖土作为栽培介质,但密度较大,需对屋面进行结构验算,且容易污染环境。栽培介质的厚度应满足屋盖所栽种的植物正常生长的需要,可参考表 5-9 选用,但一般不宜超过 300 mm。

(2)种植床的做法。种植床(图 5-68)又称苗床,可用砖或加气混凝土来砌筑床埂。床埂最好砌在下部的承重结构上,内外用 1∶3 水泥砂浆抹面,高度宜大于种植层 60 mm 左右。每个种植床应在其床埂的根部设不少于 2 个泄水孔,以防种植床内积水过多造成植物烂根。为避免栽培介质的流失,泄水孔处需设滤水网,滤水网可用塑料网或塑料多孔板、环氧树脂涂覆的铁丝网等制作。

(3)种植屋面的排水和给水。一般种植屋面应有一定的排水坡度(1%~3%),以便及时排除积水。通常在靠屋面低侧的种植床与女儿墙间留出 300~400 mm 的距离,利用所形成的天沟组织排水。如采用含泥沙的栽培介质,屋面排水口处宜设挡水槛,以便沉积水中的泥沙,这种情况要求合理地设计屋面各部位的标高,如图 5-69 所示。种植层的厚度一般都不大,为了防止久晴天气苗床内干涸,宜在每一种植分区内设给水阀一个,以供人工浇水之用。

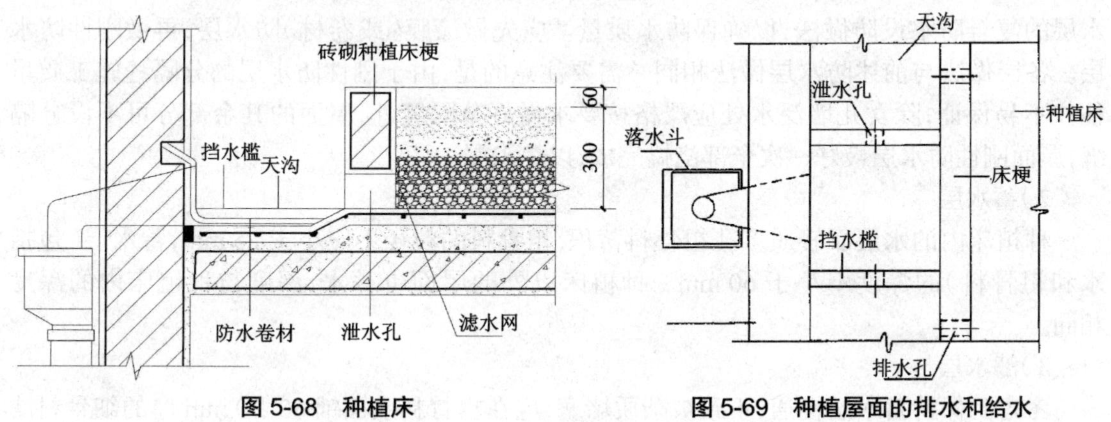

图 5-68 种植床　　图 5-69 种植屋面的排水和给水

(4)种植屋面的防水层。种植屋面可以采用一道或多道(复合)防水设防,但最上面一道应为刚性防水层,要特别注意防水层的防蚀处理。防水层上的裂缝可用一布四涂盖缝,分隔缝的嵌缝油膏应选用耐腐蚀性能好的,不宜种植根系发达、对防水层有较强侵蚀作用的植物,如松、柏、榕树等。

(5)注意安全防护问题。种植屋面是一种上人屋面,需要经常进行人工管理(如浇水、施肥、栽种),因而屋盖四周应设女儿墙等作为护栏以利安全。护栏的净保护高度不宜小于1.1 m。如屋盖栽有较高大的树木或设有藤架等设施,还应采取适当的紧固措施,以免被风刮倒伤人。

2)蓄水种植隔热屋面

蓄水种植隔热屋面是将一般种植屋面与蓄水屋面结合起来,进一步完善其构造后所形成的一种新型隔热屋面,其基本构造层次如图 5-70 所示,以下分别介绍其构造要点。

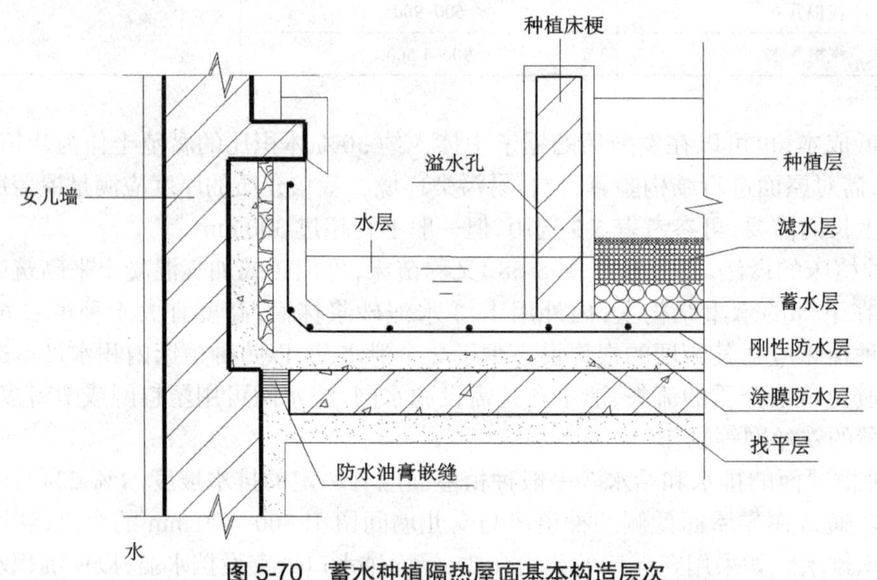

图 5-70 蓄水种植隔热屋面基本构造层次

1)防水层

蓄水种植屋面由于有蓄水层,故而防水层应采用设置涂膜防水层和配筋细石混凝土防水层的复合防水设防做法,以确保防水质量。应先做涂膜(或卷材)防水层,再做刚性防水层。各层做法与前述防水层做法相同。需要注意的是,由于刚性防水层的分隔缝施工质量往往不易保证,除女儿墙泛水处应严格按要求做好分隔缝外,屋面的其余部分可不设分隔缝,屋面刚性防水层最好一次全部浇捣完成,以免渗漏。

2)蓄水层

种植床内的水层靠轻质多孔粗骨料蓄积,粗骨料的粒径不应小于 25 mm,蓄水层(包括水和粗骨料)的深度不小于 60 mm。种植床以外的屋面也蓄水,深度与种植床内的深度相同。

3)滤水层

考虑到保持蓄水层畅通,不致被杂质堵塞,应在粗骨料上面铺 60~80 mm 厚的细骨料滤水层。细骨料按 5~20 mm 粒径级配,下粗上细地铺填。滤水层如图 5-71 所示。

4)种植层

蓄水种植屋面的构造层次较多,为尽量减轻屋面板的荷载,栽培介质的堆积密度不宜大于 10 kN/m³。

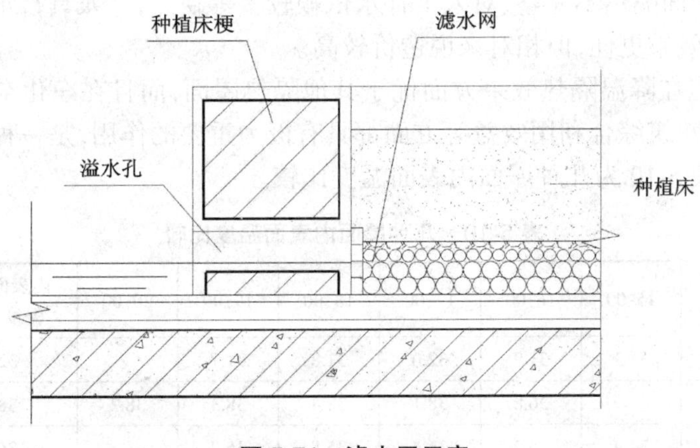

图 5-71　滤水层示意

5）种植床埂

蓄水种植屋面应根据屋盖绿化设计用床埂进行分区，每区面积不宜大于 100 m²。床埂宜高于种植层 60 mm 左右，床埂底部每隔 1 200~1 500 mm 设一个溢水孔，孔下口平水层面。溢水孔处应铺设粗骨料或安设滤网以防止细骨料流失。

6）人行架空通道

架空板设在蓄水层上、种植床之间，除供人在屋面活动和操作管理之用，兼有给屋面非种植覆盖部分增加一隔热层的功效。架空通道板应满足上人屋面的荷载要求，通常可支承在两边的床埂上，如图 5-72 所示。

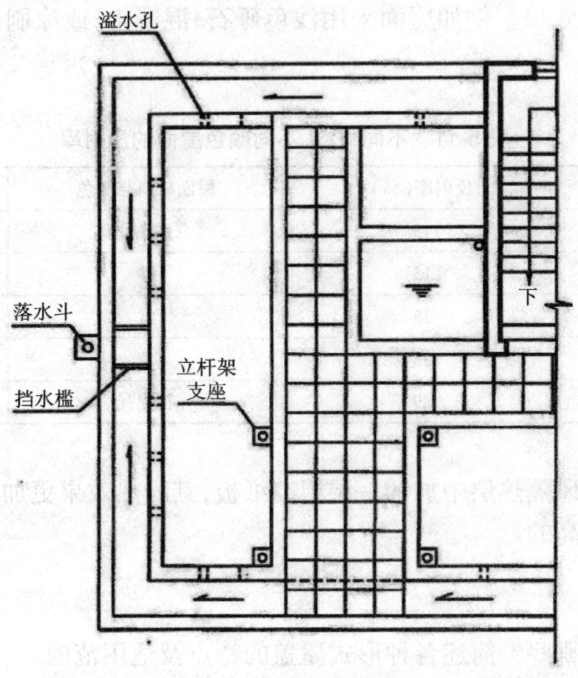

图 5-72　人行架空通道

蓄水种植屋面与一般种植屋面的主要区别是增加了一个连通整个屋面的蓄水层,从而弥补了一般种植屋面隔热不完整、对人工补水依赖较多等缺点,又兼具蓄水屋面和一般种植屋面的优点,隔热效果更佳,但相对来说造价较高。

种植屋面不但在降温隔热效果方面优于其他隔热屋面,而且在净化空气、美化环境、改善城市生态、提高建筑综合利用效益等方面都具有极为重要的作用,是一种值得大力推广应用的屋面形式。表 5-10 为几种屋面内表面温度比较。

表 5-10 几种屋面内表面温度比较

隔热方案	15:00	16:00	17:00	18:00	19:00	20:00	内表面最高温度(℃)	优劣次序
蓄水种植屋面	31.3	31.9	32.0	31.8	31.7		32.0	1
架空小板通风屋面		36.8	38.1	38.4	38.3	38.2	38.4	6
双层屋面板通风屋面	34.9	35.2	36.4	35.8	35.7		36.4	5
蓄水屋面		34.4	35.1	35.6	35.3	34.6	35.6	4
蓄水养水浮莲屋面		34.1	34.3	34.5	34.4	34.0	34.5	3
一般种植屋面	33.5	33.6	33.7	33.5	33.2		33.7	2

4. 反射降温隔热

屋面受到太阳辐射后,一部分辐射热量被屋面材料吸收,另一部分被屋面反射出去。反射热量与入射热量之比称为屋面材料的反射率(用百分数表示)。该比值取决于屋盖表面材料的颜色和粗糙程度,色浅而光滑的表面比色深而粗糙的表面具有更大的反射率。表 5-11 为不同材料、不同颜色屋面的反射率。设计中如果能恰当地利用材料的这一特性,则能取得良好的降温隔热效果。例如屋面采用浅色砾石、混凝土,或涂刷白色涂料,均可起到明显的降温隔热作用。

表 5-11 不同材料、不同颜色屋面的反射率

屋面材料与颜色	反射率(%)	屋面材料与颜色	反射率(%)
沥青玛碲脂	15	石灰刷白	80
油毡	15	砂	59
镀锌薄钢板	35	红	26
混凝土	35	黄	65
铝箔	89	石棉瓦	34

如果在吊顶棚通风隔热层中加铺一层铝箔纸板,其隔热效果更加显著,因为铝箔的反射率在所有材料中是最高的。

复习思考题

1. 屋盖的形式有哪些?简述各种形式屋盖的特点及适用范围。

2. 设计屋盖应满足哪些要求?

3. 影响屋盖坡度的因素有哪些？各种屋盖的坡度值是多少？屋盖坡度的形成方法有哪些？（注意各种方法的优缺点比较）

4. 什么叫无组织排水和有组织排水？它们的优缺点和适用范围是什么？

5. 常见的有组织排水方案有哪几种？各适用于何种条件？

6. 屋盖排水组织设计的内容和要求是什么？

7. 如何确定天沟（或檐沟）断面的大小和天沟纵坡值？如何确定雨水管和雨水口的数量及尺寸规划？

8. 卷材屋面的构造层有哪些？各层做法如何？卷材防水层下面的找平层为何要设分隔缝？上人和不上人的卷材屋面在构造层次及做法上有什么不同？

9. 卷材防水屋面的泛水、天沟、檐口、雨水口等细部构造的要点是什么？（注意记忆它们的典型构造图）

10. 何谓刚性防水屋面？刚性防水屋面有哪些构造层？各层做法如何？（注意设隔离层的原因）

11. 刚性防水屋面为什么容易开裂？可以采取哪些措施预防开裂？

12. 为什么要在刚性屋面的防水层中设分隔缝？分隔缝应设在哪些部位？（注意分隔缝的构造要点并记住典型的构造图）

13. 什么叫涂膜防水屋面？

14. 坡屋面的承重结构系统有哪几种？（注意根据不同的屋盖形式来进行承重结构的布置）

15. 平屋盖和坡屋盖的保温层有哪些构造做法（用构造图表示）？各种做法适用于何种条件？

16. 平屋盖和坡屋盖的隔热层有哪些构造做法（用构造图表示）？各种做法适用于何种条件？

17. 绘制屋盖有关的构造大样，并按 1∶50 制作所有屋盖构件。

屋面相关视频请扫描以下二维码观看。

第 6 章　门和窗

6.1　门窗的类型和设计要求

门是在建筑物内、外或内部两个空间的出入口上起联系或分隔建筑空间作用的可启闭的建筑构件。门具有联系、分隔、保温、隔热、隔声、防护等功能，通常包括固定部分（门框）和一个或一个以上的可开启部分（门扇）。门的大小以人体和物体的通行尺度为标准，其数量、位置、开关方向等取决于建筑物的性质及人流，要求能通行流畅、符合安全的要求。门的种类很多，一般可按用途、构造和开启方向加以分类。材料有木材、金属、玻璃、塑料、铝合金、纤维复合材料等。房屋外门是建筑立面处理的重点之一，必要时可加大门的尺度，以取得理想的立面效果。

窗是为采光、通风、日照、眺望而装设在墙洞口中的建筑配件，还具有保温与隔热功能及对建筑立面的装饰与美化作用，通常包括固定部分（窗框）和一个及一个以上可开启部分（窗扇），窗上有时还可带有亮窗和换气窗。窗一般可按开启方式、使用材料或功能加以分类。设计时首先应符合采光标准，按玻璃面积与地板面积的比值，参照规范，推敲高与宽的尺寸。为保证室内照度均匀，亮度一致，可用图表法或模型测试法，形象而准确地求出室内照度曲线，为合理地确定窗的位置、朝向、标高、窗间墙的宽度取得科学根据。为组织自然通风，必须对应地设置内外墙上的门与窗，以借助热压或风压形成凉爽的穿堂风。为提高窗的热阻，可采用双层窗、密闭窗、固定窗等。为防止东晒和西晒，可装遮阳或百叶窗，某些房间为保持安静，可装隔声窗。

门窗按其制作的材料可分为木门窗、铝合金门窗、塑料门窗、彩板门窗等。

在设计门窗时，必须根据有关规范和建筑的使用要求来决定其形式及尺寸。造型要美观大方，构造应坚固、耐久，此外，还应开启灵活，关闭紧密，便于维修和清洁，规格类型应尽量统一，并符合现行《建筑模数协调统一标准》的要求，以降低成本和适应建筑工业化生产的需要。建筑门窗设计应满足以下要求。

6.1.1　功能和疏散要求

不同功能的建筑，门窗的设置位置、大小、数量都各不相同，要满足正常的使用功能和安全疏散的需要，如幼儿园和普通建筑开窗高度就有所不同。对大量性人流，疏散门的开启方向也有专门规定，还应通过计算疏散宽度来设置门的数量和大小。

一般洞口参考尺寸见表 6-1。

表 6-1　一般洞口参考尺寸　（mm）

扩大模数 3M 网格											
通行要求	单人	双人	手推车	3 t 矿车	电瓶车	小型车	轻型卡车	中型卡车	大卡车	重型卡车	汽车起重机	铁路机车
洞口宽	900	1 500	1 800	2 100	2 100	2 700	3 000	3 300	3 600	3 600	3 900	4 200 4 500
洞口高	2 100	2 100	2 100	2 100	2 400	2 400	2 700	3 000	3 600	3 900	4 200	5 100 5 400

6.1.2　门窗的基本性能的要求

1. 窗户采光和通风的要求

为获取良好的自然光，保证房间足够的照度，外窗面积应根据房间功能来确定相应的窗地比，但房间的采光还和外窗的高、宽比例，窗外有无固定遮阳设施和外窗本身的采光性能有关。根据外窗安装后，在室内表面测得的透过外窗的照度与外窗安装前的照度之比，即透光折减系数 T_r 来划分，外窗自身的采光性能分为 5 级，见表 6-2。自然通风是保证室内空气质量的最重要因素，在设计时，应保证外窗可开启面积，尽可能使房间的空气对流。

表 6-2　建筑外窗采光性能分级

分级	采光性能分级指标值
1	$0.20 \leqslant T_r<0.30$
2	$0.30 \leqslant T_r<0.40$
3	$0.40 \leqslant T_r<0.50$
4	$0.50 \leqslant T_r<0.60$
5	$T_r \geqslant 0.60$

2. 气密性、水密性和抗风压性能

1）气密性

在风压和热压的作用下，气密性是保证建筑外窗保温性能稳定的重要控制性指标，外窗的气密性能直接关系外窗的冷风渗透热损失，气密性能等级越高，热损失越小。门窗开启频繁，构件间缝隙较多，尤其是外门窗，如密闭不好则可能导致渗水和室外空气渗入。

根据现行国家规范《建筑外门窗气密、水密、抗风压性能分级及检测方法》（GB/T 7106—2008），采用在标准状态下，气压差为 10 Pa 时的单位开启缝长空气渗透量 q_1 和单位面积空气渗透量 q_2 作为分级指标，将建筑外门窗气密性能分为 8 级，见表 6-3。1 级气密性最差，8 级最好。

表 6-3 建筑外门窗气密性能分级

分级	1	2	3	4	5	6	7	8
单位缝长分级指标值 q_1[m²/(m·h)]	$4.0 \geqslant q_1 > 3.5$	$3.5 \geqslant q_1 > 3.0$	$3.0 \geqslant q_1 > 2.5$	$2.5 \geqslant q_1 > 2.0$	$2.0 \geqslant q_1 > 1.5$	$1.5 \geqslant q_1 > 1.0$	$1.0 \geqslant q_1 > 0.5$	$q_1 \leqslant 0.5$
单位面积分级指标值 q_2[m²/(m·h)]	$12 \geqslant q_2 > 10.5$	$10.5 \geqslant q_2 > 9.0$	$9.0 \geqslant q_2 > 7.5$	$7.5 \geqslant q_2 > 6.0$	$6.0 \geqslant q_2 > 4.5$	$4.5 \geqslant q_2 > 3.0$	$3.0 \geqslant q_2 > 1.5$	$q_2 \leqslant 1.5$

2)水密性

水密性是外门窗正常关闭状态下,风雨同时作用时阻止雨水渗漏的能力。严重渗漏压力差值的前一级压力差值为水密性分级指标,外门窗水密性分为 6 级,见表 6-4。1 级最差,6 级最好。

表 6-4 建筑外门窗水密性能分级

分级	1	2	3	4	5	6
分级指标 ΔP(Pa)	$100 \leqslant \Delta P < 150$	$150 \leqslant \Delta P < 250$	$250 \leqslant \Delta P < 350$	$350 \leqslant \Delta P < 500$	$500 \leqslant \Delta P < 700$	$\Delta P \geqslant 700$

3)抗风压性能

抗风压性能是关闭着的外门窗在风压作用下,不发生损坏和功能障碍的能力。

外门窗抗风压性能是指外门窗正常关闭状态时,在风压作用下不发生损坏(如开裂、面板破损、局部屈服、黏结失效等)和五金件松动、开启困难等功能障碍的能力,该性能分为 9 级,见表 6-5。

表 6-5 建筑外门窗抗风压性能分级

分级	1	2	3	4	5	6	7	8	9
分级指标 P_3 (kPa)	$1.0 \leqslant P_3 < 1.5$	$1.5 \leqslant P_3 < 2.0$	$2.0 \leqslant P_3 < 2.5$	$2.5 \leqslant P_3 < 3.0$	$3.0 \leqslant P_3 < 3.5$	$3.5 \leqslant P_3 < 4.0$	$4.0 \leqslant P_3 < 4.5$	$4.5 \leqslant P_3 < 5.0$	$P_3 \geqslant 5.0$

3. 保温性能

外门窗是建筑围护结构主要的散热部位,因此是建筑外围护结构保温、隔热设计的重点。改善门窗的保温性能主要选择热阻大的材料和合理的门窗构造方式。根据建筑外门窗的传热系数(表 6-6)和玻璃门、外窗抗结露的能力(表 6-7),将保温性能分为 10 级。1 级保温性能最差,10 级保温性能最好。

表 6-6 外门窗传热系数分级

分级	1	2	3	4	6
分级指标值 K[W/(m²·L)]	$K \geqslant 5.0$	$5.0 > K \geqslant 4.0$	$4.0 > K \geqslant 3.5$	$3.5 > K \geqslant 3.0$	$3.0 > K \geqslant 2.5$

续表

分级	6	7	8	9	10
分级指标值 K[W/(m²·L)]	$2.5>K\geqslant 2.0$	$2.0>K\geqslant 1.6$	$4.6>K\geqslant 1.3$	$1.3>K\geqslant 1.1$	$K<1.1$

表 6-7 玻璃门、外窗抗结露因子分级

分级	1	2	3	4	5
分级指标值 CRF [W/(m²·K)]	$CRF\leqslant 35$	$35<CRF\leqslant 40$	$40<CRF\leqslant 45$	$45<CRF\leqslant 50$	$50<CRF\leqslant 55$
分级	6	7	8	9	10
分级指标值 CRF [W/(m²·K)]	$55<CRF\leqslant 60$	$60<CRF\leqslant 65$	$65<CRF\leqslant 70$	$70<CRF\leqslant 75$	$CRF>75$

注:抗结露能力是用抗结露因子来分级的,抗结露因子是在稳定传热状态下,门、窗热侧表面与室外空气温度差和室内、外空气温差的比值。

4. 空气声隔声性能

为了保证室内环境的私密性,降低外界声音的影响,房间之间需要隔声。建筑门窗空气声隔声性能是指门窗阻隔声音通过空气传播的能力,通常用 dB 来表示,外门、外窗主要按中低频噪声分级,内门、内窗主要按中高频噪声分级,建筑门窗的空气声隔声性能共分为 6 级,见表 6-8。1 级隔声性能最差,6 级最好。

表 6-8 建筑门窗的空气声隔声性能

分级	外门窗的分级指标(dB)	内门窗的分级指标(dB)
1	$20\leqslant R_w+C_{tr}<25$	$20\leqslant R_w+C<25$
2	$25\leqslant R_w+C_{tr}<30$	$25\leqslant R_w+C<30$
3	$30\leqslant R_w+C_{tr}<35$	$30\leqslant R_w+C<35$
4	$35\leqslant R_w+C_{tr}<40$	$35\leqslant R_w+C<40$
5	$40\leqslant R_w+C_{tr}<45$	$40\leqslant R_w+C<45$
6	$R_w+C_{tr}\geqslant 45$	$R_w+C\geqslant 45$

注:数据摘自《建筑门窗空气隔声性能分级及检测方法》(GB/T 8485—2008)。

沿街的住宅或环境噪声较大时,应采用隔声性能较好的外窗,可采用中空玻璃或双层窗,其隔声性能不应小于 3 级。

用于对建筑内机器、设备噪声源隔声的建筑内门窗,对中低频噪声宜用外门窗的指标值进行分级;对中高频噪声仍可采用内门窗的指标进行分级。

6.2 门窗的形式与尺度

门窗的形式主要取决于门窗的开启方式,不论其材料如何,开启方式均大致相同。

6.2.1 门的形式与尺度

1. 门的形式

按材料分类：木门、钢门、铝合金门、塑料门、玻璃钢门、其他材料门。

按使用功能分类：一般工业及民用建筑门、特殊工业及民用建筑门、围墙大门、隔声门、防火门、防光门、通风门、防辐射门、密闭门、防盗门、抗冲击波门、泄爆门等。

按开启方式分类：平开门、推拉门、提拉门、上提门、上翻门、下滑门、折叠门、卷帘门、旋转门。

按控制方式分类：手动门、传感控制自动门。

下面仅介绍日常应用较多的几种门。

1）平开门

平开门（图 6-1）是合页装于门侧面、向内或向外开启的门，有单扇和双扇（旧称蝴蝶门），有木门、钢板、钢木混合门等。平开门构造简单，开关灵活，制作、安装、维修均较方便，在建筑物中使用最广泛。平开门用作工业厂房大门时，多为双扇，体量较大，当车辆通行较少，门不需经常开启时，可在一侧大门扇上开设供人通行的小门。若采光需要，门扇上可设玻璃小窗。人流频繁时也可采用信号系统控制机械装置，使门扇自动启闭。

2）弹簧门

弹簧门（图 6-2）是用弹簧带动门扇可自动关闭的门，可单向或内外双向开启。单向门构造同平开门，常用于尺寸较小的内门，如厕所门。双向门构造不同于平开门，在门框上不做铲口，门扇的边梃均做弧形，不做压缝条，为避免双向开启时互相碰撞，门扇采用镶玻璃门，常用于人流较多的公共建筑外门。弹簧种类颇多，通常有装于门边梃的弹簧铰链，装于门下梃的地弹簧、门底弹簧，装于门上梃和门框相连的门顶弹簧等。

图 6-1 平开门　　图 6-2 弹簧门

3）推拉门

推拉门（图 6-3）是门扇通过滑轮在导轨上左右移动的门，受力合理、刚度好、构造简单，开启后不占室内外的面积，由门扇、滑轮、导轨及导向装置等组成。门扇有木门、钢门、空腹薄壁钢门和钢木混合门等。其支承方式有上挂式和下滑式两种。门扇高度小于 4 m 时用前者，即门扇通过滑轮挂在门洞上方的导轨上，导轨与门上钢筋混凝土过梁的预埋铁件焊接，导轨尽端设有门挡，以防门扇滑脱，门扇下边设有导向装置；当门扇高度大于 4 m 时，宜采用后者，即下面的导轨承受门扇重量，门扇上边设导向装置。当门洞宽度较大时，亦可采用多扇多轨。推拉门常设在墙的外侧或夹墙内。作为外门时，门洞上设雨篷，其宽为 2 倍门扇宽加 400 mm。在人流较多的场合，还可采用触动式设施或用信号系统控制机械装置使门自动启闭。推拉门适用于各种大小的洞口，使用广泛。

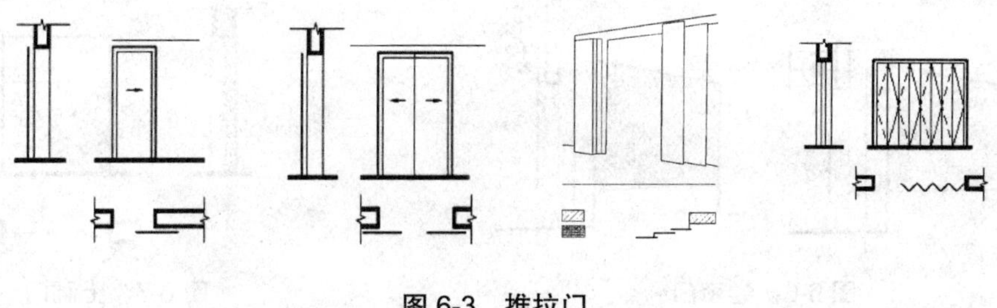

图 6-3　推拉门

4)折叠门

折叠门(图 6-4)是开启时多扇拼合折叠推移到两侧的门,是平开门与推拉门二式合一的门,一般可分侧挂式折叠门、侧悬式折叠门和中挂式折叠门 3 种形式。其优点是开启后门扇占地面积小,但结构较复杂。折叠门多用于营业厅的门、工业建筑大门以及两个空间要求扩大联系的门,关闭时可将大房间分隔成小间,开启后成一大通间。

5)转门

转门(图 6-5)是中间设有转轴,连接三或四扇带玻璃的门扇成风车形,在两个固定弧形门套内绕轴旋转的门,对防止室内外空气对流有一定作用,可作为公共建筑及有空气调节房间的外门,适用于非大量人流集中出入的场所。如设置在疏散口,必须在其两旁另设供疏散用的门,如平开门、弹簧门等。

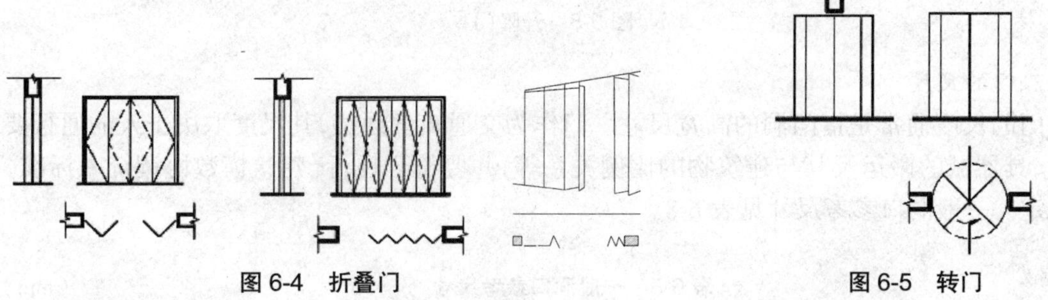

图 6-4　折叠门

图 6-5　转门

6)卷帘门

卷帘门(图 6-6)又称卷门,由页片、栅条或镂空网格帘幕制成,是可向左右、上下卷动的门。常见的为上下卷动门,于门顶设横轴,由人力或电力转动横轴,将门卷于其上。卷帘门开启时不占室内外面积,适用于公共建筑(诸如百货商店、银行等)开启频繁的高大洞口及工业建筑、车库等。

7)上翻门

上翻门(图 6-7)是门扇向上翻折,两边设有平衡装置和导向装置的大门。按平衡装置不同,上翻门分重锤式上翻门和平衡杆式上翻门两类。其开启轻便,可利用室内上部空间,适合作为汽车库门。

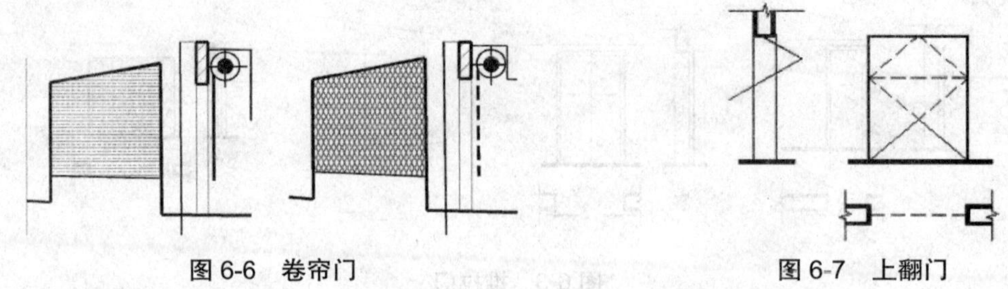

图 6-6　卷帘门　　图 6-7　上翻门

8）升降门

升降门（图 6-8）是门扇向上提升开启的门，由门框、门扇和传动装置组成。门开启时，电动机带动联系门扇和平衡锤的滑轮组升降，亦可手动传动。平衡锤隐蔽于门框柱边的护架内。门扇有单扇，双扇、三扇等。升降门可充分利用空间，不占使用面积，但在门扇上部应留有门扇上升时的足够位置，开降门适合作为工业建筑的大门。

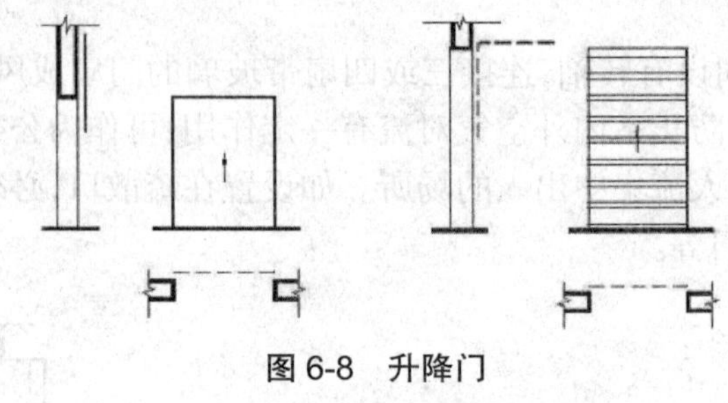

图 6-8　升降门

2. 门的尺度

门的尺度通常是指门洞的高宽尺寸。门作为交通疏散通道，其尺度取决于人的通行要求、家具器械的搬运及其与建筑物的比例关系等，并要符合现行《建筑模数协调统一标准》的规定。一般洞口参考尺寸见表 6-8。

表 6-8　一般洞口参考尺寸　（mm）

宽 高	<1 000	1 500	1 800	2 100	2 400	3 000	3 300	3 600	3 900	4 200
2 100	PTL	PTLZ	PTLZ	PTLZ						
2 400	PTL	PTLZ	PTLZ	PTLZ	PLF					
2 700	PTL	PTL	PTL	PTL	PLF	PLDFS	PLDFSJ			
3 000		PL	PL	PL	PLF	PLDFS	PLDFSJ	LDFSJ		
3 300					PLF	LDFS	LDFSJ	LDFSJ		
3 600						LDFS	LDFSJ	LDFSJ	LDSJ	
4 200								LDFSJ	LDSJ	LDSJ
6 100										LDSJ

P—平开门；T—弹簧门；L—推拉门；D—折叠门；F—上翻门；S—升降门；J—卷帘门；Z—转门。

6.2.2　窗的形式与尺度

1. 窗的形式

按材料分类：木窗、钢窗、钢木窗、铝合金窗、不锈钢窗、塑料窗、玻璃钢窗、涂色镀锌钢板窗、预应力钢丝网水泥窗及其他材料的窗。

按使用功能分类：一般工业及民用建筑窗、特殊工业及民用建筑窗、玻璃幕窗、隔声窗、密闭窗、避光窗、屏蔽窗、传递窗、防火窗、防盗窗、橱窗、防爆窗、泄爆窗、观察窗、售货窗等。

按开启方式分类：固定窗、平开窗、推拉窗、提拉窗、悬窗、折叠窗等。

下面仅就日常应用较多的几种窗进行介绍。

1）平开窗

平开窗（图 6-9）是合页（铰链）装于窗侧面、向室内外开启的窗。向室外开启的窗可以避免雨水侵入室内，且不占室内空间，但开窗有被风刮落或损坏的缺点，且窗扇为奇数时，窗不能对开，擦外侧玻璃不便。向室内开启的窗，便于擦窗，大风时不致造成掉扇或损坏，但开启时占用室内空间，不便安装窗帘，易漏水。平开窗开启灵活、构造简单、制作与维修方便，适宜装纱窗，应用较广泛。

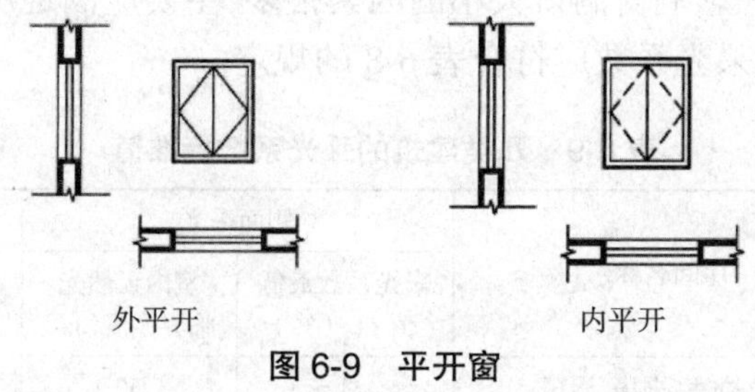

图 6-9　平开窗

2）固定窗

固定窗（图 6-10）是在窗框上直接镶玻璃或将窗扇固定在窗框上不能开启的窗，只供采光、眺望用。固定窗通常用于走道、楼梯间的采光窗和一般窗的某些部位。

3）推拉窗

推拉窗（图 6-11）是用推或拉的方式开启和关闭的窗。按开启方式分上下推拉窗、左右推拉窗和平面推拉窗三类。窗扇常为双扇设置，前后交叠不在一直线上，开启时不占空间，玻璃不易破碎，受力状态好，开启灵活，可以安装大玻璃，采光面积大。推拉窗多采用铝合金、塑料制造，用于外观、密闭性要求高的建筑。木制推拉窗常用作传递窗、实验室通风柜窗等。

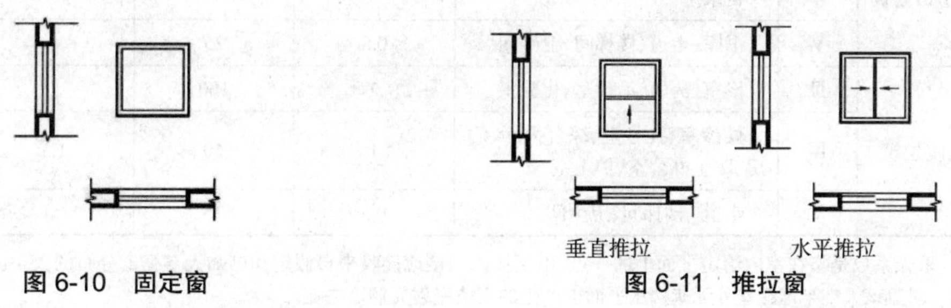

图 6-10　固定窗　　图 6-11　推拉窗

4)悬窗

悬窗(图6-12)又称翻窗,是沿水平轴旋转开启与关闭的窗。依中轴的位置不同,分上悬窗、中悬窗、下悬窗3种类型。一般上悬窗、中悬窗可用作外窗,下悬窗因不防雨,仅用于室内。

5)其他窗

百叶窗,通风效果好,用于需要通风或遮阳的地区;滑轴窗,安装磨砂玻璃可起遮阳作用,加工较复杂;折叠窗,全开启时通风效果好,视野开阔,需用特殊五金件。

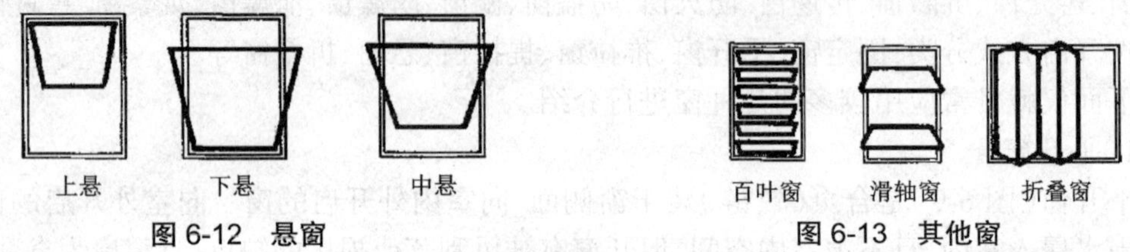

图6-12 悬窗　　图6-13 其他窗

2. 窗的尺度

窗的尺度主要取决于房间的采光通风、构造做法和建筑造型等要求,并要符合现行《建筑模数协调统一标准》的规定。对一般民用建筑用窗,各地均有通用图,只要按所需类型及尺度大小直接选用即可。影响窗洞口大小的因素很多,主要应满足房间有足够的采光,因而应进行房间的采光计算,采光系数应符合表6-8的规定。

表6-9 几类建筑的采光系数标准值

建筑类别	采光等级	房间名称	侧面采光		顶部采光	
			采光系数最低值 C_{min}(%)	室内天然光临界照度(lx)	采光系数平均值 C_{av}(%)	室内天然光临界照度(lx)
居住建筑	Ⅳ	起居室、卧室、书房、厨房	1	50		
	Ⅴ	卫生间、过厅、楼梯间、餐厅	0.5	25		
办公建筑	Ⅱ	设计室、绘图室	3	150		
	Ⅲ	办公室、视屏工作室、会议室	2	100		
	Ⅳ	复印室、档案室	1	50		
	Ⅴ	走道、楼梯间、卫生间	0.5	25		
学校建筑	Ⅲ	教室、阶梯教室、实验室、报告厅	2	100		
	Ⅴ	走道、楼梯间、卫生间	0.5	25		
图书馆建筑	Ⅲ	阅览室、开架书库	2	100		
	Ⅳ	目录室	1	50		75
	Ⅴ	书库、走道、楼梯间、卫生间	0.5	25		
医院建筑	Ⅲ	诊室、药房、治疗室、化验室	2	100		
	Ⅳ	候诊室、挂号室、综合大厅、病房、医生办公室、护士室	1	50	1.5	75
	Ⅴ	走道、楼梯间、卫生间	0.5	25		

注:采光系数是指在室内给定平面上的一点,由直接或间接地接收来自假定和已知天空亮度分布的天空漫射光而产生的照度与同一时刻该天空半球在室外无遮挡水平面上产生的天空漫射光照度之比。

6.3　其他种类的门窗

6.3.1　铝合金及彩板门窗

1. 铝合金门窗

1)铝合金门窗的特点

(1)质量轻:铝合金门、窗用料省、质量轻。

(2)性能好:密封性好,气密性、水密性、隔声性、隔热性都较木门窗有显著的提高。因此,在装设空调设备的建筑中,对防潮、隔声、保温、隔热有特殊要求的建筑中以及多台风、多暴雨、多风沙地区的建筑中更适合用铝合金门窗。

(3)耐腐蚀、坚固耐用:铝合金门窗不需要涂涂料,氧化层不褪色、不脱落,表面不需要维修。铝合金门窗强度高,刚性好,坚固耐用,开闭轻便灵活,无噪声,安装快。

(4)色泽美观:铝合金门窗框料型材,表面经过氧化着色处理,既可保持铝材的银白色,也可以制成各种柔和的颜色或带色的花纹,如古铜色、暗红色、黑色等。还可以在铝材表面涂刷一层聚丙烯酸树脂保护装饰膜,这样制成的铝合金门窗造型新颖大方、表面光洁、外表美观、色泽牢固,提高了建筑立面和内部的美观性。

2)铝合金门窗的设计要求

(1)应根据使用和安全要求确定铝合金门窗的风压强度性能、雨水渗漏性能、空气渗透性能等综合指标。

(2)组合门窗设计宜采用定型产品门窗作为组合单元。非定型产品的设计应考虑洞口最大尺寸和开启扇最大尺寸的选择和控制。

(3)外墙门窗的安装高度应有限制。广东地区规定,外墙铝合金门窗安装高度不大于60 m(不包括玻璃幕墙)、层数不大于20层;若高度大于60 m或层数大于20层,则应进行更细致的设计。必要时,应进行风洞模型试验。

(4)铝合金门窗框料传热系数大,一般不能单独作为节能门窗的框料,应采取表面喷塑或其他断热处理技术来提高热阻,采用导热系数小的材料或利用空气层截断铝合金框扇型材的热桥。

3)铝合金门窗框料系列

系列名称是以铝合金门窗框的厚度构造尺寸来区别各种铝合金门窗的称谓,如平开门门框厚度构造尺寸为50 mm,即称为50系列铝合金平开门;推拉窗窗框厚度构造尺寸为90 mm,即为90系列铝合金推拉窗等。铝合金门窗设计通常采用定型产品,选用时应根据不同地区、不同气候、不同环境、不同建筑物的不同使用要求,选用不同的门窗框系列。

2. 彩板门窗

彩板门窗是彩色镀锌钢板经机械加工而成的门窗。它具有质量轻、硬度高、采光面积大、防尘、隔声、保温密封性好、造型美观、色彩绚丽、耐腐蚀等特点。彩板门窗断面形式复杂,种类较多,通常在出厂前就已将玻璃装好,在施工现场进行成品安装。彩板门窗目前有两种类型,即带副框和不带副框。当外墙面为花岗石、大理石等贴面材料时,常采用带副框的门窗。当外墙装修为普通粉刷时,常用不带副框的做法。

6.3.2 塑料门窗

塑料门窗是以聚氯乙烯、改性聚氯乙烯或其他树脂为主要原料,以轻质碳酸钙为填料,添加适量助剂和改性剂,经挤压机挤出各种截面的空腹门窗异型材,再根据不同的品种规格选用不同截面异型材料组装而成的。由于塑料的变形大、刚度差,一般在型材内腔加入钢或铝等,以增强其抗弯能力,所谓塑钢门窗较之全塑门窗刚度更大。

塑料门窗线条清晰、挺拔,造型美观,表面光洁细腻,不但具有良好的装饰性,而且有良好的隔热性和密封性。其气密性为木窗的 3 倍,铝窗的 1.5 倍;热损耗为金属窗的 1/1 000;隔声效果比铝窗高 30 dB 以上。同时,塑料本身耐腐蚀,不用涂涂料,可节约施工时间及费用。因此,塑料门窗发展很快,在建筑上得到大量应用。

1. 塑料门窗类型

按塑料门窗型材断面的不同分为若干系列,常用的有 60 系列、80 系列、88 系列推拉窗和 60 系列平开窗、平开门等。

2. 设计选用要点

(1)门窗的抗风压性能、空气渗透性能、雨水渗透性能及保温隔声性能必须满足相关的标准、规定及设计要求。

(2)根据使用地区、建筑高度、建筑体形等进行抗风压计算,在此基础上选择合适的型材系列。

6.3.3 塑钢门窗

在塑料型材中加入钢、铝等加强型材,即成塑钢门窗。较之全塑门窗,其刚度更大,质量更轻。塑钢门窗具有良好的隔热、隔声、节能、气密、水密、绝缘、耐久、耐腐蚀等性能,适用于各种类型的建筑,特别适用于防腐要求高的化工类建筑。

6.3.4 钢门窗

钢门窗料型有实腹式和空腹式两种。实腹式用料有多种断面规格,多用 32 mm 和 40 mm 两种系列;空腹式用料通常是 25 mm 和 32 mm 的断面,其厚度为 1.5~2.5 mm。

钢门窗的基本形式:高度和宽度应符合 3M(300 mm),常用钢门的宽度有 900 mm、1 200 mm、1 500 mm、1 800 mm,高度有 2 100 mm、2 400 mm、2 700 mm。

6.4 门窗的节能设计

门窗设计应满足国家或地方建筑节能设计标准的规定,即传热系数、遮阳系数、可见光透射比、窗墙面积比、外窗可开启面积、气密性、凸窗设置条件等方面应满足建筑所在城市的气候分区的节能规定。当不能满足时,应根据相关的建筑节能设计标准进行围护结构热工性能权衡判断。

6.4.1　门窗的节能设计指标

在建筑设计中，应根据建筑所处地区的气候分区，恰当地选择门窗材料和构造方式，使建筑外门窗的热工性能符合该地区建筑节能设计标准的相关规定。

1. 窗墙比

窗墙比是窗户面积与窗户所在墙面积的比值。不同地区、不同朝向的太阳辐射强度和日照率不同，窗户所获得的热也不相同，因此，南向的窗墙比应大些，其他朝向的窗墙比应小些。各地区节能设计标准对不同建筑功能和各朝向的窗墙比限值都有详细的规定。窗墙比限值，应满足窗墙面积比限值表中的规定。（详细内容请扫描二维码在补充知识 6-1 中查看）

2. 不同气候区居住建筑的外门窗的热工性能限值

不同气候区居住建筑的外门窗的热工性能限值，应分别对应满足严寒地区居住建筑外门窗传热系数限值，寒冷地区居住建筑外门窗传热系数 K[W/(m^2 · K)] 和外窗综合遮阳系数 SC 限值，夏热冬冷地区居住建筑的外窗传热系数 K 和综合遮阳系数 SC 限值，夏热冬暖地区南区居住建筑的外窗综合遮阳系数 Sw 限值、夏热冬暖地区北区居住建筑的外窗传热系数 K 和综合遮阳系数 Sw 限值等相关表格中的规定。（详细内容请扫描二维码在补充知识 6-2 中查看）

3. 不同气候区公共建筑的外门、窗的热工性能限值

不同气候区公共建筑的外门、窗的热工性能限值应分别对应满足严寒地区公共建筑的外门窗传热系数 K 限值，寒冷地区公共建筑的外门窗传热系数 K 和遮阳系数 SC 限值，夏热冬冷、夏热冬暖地区公共建筑的外门窗传热系数 K 和遮阳系数 SC 限值等相关表格中的规定。（详细内容请扫描二维码在补充知识 6-3 中查看）

4. 外窗可开启面积的有关规定

（1）夏热冬冷地区的居住建筑：外窗可开启面积（含阳台门面积）不应小于外窗所在房间地面面积的 5%。

（2）夏热冬暖地区的居住建筑：外窗可开启面积（含阳台门面积）不应小于外窗所在房间地面面积的 8% 或外窗面积的 45%。

（3）公共建筑外窗的可开启面积不应小于窗面积的 30%。

5. 外窗气密性的有关规定

外窗气密性的有关规定见外窗气密性的有关规定表。（详细内容请扫描二维码在补充知识 6-4 中查看）

6.4.2　门窗节能设计要点

1. 玻璃的选用

（1）保温性能（传热系数 K）：K 越低，玻璃阻隔热量传递的性能越好，因此尽量选择 K 值较低的玻璃。宜采用中空玻璃，当需要进一步提高保温性能时，可采用 low-E 中空玻璃、

充惰性气体的 low-E 中空玻璃、两层或多层中空玻璃等。

（2）隔热性能（遮阳系数 *SC*）与透光率：不同地区的建筑应根据当地气候特点选择不同 *SC* 值的玻璃。既要考虑夏季遮阳，还要考虑冬季利用阳光及室内采光的舒适度，因此根据工程的具体情况要选择较合理的平衡点。北方严寒及寒冷地区一般选择 $SC>0.6$ 的玻璃，南方炎热地区一般选择 $SC<0.3$ 的玻璃，其他地区宜选择 $SC=0.3\sim0.6$ 的玻璃，透光率选择 40%~50% 较适宜。

2. 门窗

（1）常用整窗热工性能可查看《全国民用建筑工程设计技术措施》中的"常用整窗 *K* 值计算表"。

（2）建筑外窗面积不宜过大。以空调为主的建筑或房间，尽量避免在东、西朝向大面积采用外窗；采暖建筑尽量避免在北朝向大面积采用外窗。

（3）严寒地区可采用双层外窗进一步提高保温性能。

（4）开启扇应采用双层或多道密封，采用弹性好、耐久的密封条。

（5）严寒、寒冷、夏热冬冷地区的外门窗洞口室外部分的侧墙面应做保温处理，并应保证门窗洞口室内部分侧墙面的内表面温度不低于室内空气设计温、湿度条件下的露点温度，减小附加热损失。外门窗框宜与外墙面齐平，有利于建筑的节能，当外门窗立于外墙靠里时，应做好门窗框外洞口墙面的构造处理，如采用外保温材料包覆到门窗框外皮。相关构造见国标图集《建筑节能门窗》（16J607）。

6.4.3 外窗的外遮阳设计

（1）当外窗的遮阳系数（*SC*）不能满足国家或地方建筑节能标准的要求时，应加设外遮阳措施，以满足要求。

（2）外遮阳设计的有关规定见外遮阳设计的有关规定表。

（3）与建筑外遮阳有关的国标图集《建筑外遮阳（一）》（14J506-1）。

（4）建筑遮阳系统的类型如下。

①水平遮阳系统（图 6-14）：在窗口上部或前方沿水平方向设置遮阳板，能有效地遮挡来自窗口上方且高度角较大的太阳光，适用于我国南方的南向及接近南向的窗口，或北回归线以南低纬地区北向及接近北向的窗口。布置方式有单层式和多层式之分，构造形式有平板、带透气孔板、百叶和格栅板等多种。水平遮阳板依其能否调节角度又可分为固定式和活动式两类。

②垂直遮阳系统（图 6-15）：沿竖向设置于窗口两侧或悬挂在窗口外面且与窗面倾斜或垂直的遮阳板，能有效地遮挡角度较小且来自窗口侧面的阳光，适用于北半球东北向、西北向及其附近的窗口，南半球东南向、南向和西南向附近的窗口。其构造形式可分为固定式垂直遮阳和活动式垂直遮阳。

③综合遮阳系统（图 6-16）：将水平遮阳板和垂直遮阳板综合运用在同一窗洞上，能有效地遮挡住中等太阳高度角从窗前方斜射下来的阳光，遮阳效果比较均匀，主要适用于北半球东南向和西南向及其附近的窗口，南半球东北向和西北向及其附近的窗口。

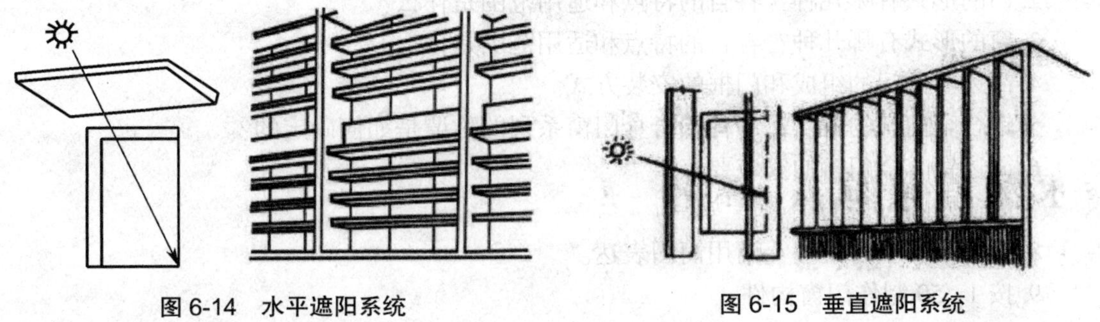

图 6-14　水平遮阳系统　　图 6-15　垂直遮阳系统

④挡板式遮阳系统（图 6-17）：在水平遮阳板的外缘向下垂吊竖直板，或借助支架悬挂垂帘斜板，用以遮挡高度角较小且正射窗口的阳光。它适用于东向、东南向、西南向及西向的窗口，常见的有实心挡板、花格式挡板以及百叶挡板等多种形式。

⑤由于建筑室内对阳光的需求是随时间、季节变化的，太阳高度角也是随气候、时间变化的，因而采用便于拆卸的轻型遮阳系统和可调节角度的活动式遮阳系统对于建筑节能和满足使用要求更好。轻型遮阳系统因材料构造不同，类型很多，常用的有机翼形遮阳系统，按其安装方式的不同可分为固定安装系统和机动可调节系统。

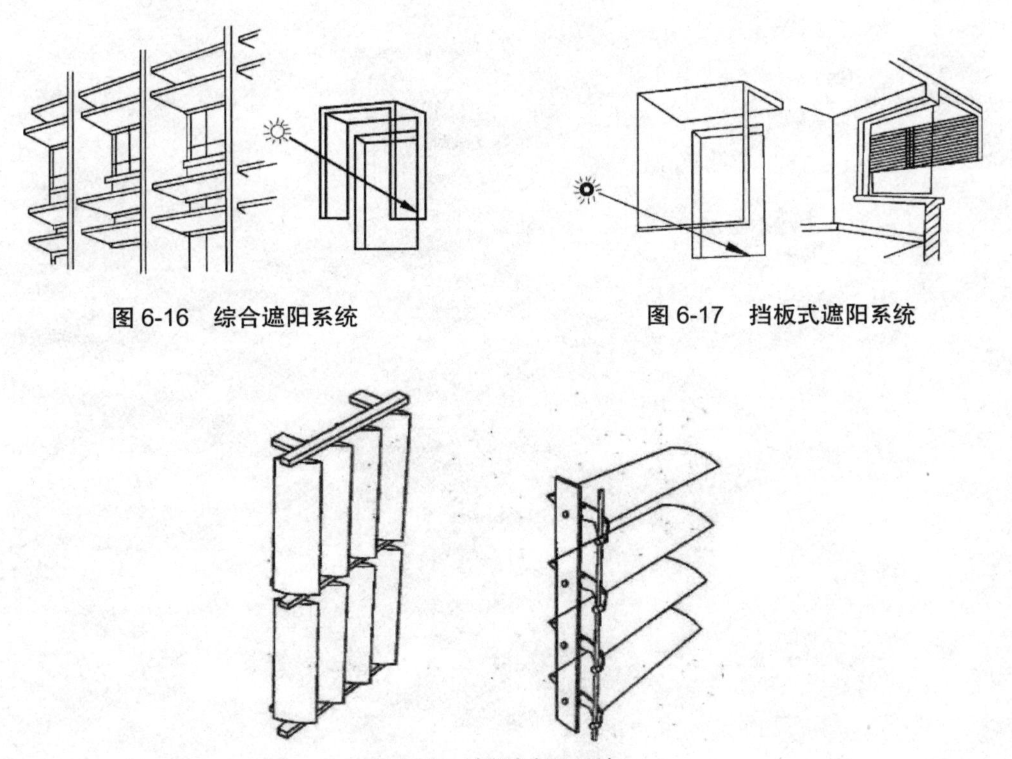

图 6-16　综合遮阳系统　　图 6-17　挡板式遮阳系统

图 6-18　轻型遮阳系统

复习思考题

1. 简述门窗的作用和要求。

2. 门的形式有哪几种？各自的特点和适用范围是什么？
3. 窗的形式有哪几种？各自的特点和适用范围是什么？
4. 简述平开门的组成和门框的安装方式。
5. 铝合金门窗的特点？各种铝合金门窗系列的称谓是如何确定的？
6. 简述铝合金门窗的安装要点。
7. 简述塑料门窗的优点。
8. 遮阳的类型有哪些？请用简图表达。
9. 按 1 :50 制作门窗构件。

门和窗相关视频请扫描以下二维码观看。

第7章　基础

7.1　地基与基础

7.1.1　地基、基础与荷载

基础是将建筑物上部荷载传给地基的结构部分，按埋置深度可分为浅基础、深基础和不埋基础等，按建筑材料可分为灰土基础、三合土基础、砖基础、毛石基础、毛石混凝土基础、混凝土基础和钢筋混凝土基础等，按基础变形特性可分为柔性基础和刚性基础，按结构形式可分为独立基础、条形基础、联合基础、筏式基础、箱形基础和桩基础等。

地基是承载由基础传递的上部建筑物或设备等荷载的土层或岩层。为了保证建筑物的安全和正常使用，一般要求地基在荷载作用下不致产生破坏以及土层产生过大的变形（如冻胀、湿陷、膨胀、压缩和失稳等）。一般情况下采用天然地基，在某些情况下，为了提高和改善地基的承载能力，可采用人工地基。

地基承受建筑物荷载而产生的应力和应变随着土层深度的增加而减小，在达到一定深度后就可以忽略不计。直接承受建筑荷载的土层为持力层。持力层以下的土层为下卧层。基础荷载示意如图7-1所示。

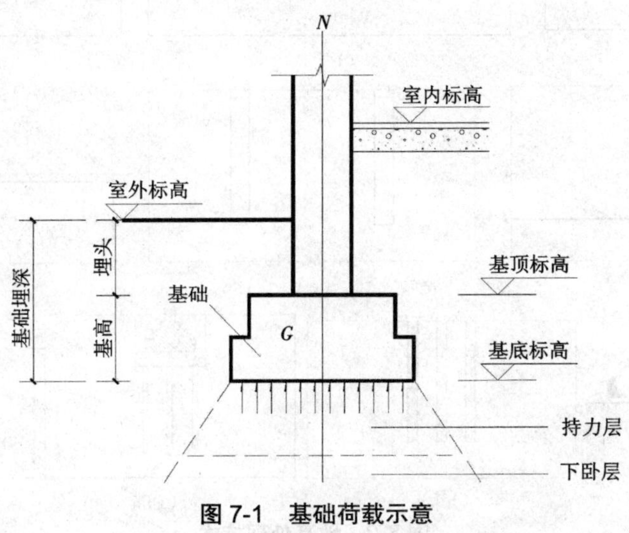

图7-1　基础荷载示意

基础是建筑的重要组成部分，而地基与基础又密切相关，地基或基础一旦出现问题，将难以补救。从工程造价上看，一般4、5层民用建筑的基础工程的造价占总造价的10%~20%。

7.1.2 地基的分类

1. 天然地基

凡基础直接埋置在未经处理的天然土层或岩层上的地基,称为天然地基。天然地基的土层分布及承载力大小由勘测部门实测提供。作为建筑地基的土层,应为岩石、碎石土、砂土、粉土、黏性土和人工填土。符合以下三条者,即可在天然地基上直接建造建筑物的基础。

(1)基础底面的单位面积压力小于天然地基的容许承载力。

(2)建筑物的沉降值小于天然地基的容许变形值。

(3)天然地基无滑动的危险。

2. 人工地基

人工地基即经人工加固处理的地基。当上部荷载较大而地基的容许承载力较弱时以及有引起地基严重变形或地基滑动的危险时,须对地基采取物理或化学的技术措施,以改善其工程性质,达到建筑物地基的设计要求。近年来,随着大型和高层建筑的发展,地基处理技术也日新月异,出现了许多不同的地基处理方法。常用的地基处理技术有夯实法、桩基法和化学加固法等,此外,还有排水固结法、振实挤密法、置换及拌入法、灌浆法、加筋法和冷热处理法等。一般多选用施工简便、工期短、经济且效果好的工艺方法。地基处理技术如图 7-2 所示。

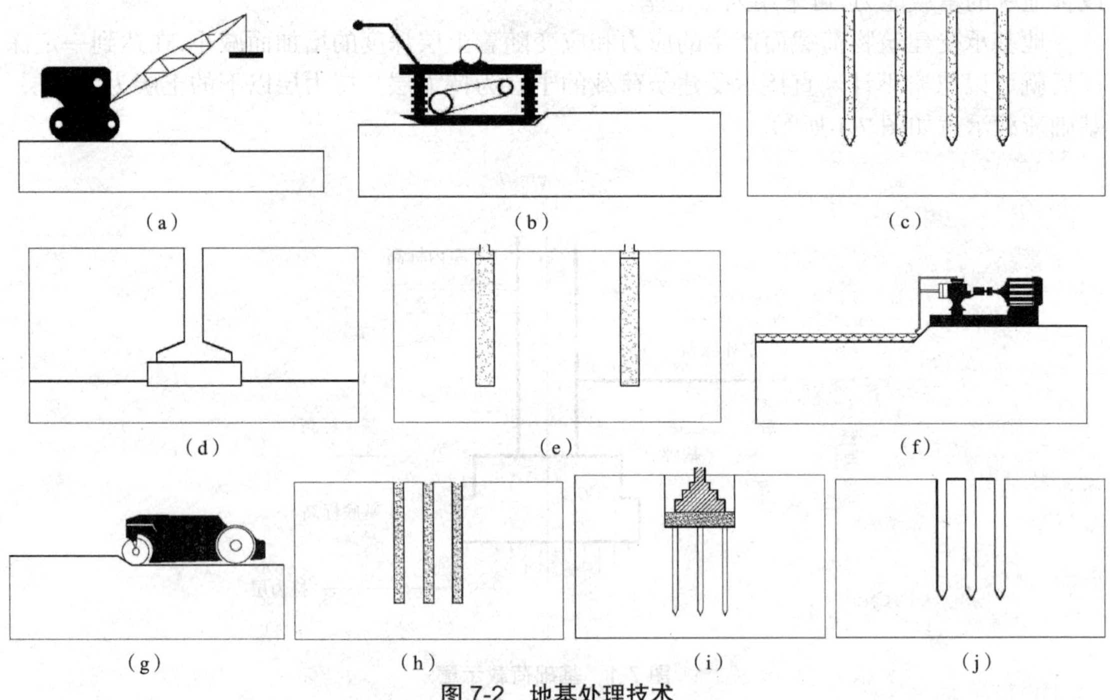

图 7-2 地基处理技术

(a)强夯夯实:用于软弱地基的杂填土地基、湿陷性黄土地基

(b)振动夯实:用于含少量黏性土的工业废料建筑垃圾和炉灰填土等

(c)砂桩:用于松散砂土及软弱黏性土地基 (d)换土垫层:用于软弱地基浅层处理、湿陷性黄土、膨胀性土地基

(e)灰土井桩:用于炉灰、垃圾等所形成的软弱地基 (f)预浸水:用于强自重湿陷性黄土地基

(g)机械压实:用于浅层换土处理 (h)振冲桩:用于砂土、黏性土、杂填土等软弱地基

(i)灰土桩挤密:用于含水量不高的黏性土、湿陷性黄土等地基 (j)石灰桩:用于一般黏性土、素填土、杂填土等软弱地基

7.1.3　基础的埋置深度

由室外设计地面到基础底面的距离,称为基础的埋置深度,简称为基础埋深。基础的埋深不大于 5 m 者为浅基础,大于 5 m 者为深基础。在满足地基稳定和变形要求的前提下,基础宜浅埋,当上层地基的承载力大于下层土时,宜利用上层土作为持力层。除岩石地基外,基础埋深不宜小于 0.5 m。基础埋深如图 7-3 所示。

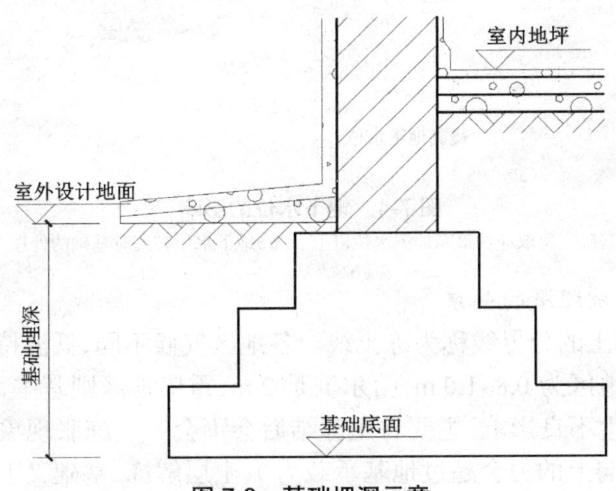

图 7-3　基础埋深示意

影响基础埋深的因素很多,主要应考虑下列几个条件。

1. 建筑的特点

地基打桩处理,基础埋深是地上建筑高度的 1/15 左右,多层建筑则要由地基土的情况、地下水位及冻土深度来确定。

2. 与地基的关系

基础埋深与地基构造有密切关系,建筑物要建造在坚实可靠的地基上,不能设置在承载能力低、压缩性高的软弱土层上。选择埋深时,应根据建筑物的大小、特点、刚度与地基的特性区别对待。如土层由两种土质构成,上层土质好且有足够厚度,则以埋在上层范围内为宜;反之,上层土质差而厚度浅,则以埋在下层好土范围内为宜。总之,由于地基土形成的地质不同,每个地区的地基土性质也不会相同,即使在同一地区,性质也有很大变化,必须综合分析,求得最佳埋深。

3. 地下水位的影响

地下水对某些土层的承载能力有很大影响,如黏性土在地下水上升时,将因含水量增加而膨胀,使土的强度降低;当地下水下降时,基础将产生下沉。为避免地下水的变化影响地基承载力及防止地下水对基础施工带来麻烦,一般基础应争取埋在最高水位以上,如图 7-4(a)所示。

当地下水位较高,基础不能埋在最高水位以上时,宜将基础底面埋置在最低地下水位以下 200 mm。这种情况下,基础应采用耐水材料,如混凝土、钢筋混凝土等。施工时要考虑基坑的排水,如图 7-4(b)所示。

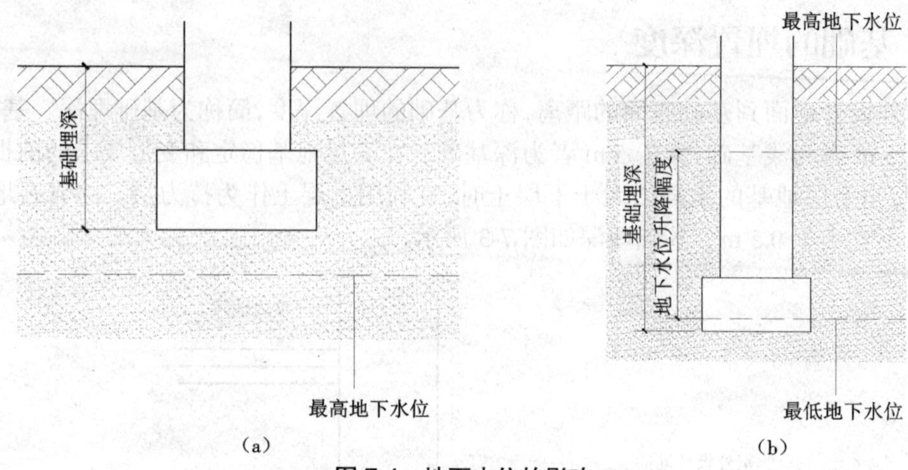

图 7-4　地下水位的影响

(a)基础应争取埋在最高地下水位以上　(b)地下水位较高时基础的处理方式

4. 冻土深度与基础埋深的关系

冻结土与非冻结土的分界线称为冻土线。各地区气候不同,低温持续时间不同,冻土深度亦不相同,如北京地区为 0.8~1.0 m,哈尔滨是 2 m,重庆地区则基本无冻结土。地基土冻结后,是否对建筑产生不良影响,主要看土冻结后会不会产生冻胀现象。若产生冻胀,会把建筑向上拱起(冻胀向上的力会超过地基承载力),土层解冻,基础又下沉。这种冻融交替,使建筑处于不稳定状态,产生变形,如墙身开裂,门窗倾斜而开启困难,甚至使建筑物结构也遭到破坏等。地基土冻结后是否产生冻胀,主要与土壤颗粒的粗细程度、含水量和地下水位的高低有关。如地基土存在冻胀现象,特别是在粉砂、粉土和黏性土中,基础应埋置在冻土线以下 200 mm。

5. 其他因素对基础埋深的影响

基础的埋置深度除考虑地基构造、地下水位、冻结深度等因素外,还应考虑相邻基础的深度,拟建建筑物是否有地下室、设备基础等因素的影响,如图 7-5 所示。

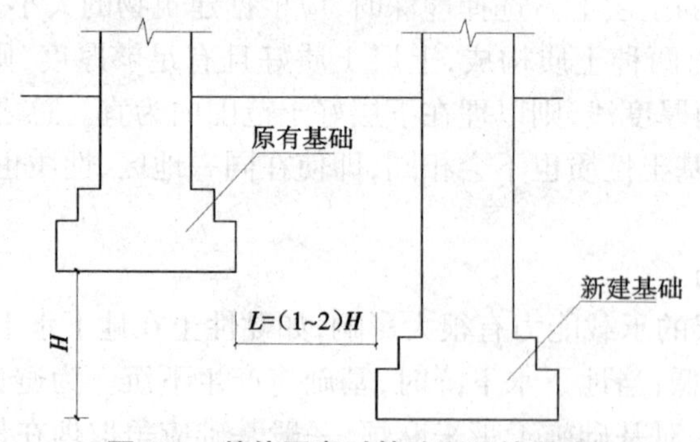

图 7-5　其他因素对基础埋深的影响

7.1.4　基础的类型

研究基础的类型是为了经济合理地选择基础的形式和材料,确定其构造,民用建筑的基础可以按形式、材料和传力特点进行分类。

1. 按基础的形式分类

基础按其形式不同可以分为条形基础、独立式基础和联合基础。

1)条形基础

条形基础(图 7-6)又称带形基础,是用于墙下或成排柱下连续成带形的基础,通常用砖或毛石砌筑,亦可用混凝土或钢筋混凝土做成,此外,也常用灰土或三合土夯筑而成。条形基础属于浅基础的一种,常用于多层或低层建筑。当地基条件较好、基础埋置深度较浅时,墙承式的建筑多采用条形基础,以便传递连续的条形荷载;当地基承载能力较小,荷载较大时,承重墙下也可采用钢筋混凝土条形基础。

2)独立式基础

独立式基础(图 7-7)又称点式基础,是呈独立的块状形式的基础,通常用于柱子下面单独的基础。柱子有现浇和装配式两种:现浇的柱子与基础浇筑在一起;装配式的多采用杯形基础,基础上部留有杯口,以便安插柱子。独立式基础也可用作地基的上面土层较弱时,承重墙下面的基础。其构造方法是墙下设梁承托(称承台梁),梁下每隔 3~4 m 设一柱墩或井柱,穿过软弱土层,深达 4~5 m 下的坚硬土层。基础的断面形式有板形、锥形、阶梯形和壳体形等。

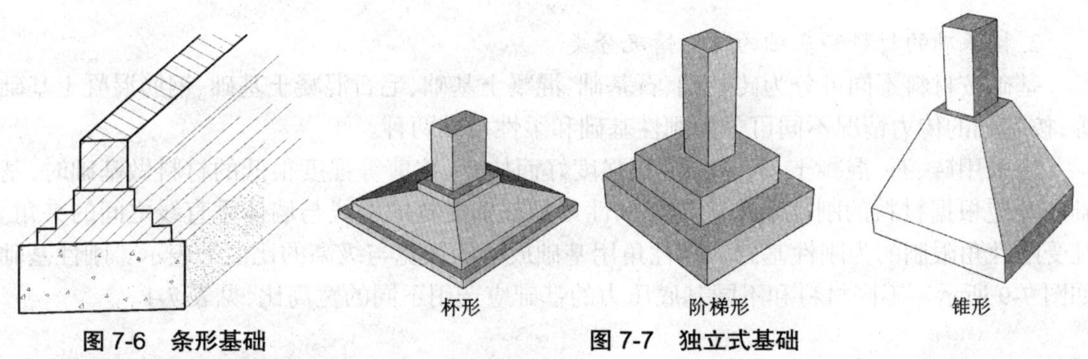

图 7-6　条形基础　　图 7-7　独立式基础

在墙承式建筑中,当地基承载力较弱或埋深较大时,为了节约基础材料,减少土石方工程量,加快工程进度,亦可采用独立式基础。

3)联合基础

联合基础(图 7-8)的类型较多,常见的有柱下条形基础、柱下十字交叉基础、筏形基础和箱形基础。

当柱子的独立基础置于较弱地基上时,基础底面积可能很大,彼此相距很近甚至碰到一起,这时应把基础连起来,形成柱下条形基础、柱下十字交叉基础。

如果地基特别弱而上部结构荷载又很大,即使做成联合条形基础,地基的承载力仍不能满足设计要求,可将整个建筑物的下部做成一整块钢筋混凝土梁或板,形成片筏基础。片筏基础整体性好,可跨越基础下的局部软弱土。筏形基础根据使用的条件和断面形式,又可分为平板式和梁板式。

当建筑设有地下室,且基础埋深较大时,可将地下室做成整浇的钢筋混凝土箱形基础,它能承受很大的弯矩,可用于特大荷载的建筑。

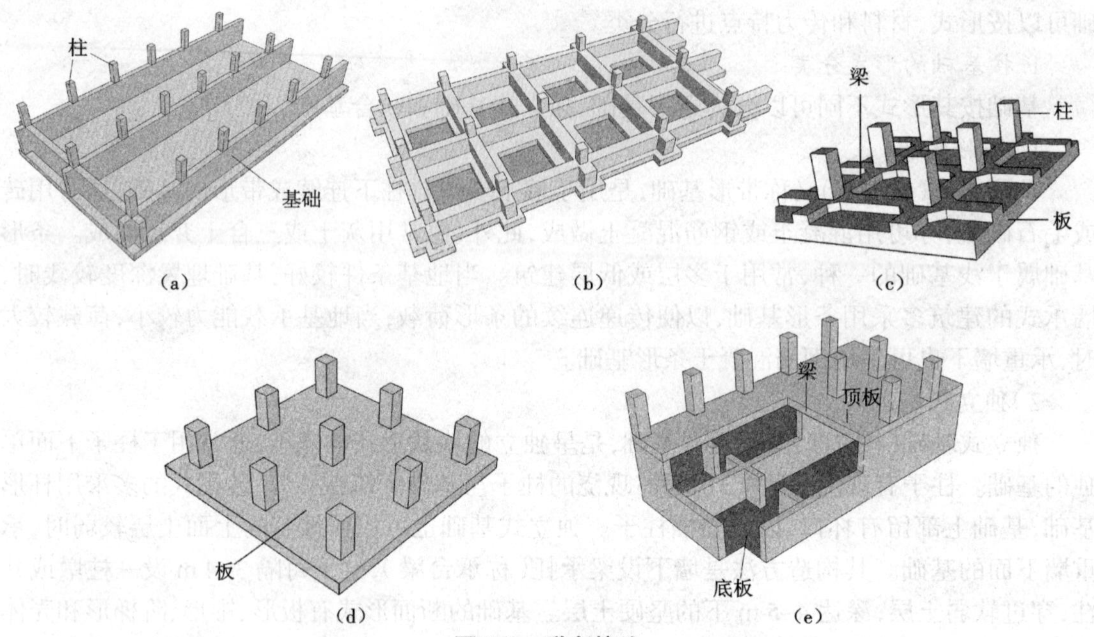

图 7-8 联合基础

(a)柱下条形基础 (b)柱下十字交叉基础 (c)梁板式基础 (d)平板式基础 (e)箱形基础

2. 按基础的材料和基础的传力情况分类

基础按材料不同可分为砖基础、石基础、混凝土基础、毛石混凝土基础、钢筋混凝土基础等;按基础的传力情况不同可分为刚性基础和柔性基础两种。

当采用砖、石、混凝土、灰土等抗压强度好而抗弯、抗剪等强度很低的材料做基础时,基础底宽应根据材料的刚性角来确定。刚性角是基础放宽的引线与墙体垂直线之间的夹角。凡受刚性角限制的为刚性基础。刚性角用基础放阶的级宽与级高的比值来表示。刚性基础如图 7-9 所示。不同材料和不同基底压力的基础应选用不同的宽高比,见表 7-1。

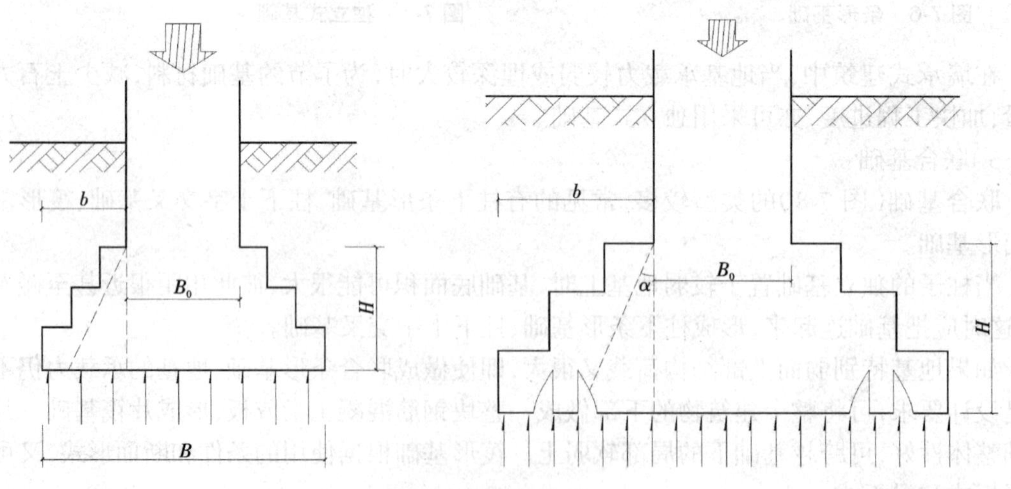

图 7-9 刚性基础

表 7-1　刚性基础台阶宽高比的允许值

基础名称	质量要求	台阶宽高比的允许值		
		$p_k \leqslant 100$ kPa	100< $p_k \leqslant 200$ kPa	200< $p_k \leqslant 300$ kPa
混凝土基础	C15 混凝土	1∶1.00	1∶1.00	1∶1.25
毛石混凝土基础	C15 混凝土	1∶1.00	1∶1.25	1∶1.50
砖基础	砖不低于 MU10,砂浆不低于 M5	1∶1.50	1∶1.50	1∶1.50
毛石基础	砂浆不低于 M5	1∶1.25	1∶1.50	—
灰土基础	体积比为 3∶7 或 2∶8 的灰土,其最小干密度: 粉土 1.55 t/m³ 粉质黏土 1.50 t/m³ 黏土 1.45 t/m³	1∶1.25	1∶1.50	—
三合土基础	体积比 1∶2∶4~1∶3∶6(石灰∶砂∶集料), 每层约虚铺 220 mm,夯至 150 mm	1∶1.50	1∶2.00	—

注:1.p_k 为荷载效应标准组合基础底面处的平均压力值(kPa);
2. 阶梯形毛石基础的每阶伸出宽度,不宜大于 200 mm;
3. 当基础由不同材料叠合组成时,应对接触部分进行抗压验算;
4. 基础底面处的平均压力值超过 300 kPa 的混凝土基础,应进行抗剪验算。

刚性基础常用于地基承载力较好、压缩性较小的中小型民用建筑。

刚性基础因受刚性角的限制,当建筑物荷载较大或地基承载能力较差时,如按刚性角逐步放宽,则需要很大的埋置深度,这在土方工程量及材料使用上都很不经济。在这种情况下宜采用钢筋混凝土基础,以承受较大的弯矩,基础就可以不受刚性角的限制。用钢筋混凝土建造的基础,不仅能承受压应力,还能承受较大的拉应力,不受材料的刚性角限制,故叫作柔性基础,如图 7-10 所示。

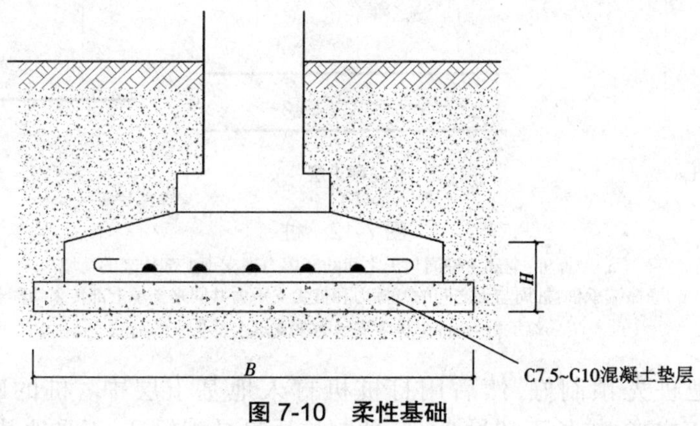

图 7-10　柔性基础

3. 按基础的深浅分

基础按其深浅分为浅基础、深基础。浅基础包含无筋扩展基础、扩展基础、柱下条形基础、筏形基础、壳体基础、岩层锚杆基础。深基础主要为桩基。桩基由承台和桩柱两部分组成,如图 7-11 所示。承台是在桩柱顶现浇的钢筋混凝土梁或板,上部支承墙的为承台梁,上部支承柱的为承台板,承台厚度一般不小于 300 mm,由结构计算确定,桩顶嵌入承台的深度不宜小于 100 mm。

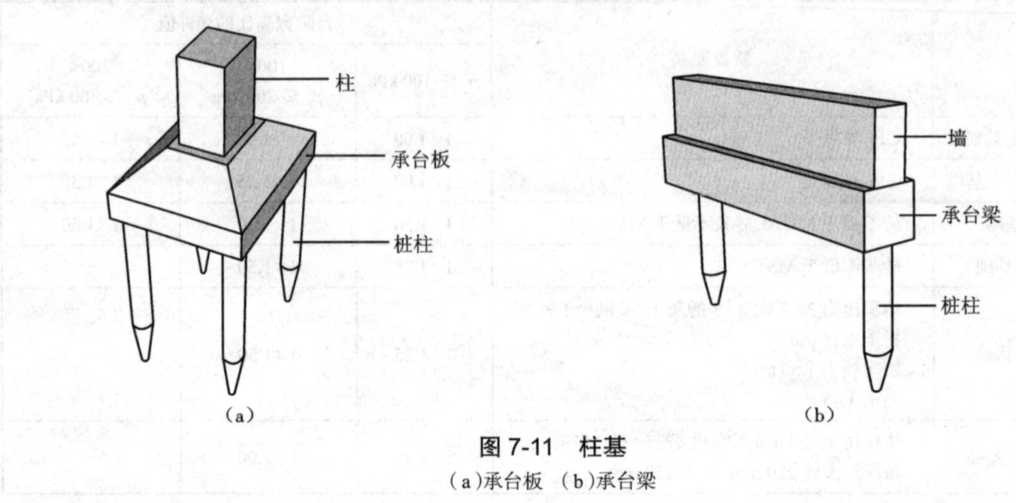

图 7-11 柱基

(a)承台板 (b)承台梁

根据桩将荷载传给地基土的方式不同,桩可以分为摩擦桩、摩擦端承桩和端承桩 3 种,如图 7-12 所示;按桩的制作方法,桩又可分为预制桩、灌注桩和爆扩桩 3 类。

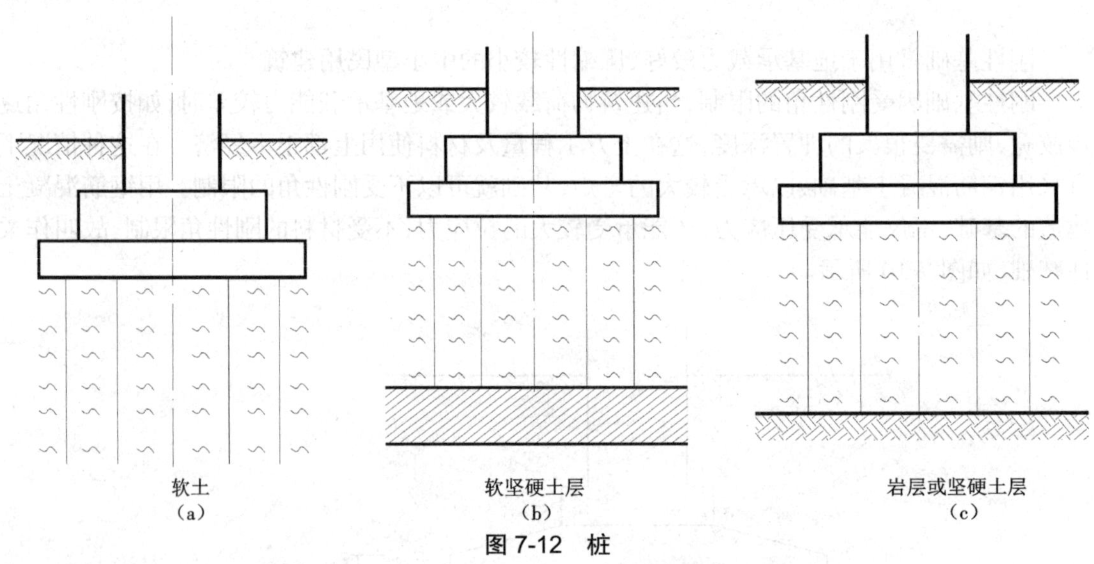

图 7-12 桩

(a)摩擦桩:全部由桩周与土之间的摩擦力来支承上部传来的荷域

(b)摩擦端承桩:桩周与土之间的摩擦力和桩尖支承力共同来支承上部传来的荷载

(c)端承桩:全部由桩尖支承力来支承上部传来的荷载

预制桩是把桩先预制好,然后用打桩机打入地基土层中。桩的断面一般为边长 200~350 mm 的正方形,桩长不超过 2 m。预制桩质量易于保证,不受地基及其他条件影响(如地下水等),但造价高、钢材用量大、打桩时有较大的噪声、影响周围环境。

灌注桩是直接在所设计的桩位上开孔(圆形),然后在孔内加放钢筋骨架,浇筑混凝土而成。与钢筋混凝土预制桩比较,灌注桩有施工快、施工占地面积小、造价低等优点,近年来发展较快。

爆扩桩是用机械或爆扩等方法成孔，现已较少采用。

7.2　常用刚性基础构造

7.2.1　砖基础

砖基础取材容易、价格较低、施工简便，是常用的类型之一。但由于强度、耐久性、抗冻性较差，砖基础多用于干燥而温暖地区的中小型建筑。

在建筑物防潮层以下部分，砖的等级不得低于 MU10；非承重空心砖、硅酸盐砖和硅酸盐砌块，不得用作基础材料。

由于刚性角限制，并考虑砌筑方便，常采用每隔二皮砖厚收进 1/4 砖的断面形式，如图 7-13 所示。当基础底宽较大时，也可采取二皮一级与一皮一级的收进的断面形式，但其最底下一级必须用二皮砖厚。

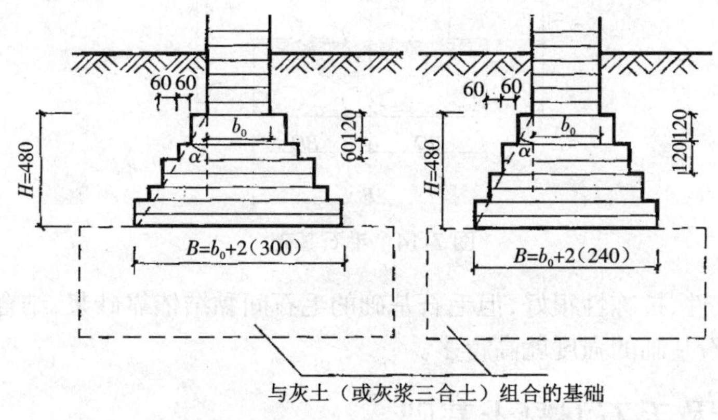

图 7-13　砖基础示意

砖基础的逐步放阶形式称为大放脚。在大放脚下需加设垫层，垫层尺度是根据上部结构荷载和地基承载力的大小及材料来确定的。地基土是老土时，一般在大放脚下铺 30~50 mm 厚水泥砂浆起找平作用的垫层。若上部荷载较大或地基较弱，北方地区多用 450 mm 厚三七灰土（石灰：黄土为 3：7）做传力垫层；在南方潮湿地区多采用 1：3：6（石灰：炉渣：碎石或碎砖）三合土做传力垫层，厚度不小于 300 mm。

7.2.2　石基础

石基础有毛石基础和料石基础两种。

毛石基础（图 7-14）的毛石厚度和宽度不得小于 150 mm，长度为宽度的 1.5~2.5 倍，强度等级不低于 MU25。其做法有两种：一种是在基坑内先铺一层高 400 mm 左右的毛石后，再灌以 M2.5 砂浆，分层施工，这样的基础叫作毛石灌浆基础；另一种是边铺砂浆边砌毛石，这样的基础叫作浆砌毛石基础。两种做法均要求按毛石大小交错搭配，使灰缝错开，同时在砌毛石时，基础四周回填土应边砌边填，分层夯实。毛石基础剖面形式一般为矩形，墙厚为

240~370 mm 时，一般基宽为 500~600 mm，基高 900 mm。基高大于 1 000 mm 时，则基宽 *B* 相应加宽，其比值应按石材刚性角放阶，一般不宜超过三阶。

料石基础是用经过加工具有一定规格的石材，用 M2.5 砂浆或 M5 砂浆砌筑而成的基础。砌筑料石时要求上下面平整、石缝错开、灰浆饱满。料石基础的基宽 *B* 除应满足计算要求外，还应符合料石的规格尺寸，如重庆地区的料石叫连二石，其尺寸为 300 mm × 300 mm × 1 000 mm 和 250 mm × 250 mm × 1 000 mm，丁头石长为 600 mm。

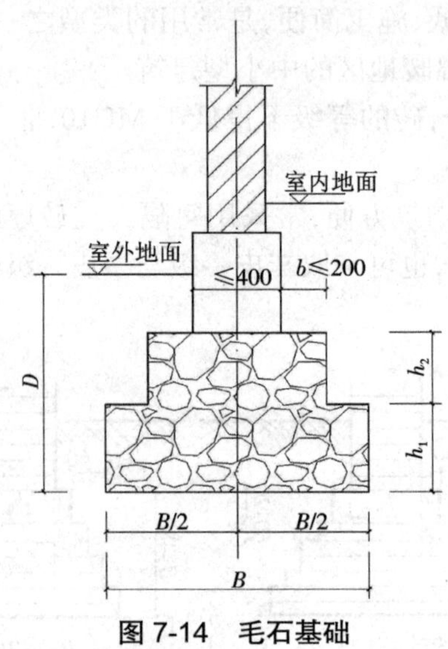

图 7-14 毛石基础

石基础的耐久性、抗冻性很好，但毛石基础的毛石间黏结依靠砂浆，结合力较差，因而砌体强度不高，而料石基础的强度就高得多。

7.2.3 混凝土及毛石混凝土基础

混凝土基础是用水泥、砂、石子加水拌和浇筑而成的，常用混凝土强度等级为 C7.5~C15。它的剖面形式和有关尺寸，除需满足刚性角外，不受材料规格限制，按结构计算确定，其基本形式有矩形、阶梯形、梯形等，如图 7-15 所示。

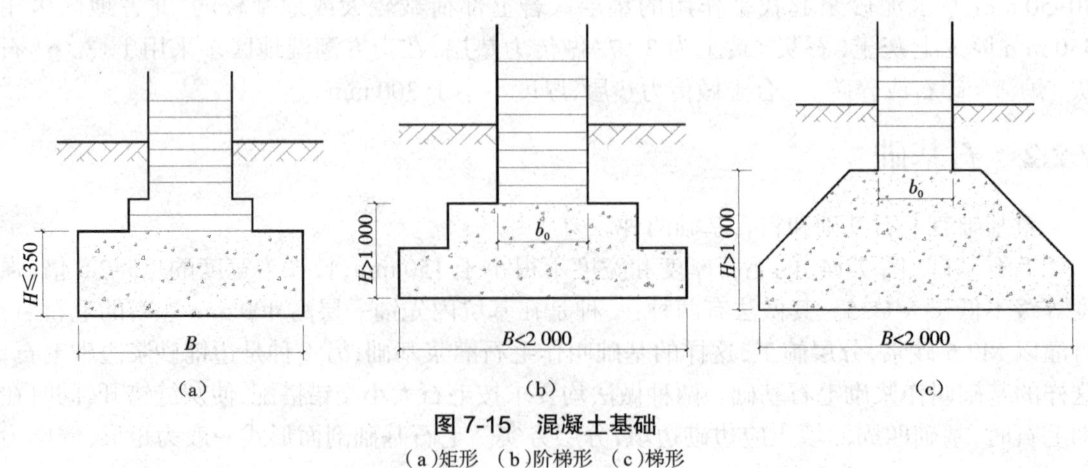

图 7-15 混凝土基础

(a)矩形 (b)阶梯形 (c)梯形

混凝土的强度、耐久性、防水性都较好，是理想的基础材料。当混凝土基础体积过大时，可以在混凝土中填入适当数量的毛石，即成为毛石混凝土基础。毛石混凝土基础中所填毛石是未经风化的石块，使用前应用水冲洗干净，石块尺寸一般不得大于基础宽度的 1/3，同时石块任一边的尺寸不得大于 300 mm。填入石块的总体积不得大于基础总体积的 30%。

7.3　基础沉降缝构造

为了避免基础出现不均匀沉降，应按要求设置基础沉降缝。

基础沉降缝的宽度与上部结构相同，基础由于埋在地下，缝内一般不填塞。条形基础的沉降缝通常采用双墙式（图 7-16）和悬挑式做法（图 7-17）。

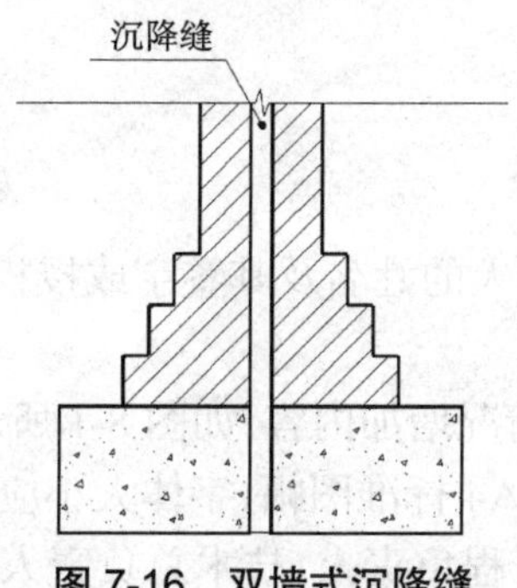

图 7-16　双墙式沉降缝

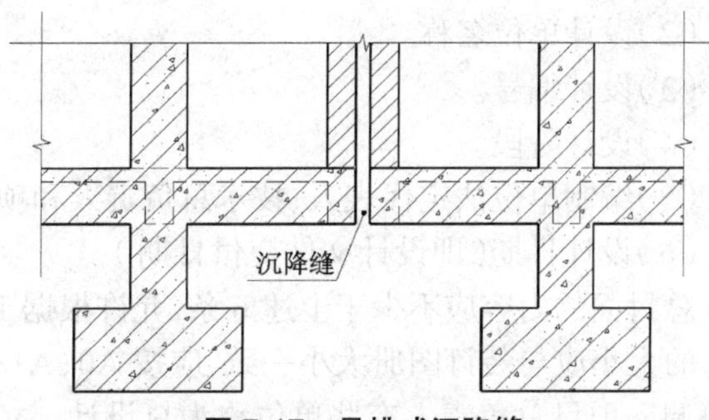

图 7-17　悬挑式沉降缝

复习思考题

1. 什么是基础？什么是地基？二者间有何区别？
2. 地基如何分类？
3. 影响基础埋深的因素有哪些？
4. 基础的类型有哪些？
5. 什么是刚性基础？什么是柔性基础？

第 8 章　施工图设计

按一般施工图设计的内容，施工图分为 9 个部分，分别为封面、目录、设计说明、平面图、立面图、剖面图、详图、门窗立面图及门窗表、计算书，此外还有附录。

8.1　总封面标识内容

（1）工程项目名称。

（2）设计单位名称。

（3）设计编号。

（4）设计阶段。

（5）编制单位法定代表人、技术总负责人和项目总负责人的姓名及其签字或授权盖章。

（6）设计日期（即设计文件交付日期）。

总封面的内容应不少于上述 6 条，允许根据工程实际情况增加内容，如图 8-1 所示。总封面的大小应与装订图册大小一致，应按 A0、A1、A2、A3、A4 标准图幅，字体大小应与图幅相协调。项目总负责人有些单位称为总设计、总工程师、工程负责人；技术总负责人由单位法定代表人指定，一般为设计单位总建筑（工程）师或副总建筑（工程）师。

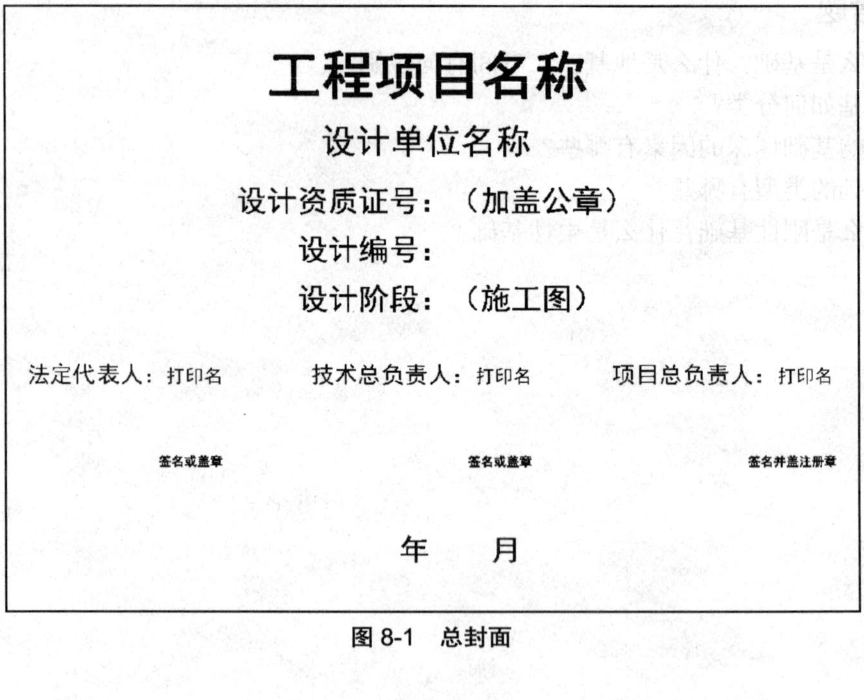

工程项目名称

设计单位名称

设计资质证号：（加盖公章）

设计编号：

设计阶段：（施工图）

法定代表人：打印名　　技术总负责人：打印名　　项目总负责人：打印名

签名或盖章　　签名或盖章　　签名并盖注册章

年　　月

图 8-1　总封面

8.2　图纸目录

(1)应先列新绘制图纸,后列选用的标准图或重复利用图。

(2)目录应排列在施工图纸的最前面,便于查阅图纸。

(3)工程项目均宜有总目录,用于查阅图纸和报建使用(表 8-1),专业图纸目录放在各专业图纸之前(表 8-2)。

表 8-1　图纸总目录格式

<table>
<tr><td colspan="7">工程名称：
建筑面积：</td><td colspan="4">设计编号：
建筑造价：</td><td colspan="4">设计阶段：</td></tr>
<tr><td colspan="15">图纸总目录</td></tr>
<tr><td colspan="3" rowspan="2">建筑</td><td colspan="3" rowspan="2">结构</td><td colspan="3" rowspan="2">给水排水</td><td colspan="3" rowspan="2">暖通与空调</td><td colspan="6">建筑电气</td></tr>
<tr><td colspan="3">强电</td><td colspan="3">弱电</td></tr>
<tr><td>序号</td><td>图号</td><td>图纸名称</td><td>序号</td><td>图号</td><td>图纸名称</td><td>序号</td><td>图号</td><td>图纸名称</td><td>序号</td><td>图号</td><td>图纸名称</td><td>序号</td><td>图号</td><td>图纸名称</td><td>序号</td><td>图号</td><td>图纸名称</td></tr>
<tr><td>1</td><td></td><td></td><td></td><td></td><td></td><td></td><td></td><td></td><td></td><td></td><td></td><td></td><td></td><td></td><td></td><td></td><td></td></tr>
<tr><td>2</td><td></td><td></td><td></td><td></td><td></td><td></td><td></td><td></td><td></td><td></td><td></td><td></td><td></td><td></td><td></td><td></td><td></td></tr>
<tr><td>…</td><td></td><td></td><td></td><td></td><td></td><td></td><td></td><td></td><td></td><td></td><td></td><td></td><td></td><td></td><td></td><td></td><td></td></tr>
</table>

表 8-2　建筑专业图纸目录格式

图纸目录				
序号	图号	图纸名称	图幅	备注
1	建施 -1	总平面定位图	A2	
2	建施 -2	建筑施工图设计说明	A1	
3	建施 -3	底层平面图	A1	
…	…	…	…	…
…	05J909	《工程做法》		
…	建通 -1	通用阳台详图	A1	图标图集

(4)新绘图目录编排顺序:施工图设计说明、总平面定位图(无总图子项时)、平面图、立面图、剖面图、放大平面图、各种详图等(卫生间、设备间、变配电间、楼电梯间、电梯机房、墙身剖面详图、立面详图等)。

(5)标准图:分为国家标准图、地方标准图以及各设计单位通用图,通用图为从事有特殊要求建筑工程的设计单位自行编制的构造详图(例如邮电、通信、电力、燃气等的构造详图)或多子项工程为了统一做法绘制的各子项共用的构造详图(例如居住区、学校等工程的构造详图)。

(6)重复利用图:是指本设计单位其他工程项目的部分图纸,重复利用图应随新绘图纸出图,并在目录中列出,写明项目的设计编号、项目名称、图别、图号、图名,以免出现差错。

由于各设计单位现均为计算机制图,套用其他工程的图纸非常容易,因此重复利用图较少。

(7)新绘图、标准图、重复利用图三部分目录之间,宜留有空格(特别是新绘图纸的后面)。

(8)序号为流水号,不得空缺、重号或加注脚码,目的在于表示本工程的实际自然张数。

(9)图号应从“1”开始依次编排,不得从“0”开始。

①当大型工程必须分段时,应加分段号,如“建施A-3”“建施B-3”(A、B为分段号,3为图号),当有多个子项(或栋号)可共用的图时,可编为“建通-1”“建通-2”。

②当修改图纸时,如图纸局部变更,原图号不变,只需做变更记录,包括变更原因、内容、日期、修改人、审核人和项目总负责人签字。

③若整张图纸变更,可将图纸用升版图代替原图纸,如“建施-13A”“建施-13B”(A表示第一次修改版,B表示第二次修改版)。

(10)总平面定位图或简单的总平面图可编入建施图纸内。大型复杂工程或成片住宅小区的总平面图,应按总施图(包括各工种、专业)自行编号出图,不得与建施图混编在同一份目录内。

(11)应结合具体情况确定大小适当的图幅,并尽量统一,除大型工程的平、立、剖面图外,尽量不用大于A0号的图纸,以便于施工现场使用。

某工程图纸目录案例见表8-3。

表8-3 某工程图纸目录案例

序号	图号	图纸名称	图幅	备注	序号	图号	图纸名称	图幅	备注
1	建施-1	设计说明	A1		20	建施-20	1—1剖面图	A1	
2	建施-2	室内装修做法表	A1		21	建施-21	2—2剖面图	A1	
3	建施-3	总平面定位图	A2		…	…	…	…	
4	建施-4	地下二层平面图	A1		23	建施-23	墙身节点详图1	A1	
5	建施-5	底层平面图	A1		24	建施-24	墙身节点详图2	A1	
…	…	…	…		…	…	…	…	
15	建施-15	①~⑧立面图	A1		39	建施-39	门窗立面图	A1	
…	…	…	…		40	建施-40	门窗表	A2	

8.3 设计说明

设计说明主要介绍设计依据、工程概况、主要工程做法及施工图未用图形表达的内容等。以下为一般民用建筑工程施工图设计说明的基本格式提要,设计中应结合具体工程所在地区的法律、法规规程和规定,并突出重点,对此内容予以增减。

8.3.1 设计依据

应详细注明依据性文件名称和文号,如批文、本专业设计所执行的主要法规和所采用的主要标准(包括标准名称、编号、年号和版本号)及设计合同等。具体内容如下。

(1)本工程的建设主管单位对初步设计或方案设计的批复文件(文件号)。

(2)当地城市建设规划管理部门对本工程初步设计或方案设计的审批意见(文件号)。

(3)当地消防、人防等有关主管部门对本工程初步设计或方案设计的审批意见(文件号)。(注:依据工程性质,凡涉及的主管或有关部门均应有主管部门的审批意见或有关部门的审转意见,如环保、卫生、市政、交通、电信、邮政、供水、供电等部门)

(4)经批准的本工程设计任务书、初步设计或方案设计文件建设方的意见。

(5)现行的国家有关建筑设计规范、规程和规定。

(6)设计合同(合同号、日期)。

8.3.2 工程概况

需注明的内容一般应包括建筑名称、建设地点、建设单位、建筑面积、建筑基底面积、项目设计规模等级、设计使用年限、建筑层数和建筑高度、建筑防火分类和耐火等级、人防工程类别和防护等级、人防建筑面积、屋面防水等级、地下室防水等级、主要结构类型、抗震设防烈度等以及能反映建筑规模的主要技术经济指标,如住宅的套型和套数(包括每套的建筑面积、使用面积)、旅馆的客房数和床位数、医院的门诊人次和住院部的床位数、车库的停车泊位数等。具体内容如下。

(1)本工程建筑名称、建设地点、建设单位、项目设计规模等级、设计的主要范围和内容等。

(2)本工程总用地面积 ______ m^2,总建筑面积 ______ m^2,其中地下 ______ m^2,地上 ______ m^2,建筑基底面积 ______ m^2,容积率 ______(无容积率要求可不列)。

(3)建筑层数、高度:地下 ______ 层,地上 ______ 层,建筑高度 ______ m。(注:建筑高度指规划部门要求限制之内的建筑高度)

(4)建筑结构形式为 ______ 结构,建筑结构的类别为 ______ 类,设计使用年限为 ______ 年,抗震设防烈度为 ______ 度。(注:依据《建筑结构可靠性设计统一标准》(GB 50068—2018)规定分为 1、2、3、4 类,年限分别为 5、25、50、100 年)

(5)防火设计的建筑分类为 ______ 类(仅用于高层);其耐火等级为地上 ______ 级,地下 ______ 级。

(6)人防地下室的抗力级别为 ______ 级,防化等级为 ______ 级,战时用途为 ______,平时用途为 ______。

(7)停车数量:机动车 ______ 辆,其中,地上 ______ 辆,地下 ______ 辆;非机动车 ______ 辆。

(8)其他指标:如住宅的套型数量,旅馆的客房数与床位数,医院的门诊、人次/日或病房的床位数。

8.3.3 设计标高

需注明工程的相对标高与总图绝对标高的关系。

(1)本工程 ±0.000 相当于绝对标高 ______ m(对于复杂的多子项,也可见总平面图)。

(2)各层标注标高为建筑完成面标高,屋面标高为结构面标高。

（3）本工程标高以 m 为单位，总平面尺寸以 m 为单位，其他尺寸以 mm 为单位。

8.3.4 墙体工程

墙体工程部分应做如下说明。

（1）墙体的基础部分详见结施图。

（2）承重钢筋混凝土墙体详见结施图，混合结构的承重砌体墙详见建施图。

（3）非承重的外围护墙采用 MU______ 砌块（多孔砖），用 M______ 砂浆砌筑，其构造和技术要求详见 ______。（注：砌块或多孔砖应标注强度）

（4）建筑物的轻隔墙为 MU______ 砌块（多孔砖），用 M______ 砂浆砌筑，其构造和技术要求见 ______。（注：砌块或多孔砖应标注强度）

（5）建筑物的轻隔墙为 ______（条板或龙骨板墙），其构造和技术要求见 ______。

（6）需做基础的隔墙除另有要求外，均随混凝土垫层做元宝基础，上底宽 500 mm，下底宽 300 mm，高 300 mm；位于楼层的隔墙可直接安装于结构梁（板）面上，特殊者见 ______。

（7）墙身防潮层：墙身室内地坪下约 60 mm 处做 20 厚 1∶2 水泥砂浆内加 3%~5% 防水剂的墙身防潮层（在此标高为钢筋混凝土梁、墙，或下为砌石构造时可不做），室内地坪标高变化处防潮层应重叠搭接 ______，并在有高低差埋土一侧的墙身做 20 mm 厚 1∶2 聚合物水泥砂浆防潮层，如埋土一侧为室外，还应用 ______（防水涂料或防潮材料）。

（8）墙体留洞及封堵。

①墙上的见结施和设备图。

②砌筑墙预留洞见建施和设备图。（注：表示方法应遵照《建筑制图标准》（GB/T 50104—2010），宜以代号区分不同工种的留洞；对于数量多且规格相同的洞可采取编号方法标注，如洞 A、洞 B，或如电气洞标注为 D1、D2，空调洞标注为 K1、K2，并在图注中详细注明洞口情况）

③预留洞的封堵：混凝土墙留洞封堵见结施，其余砌筑墙留洞待管道设备安装完毕后，用 C20 细石混凝土填实；变形缝处的双墙留洞，应在刚性大的墙上用 C20 细石混凝土填实，另一面墙做柔性材料封堵，其做法为 ______；防火墙上留洞封堵为防火封堵 ______。

（9）特种墙：隔声墙为产生噪声的各种设备用房的隔墙，隔声墙的做法为 ______；泄（抗）爆墙为锅炉房、燃气调压间等有泄爆抗爆要求的墙，泄（抗）爆墙及门的做法详见 ______。

8.3.5 地下室和室内防水工程

地下室和室内防水工程应做如下说明。

（1）地下室防水工程执行《地下工程防水技术规范》（GB 50108—2008）和地方有关规程规定。（注：主要依据地下工程重要程度和使用功能，将地下工程防水等级划分为四级，其中一、二、三级主体结构必须选用防水混凝土，再依等级不同辅以其他加强防水材料）

（2）本工程场地的常年最高地下水位为 ______，根据地下室使用功能，防水等级为 ______ 级，设防做法为 ______。（注：设防要求有明挖法和暗挖法两种，应依规范确定设防要求）

（3）临空且具有厚覆土层的地下室顶板，其防水做法应配合景观设计，在设计中树木种植的范围内，根据需要应设阻根层。依不同气候区，覆土层厚度能满足规定的传热系数限值要求时可不设保温层。

（4）防水混凝土的施工缝、穿墙管道预留洞、转角、坑槽、后浇带等部位和变形缝等地下工程薄弱环节的建筑构造做法应按《地下防水工程质量验收规范》（GB 50208—2011）处理。

（5）室内防水见施工图中“室内装修做法表”中要求防水的地面和墙面的做法，穿楼板管道应按照各工种要求预埋止水套管。凡设有地漏的房间应做防水层，图中未注明整个房间做坡度者，均在地漏周围 1 m 范围内做 1%~2% 坡度，坡向地漏；设防水的房间门洞处楼地面应低于相邻房间标高 20 mm（障碍房间为 15 mm 或 45° 找坡）或做挡水门槛，有大量排水的房间应设排水沟和集水坑，整个房间做 1% 坡度；南方多雨潮湿地区无地下室的底层地面应做防潮处理。（注：经常有水浸湿和流淌的地面应设置隔离层，室内有防潮、防霉功能要求的也应设隔离层，如水处理间、通风间、空调机房、水箱间、水泵房、冷冻机房、公共厨房、卫生间、淋浴间、洗衣房、热力站等设备用房及物流库、粮食食品库及要求保持干燥的房间等）

8.3.6 屋面工程

屋面工程应做如下说明。

（1）本工程的屋面防水等级为 ______ 级，防水层合理使用年限为 ______ 年。（注：同一建筑物不同部位的屋面防水等级设防要求可以不同）

（2）屋面做法及屋面节点索引见建施 ______ 屋面平面图，露台、雨篷等见各层平面图及有关详图。

（3）屋面排水组织见屋面平面图，内排水落水管见水施图，外排雨水斗、落水管采用 ______，除图中另有注明者外，落水管的公称直径均为 DN______。

（4）隔汽层的设置：本工程的 ______ 部位屋面设置隔汽层，其构造见 ______。（注：①纬度 40° 以北、室内湿度大于 75% 或其他地区室内湿度大于 80% 的房间屋面及有恒温、恒湿要求的房间屋面应设隔汽层；②隔汽层与女儿墙泛水处卷边高应超过保温层）

（5）特种屋面：金属屋面、蓄水隔热屋面、种植屋面等见 ______。

（6）屋面上的各设备基础的防水构造见 ______。（注：需设备基础的设备如屋顶风机、空调机组、冷却塔、通信微波天线、擦窗机轨道等）

8.3.7 门窗工程

门窗工程主要完成门窗表（表 8-4）以及对门窗性能（防火、隔声、防护、抗风压、保温、气密性、水密性等）、用料、颜色、玻璃、五金件等的设计要求作出说明。具体内容如下。

表 8-4　门窗

类别	设计编号	洞口尺寸（mm）		樘数	标准图集及其编号		备注
		宽	高		图集代号	编号	
门							
窗							

(1)建筑外门窗抗风压性能分级为 ______,气密性能分级为 ______,水密性能分级为 ______,保温性能分级为 ______, 隔声性能分级为 ______。(注:参见《全国民用建筑工程设计技术措施》)

(2)门窗玻璃的选用应遵照《建筑玻璃应用技术规程》(JGJ 113—2015)和《建筑安全玻璃管理规定》(发改运行〔2003〕2116 号)及地方主管部门的有关规定。

(3)门窗立面均表示洞口尺寸,加工尺寸要按照装修面厚度由承包商予以调整。

(4)门窗立樘:外门窗立樘详见墙身节点图,内门窗立樘除图中另有注明者外,立樘位置为 ______,管道竖井门设门槛高 ______。(注:弹簧门立樘墙中,平开门立樘与开启方向墙体装修面平齐)

(5)门窗选料、颜色、玻璃见"门窗表"附注,门窗五金件要求为 ______。

(6)除图中另有注明者外,内门均做盖缝条或贴脸或门套,其做法见 ______(门一侧内墙为釉面砖装修时不做),门洞哑口做筒子板,其做法见 ______。

(7)防火墙和公共走廊上疏散用的平开防火门应设闭门器,双扇平开防火门应安装闭门器和顺序器,常开防火门须安装信号控制关闭和反馈装置(提请电气、通信专业配合)。

(8)防火卷帘应安装在建筑的承重构件上,卷帘上部如不到顶,上部空间应用与墙体耐火极限相同的防火材料封闭,构造做法由专业厂家进行设计并经确认。

(9)特种门安装的说明。(注:隔声门、冷库门、自动门、全玻门、旋转门、金属卷帘门、联动装置门、泄爆门窗、汽车库专用门、人防门、安全门、金库门以及医院各专用门等)

8.3.8 幕墙工程

幕墙工程主要说明幕墙工程(玻璃、金属、石材等)及特殊屋面工程(金属、玻璃、膜结构等)的性能及制作要求(节能、防火、安全、隔声构造等)。具体内容如下。

(1)玻璃幕墙的设计、制作和安装应执行《玻璃幕墙工程技术规范》(JGJ 102—2003)。

(2)金属与石材幕墙的设计、制作和安装应执行《金属与石材幕墙工程技术规范》(JGJ 133—2001)。

(3)本工程的幕墙立面图仅表示立面形式、分格、开启方式、颜色和材质要求,其中玻璃部分应执行《建筑玻璃应用技术规程》(JGJ 113—2015)、《建筑安全玻璃管理规定》(发改运行〔2003〕2116 号)。

(4)幕墙设计单位负责幕墙的具体设计,并向建筑设计单位提供预埋件的设置要求。

(5)幕墙工程应满足防火墙两侧、窗间墙、窗槛墙的防火要求,同时应满足外围护结构的各项物理、力学性能要求。

(6)幕墙工程应配合土建、机电、擦窗设备、景观照明工程的各项要求。

(7)玻璃采光屋顶的要求同玻璃幕墙,由承包商二次设计并保证设计接口正确,如荷载、预埋件及其他双方接口条件。

8.3.9 外墙装修和室外工程

外墙装修和室外工程主要做如下说明。

(1)外装修设计和做法索引见立面图及墙身节点详图。

（2）承包商进行二次设计的钢结构、装饰物等，经确认后，应向建筑设计单位提供预埋件的设置要求。

（3）设有外墙外保温的建筑构造详见索引标准图及墙身节点详图。

（4）外装修选用的各项材料，其材质、规格、颜色等，均由施工单位提供样板，经确认后进行封样，并据此验收。

（5）外挑檐、雨篷、室外台阶、坡道、散水、排水明沟或散水带明沟、窗井、庭院围墙、围墙门（指住宅首层小院落）等工程做法见 ______。

8.3.10　室内装修工程

室内装修部分除用文字说明外亦可用表格形式表达（表 8-5），在表上填写相应的做法或代号；较复杂或较高级的民用建筑应另行委托室内装修设计；凡属二次装修的部分，可不列装修做法表和进行室内施工图设计，但对原建筑设计、结构和设备设计有较大改动时，应征得原设计单位和设计人员的同意。具体内容如下。

（1）内装修工程执行各专业规范对内装修的具体要求，楼地面部分执行《建筑地面设计规范》（GB 50037—2013），具体做法见表 8-5。

（2）楼地面构造交接处和地坪高度变化处，除图中另有注明者外，均位于与门扇开启面平齐处。

（3）防静电、防震、防腐蚀、防爆、防辐射、防尘、屏蔽等特殊装修，做法为 ______。

（4）内装修选用的各项材料，均由施工单位制作样板和选样，经确认后进行封样，并据此进行验收。

表 8-5　室内装修做法

部位 名称	楼地面	踢脚板	墙裙	内墙面	顶棚	备注
门厅						
走廊						

注：1. 对于未索引标准图的装修另行编号，可在表外标明，如楼 a、内墙 c、棚 b，并写出具体工程做法。
2. 装修表无法表达构造的有详图者可在备注中标明详图号。
3. 可列表注：注明材料规格、颜色、构造和表中未表达的装修内容等。
4. 装修表可根据建筑物的重要性增加燃烧性能等级的内容。
5. 除未有注明者外，均索引 05J909《工程做法》。

8.3.11　油漆涂料工程

油漆涂料工程主要做如下说明。

（1）室内装修所采用的油漆涂料见表 8-5。

（2）外木（钢）门、窗油漆选用 ______ 色 ______ 漆，做法为 ______；内木门、窗油漆选用 ______ 色漆，做法为 ______（含门套构造）。

（3）楼梯、平台、护窗钢栏杆选用 ______ 色 ______ 漆，做法为 ______（钢构件除锈后先刷___防锈漆)。

(4)木扶手油漆选用______色______漆,做法为______。

(5)室内外露明金属件的油漆为刷防锈漆两道后再做同室内外部位相同颜色的______漆,做法为______(也可另行设计)。

(6)各种油漆涂料均由施工单位制作样板,经确认后进行封样,并据此进行验收。

8.3.12 建筑设备、设施工程

建筑设备、设施工程主要说明电梯(自动扶梯)的选择及其性能(功能、载重量、速度、停站数、提升高度等)。

(1)本工程电梯(自动扶梯、自动人行道)参照______公司产品样本设计,选型见表8-6、表8-7,电梯(自动扶梯、自动人行道)对建筑技术的要求见有关详图。

(2)卫生洁具、成品隔断需经确认,并配合施工。

(3)灯具、送回风口等影响美观的器具需经确认样品后,方可批量加工、安装。

表 8-6 电梯选型

名称	电梯编号	额定载重量(kg)	额定速度(m/s)	停层	站数	提升高度(m)	台数	备注
乘客电梯								可兼消防电梯
住宅电梯								可兼消防电梯
病房电梯								
载货电梯								
客货电梯								可兼消防电梯
杂物电梯								

注:1. 应注明各类型梯参照______,施工时应以承包商提供的参数为准,施工预埋件或预留孔洞;电梯的层门和轿厢门有中分门和左右开门;电梯速度超过 1.8 m/s 时,价格会明显提高;提升高度是底层端站楼面至顶层端站楼面之间的垂直距离,超过 100 m 应由制造商另行设计。

2."病床电梯"也称"医务电梯","食梯"是杂物电梯的一种。

3. 有上机房、下机房、液压梯机房、无机房梯等应在备注中注明。

4. 设置电梯的建筑至少设一部无障碍电梯(如公共建筑、居住建筑的每个单元)。

表 8-7 自动扶梯选型

名称	扶梯编号	倾斜角度	梯级宽度	额定速度(m/s)	输送能力(人/h)	护壁板特征	备注

8.3.13 无障碍设计说明

(1)本工程建筑性质为______建筑,执行《无障碍设计规范》(GB 50763—2012)和地方主管部门的有关规定。(注:建筑性质为办公、科研、商业、服务、文化、纪念、观演、体育、医疗、学校、园林、居住建筑时需进行无障碍设计)

(2)建筑基地的无障碍设计见总平面图,公共绿地见环境设计(或具体写出)。

(3)无障碍设计。

①建筑入口(含室外地面坡度、轮椅坡道和扶手、平台、入口门厅、走道、门宽)。

②楼梯、台阶、扶手。

③电梯与升降平台。

④卫生间(含无障碍厕位与专用厕所)、公共浴室。

⑤其他(轮椅席位、无障碍客房和无障碍车位等)。

8.3.14　防火设计说明

(1)本工程属于 ______ 建筑,建筑高度 ______m,执行 ______ 规范。(注:建筑高度指报消防的建筑高度,在《建筑设计防火规范》中有具体规定)

(2)建筑物间距及消防车道的设置见总平面图。

(3)建筑物防火分区见防火分区示意图(简单工程可用文字说明),防烟分区的设置(地上及地下部分),特殊要求的防火分隔。(注:对某些建筑有防火分隔的要求,如病房楼的护理单元、档案馆、金库及保险箱库、电子计算机房、通风与空调机房、消防控制室等)

(4)防火分区的最多人数和安全疏散口宽度、疏散口数量、安全疏散距离(位于两个安全出口之间的房间门 ______m,位于袋形走道两侧或尽端的房间门 ______m),疏散楼梯间的设置 ______;消防电梯共设置 ______ 台,额定速度 ______m/s,额定载重量 ______kg,分设于不同的防火分区内。

(5)建筑高度超过 100 m 的公共建筑避难层的设置情况为 ______;高度超过 100 m 且标准层建筑面积超过 100 m² 的公共建筑屋顶直升机停机坪的设置情况为 ______。

(6)防火建筑构造。

①防火墙、内隔墙、楼板、幕墙、电梯井、管道井;楼板留洞待设备管线安装完毕后,用 C20 细石混凝土封堵密实;管道竖井每 ______ 进行封堵。

②防火门窗、防火卷帘。

③屋顶金属承重构件和变形缝。

④室内建筑装修材料。(注:应符合《建筑内部装修设计防火规范》(GB 50222—2017)的规定)

⑤外墙外保温及屋面保温的防火要求应遵照《关于印发〈民用建筑外保温系统及外墙装饰防火暂行规定〉的通知》(公通字〔2009〕46 号)执行。

8.3.15　建筑节能设计说明

(1)本工程为 ______ 建筑,建筑应执行 ______ 标准和地方主管部门的规定 ______。(注:公共建筑执行《公共建筑节能设计标准》(GB 50189—2015),居住建筑执行不同气候地区居住建筑节能设计标准;有些地方也制定了严于国标的地方标准。有些建筑为综合楼,建筑下部为公共建筑,上部为住宅,此种情况分别执行两个标准或执行较严的标准)

(2)本工程位于 ________(气候)分区,其围护结构热工限值见“建筑节能设计热工表”。(注:各地方均有主管部门编制了用于报批并存档的此类表格,名称不尽相同)

(3)本建筑的体形系数______。(注:公共建筑在夏热冬冷、夏热冬暖地区不限制,居住建筑在夏热冬暖地区的南区不限制)

(4)单一朝向外窗(包括透明幕墙)的窗墙面积比为____;屋顶透明部分与屋面总面积比为____。

(5)围护结构节能材料做法与厚度。

①屋面采用______厚______材料保温层,K=______。

②外墙采用______厚______材料外(内)保温层,不透明幕墙采用______厚______材料填充保温层,K=______。

③外窗采用______窗,其玻璃采用______,外窗的气密性为______级,遮阳系数______,K=______。

④透明幕墙的遮阳系数______,开启部分气密性为______级,K=______。

⑤架空或外挑楼板采用______厚______材料保温层,K=______。

⑥不采暖楼梯间、外廊等部位隔墙采用______厚______材料保温层,K=______。

⑦不采暖地下室顶板采用______厚______材料保温层,K=______。

⑧不采暖无空调房间与采暖空调房间的隔墙、楼板做法为______,K=______。

⑨地下室外墙的热阻为______,其做法为______。

⑩地面(周边、非周边)的热阻为______,其做法为______。

(6)其他措施。如梁、柱、女儿墙、挑檐部位的热桥处理,门窗框与洞口保温封堵,变形缝的保温构造等。

8.3.16 安全防范、隔声和减振措施,污染物的处理和排放及其他防护措施

安全防范、隔声和减振措施,污染物的处理和排放及其他防护措施主要说明居住建筑出入口、首层窗及可攀登的平台处门窗应有防护栏杆(并可开启逃生)或其他电子防范措施;公建中需要防范的部位,金融机构的外门窗,档案室、文物室、财务室的安防;各种水泵房、风机房的基础减振,电梯井壁减振与隔声及墙体、楼板、门的隔声;厨房的油烟、废水除油,生活粪便;医院、实验室的污水、污物、污气的处理和排放,X光机室、核磁共振机房的放射性物质使用部位的门、窗、楼板的防护屏蔽等。

8.3.17 需要专业公司进行深化、分包设计,确定设计接口的内容

本工程需要专业公司进行深化、分包设计,确定设计接口的内容主要有幕墙工程,各自动门、电梯、自动步行道,部分电、热设备房间,室内二次装修,外墙装饰构配件,屋顶上的各种装修构配件等。

8.3.18 其他施工中的注意事项

(1)如果施工图选用标准图集,而标准图集中有涉及结构及其他工种的预埋件、预留洞(如楼梯、平台钢栏杆、门窗、建筑配件等),应与各工种密切配合后,确认无误方可施工。

（2）两种材料的墙体交接处，应根据饰面材质在做饰面前加钉金属网或在施工中加贴网格布，防止裂缝。

（3）预埋木砖及贴邻墙体的木质面均做防腐处理，露明铁件均做防锈处理。

（4）施工中应严格执行国家现行各项施工质量验收规范。

8.3.19　案例——某工程原图号：建施 -1　设计说明

详细内容请扫描二维码在补充知识 8-1 中查看。

8.4　平面图

8.4.1　平面图的基本内容

（1）平面图的编排次序。

平面图的编排次序建议如下：总平面定位图、轴线关系及分段示意图、各层平面图（地下室最下层……地下一层、底层、二层、标准层……地上最高层）、屋面层平面图、防火分区示意图。

①总平面按“总图施工图”另行出图时，建施图仍宜绘制总平面定位图，同时说明定位依据和具体要求。

②大型或复杂的项目，需分段绘制者应增加防火分区示意图（比例缩小集中绘制）和轴线关系与分段示意图，分段轴线号前面应加注分段序号。

③复杂者应单独绘制设备基础和地沟平面图，并注出地面泛水和地沟坡向与节点详图索引等。

④各层平面图上的平面节点详图，应尽量绘在同一张图纸上，便于对照看图。若放大节点较多，并且多层索引时，则集中绘制独立图纸。

⑤放大平面图，主要是指平面图中无法表示清楚的部位，如住宅单元平面，卫生间、楼梯间、高层建筑的核心筒、人防口部、汽车库坡道等局部的放大平面。

⑥不进行二次装修有室内吊顶部位，应绘制吊顶综合平面图，包括吊顶分格、造型及电、暖通、水等专业相关设施（如灯具、风口、喷淋、烟感、音响等）。

⑦住宅按总平面编号为 1 号楼、2 号楼；板式住宅应以楼梯为单元，编为 1 单元、2 单元…… 单元镜像可编为 1 反单元；端部单元可编为 1 端单元。住宅中的不同套型可按 A、B……编号。平面图比例不小于 1∶50 时，厨、卫等能表示清楚者，可以不另绘放大平面，如小于 1∶50 者，应另绘放大平面。

⑧塔式住宅平面为 1∶100 的整体平面图，应标出套型，并分别绘出各种套型放大平面图；如整体平面图用不小于 1∶50 的比例，不再绘制放大图。

（2）绘制平面图，凡是结构承重并做有基础的墙、柱均应编轴线及轴线号，轴线编号的一般规则详见《房屋建筑制图统一标准》（GB/T 50001—2017）。

（3）用粗实线和图例表示剖切到的建筑实体断面，并标注相关尺寸，如实墙体、柱子等（在同一平面中使用的材料种类较多，因此图例应绘制清楚，布于平面图旁）。为区分轻质隔墙,也可增加中实线表示,幕墙、外保温可用细实线表示。

(4)用细实线表示投影方向所见的建筑构配件,并标注必要的尺寸和标高,例如室内的楼地面、明沟、卫生洁具、台面、踏步、窗台等。有时楼层平面还应表示室外所见的阳台、下层的雨篷顶面和局部屋面。底层则应表示相邻的室外柱廊、平台、散水、台阶、坡道、花坛等,如表示高窗、天窗、上部孔洞等不可见部位时,可用细虚线绘出,并用文字标注。

(5)非固定设施(如活动家具、屏风、盆栽等)仅在作业图阶段表示,作为有关专业布置管线的依据,最终出图时可以取消。

(6)平面图的标注。

①平面图中标注的尺寸,可分为总尺寸、定位尺寸和细部尺寸3种:总尺寸为建筑物外轮廓尺寸,是若干定位尺寸之和(外保温层可另行标注,并计入建筑物间距和建筑面积);定位尺寸为轴线尺寸,是建筑物构配件如墙体、门窗、洞口、洁具等,相应于轴线或其他构配件确定位置的尺寸,墙体尺寸中除注明实体墙外,还应标注外墙内保温及外保温尺寸、幕墙尺寸;细部尺寸为建筑物构配件的详细尺寸。

②外墙三道尺寸:第一道为外包(或轴线)总尺寸(错台或分段外包尺寸可在二、三道间单注);第二道为双向(或多向)轴线尺寸;第三道为门窗洞口和窗间墙、变形缝等的尺寸及与轴线的关系。

③砌体结构平面图中的承重和非承重砌体墙、各种钢筋混凝土墙、剪力墙均应标注厚度尺寸及定位尺寸;钢筋混凝土柱应标注定位尺寸,不一定标注断面尺寸;内部门窗洞应标注定位尺寸,高窗应注窗台距地的高度,门洞(指不装门的洞口)应注洞宽、洞高尺寸。

④遇有上下两层窗或局部夹层者,也可绘高窗平面图或夹层平面图并注门窗洞、墙厚等尺寸。

⑤当在一个平面位置上的窗分上、下两樘时,窗号可重叠标注,如上LC01、下LC02;门窗编号要注全,单元组合住宅应标注在组合平面上;“人防工程门窗表”一般都直接放在人防平面图中,便于主管部门审核。

⑥平面节点放大图或详图索引要注全(各层或多层共用的详图索引号可不必层层标注,一般注在底层和标准层)。

⑦门的开启方向和形式应在平面图上区别表示;其中单扇(或双扇)单面弹簧门与平开门的平面图例相同,同理,单扇(或双扇)内外开双层门的情况也相同。此外,卷帘门和提升门的平面图例相同。故门编号要区别,并应在门窗表备注内说明。

⑧各层楼地面应标注标高,底层标注各出入口室外标高、建筑物四角室外标高。

⑨厨、洁具和家具:凡固定厨、洁具和家具应表示(特别设定家具如洗衣机位、冰箱位可表示);活动家具仅在作业图阶段供各专业进行设计之用。

⑩房间名称:各类建筑的平面均应注明房间名称和编号。

⑪ 房间面积:住宅单元平面应注出房间使用面积、阳台面积,在图中注明各单元平面的使用面积、阳台面积、套型建筑面积、本层建筑面积,其他类建筑各层平面宜在图名下注出本层建筑面积。

⑫ 留洞、槽标注:除钢筋混凝土结构墙体的留洞由结构表示外,在砌筑墙上留洞由建筑绘图并标注预留各工种管道、附墙设备定位尺寸及洞口尺寸(注:对大量出现的消火栓洞口、空调室外机墙洞口、电视、网络电话接线箱洞口也可采取距地高度的表示方法)。上述

洞口也可编号洞 1、洞 2……另统一注明尺寸；所有预留洞槽尽可能标注各专业代号；烟道板预留洞，其洞口尺寸应比烟道、风道构件尺寸长宽各大 30~50 mm，如图 8-2 所示。

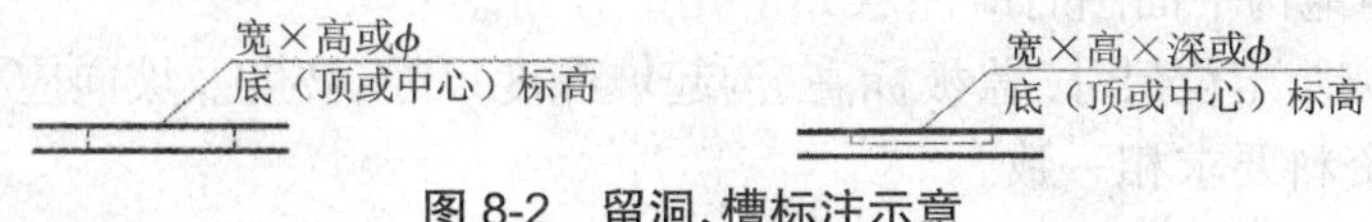

图 8-2 留洞、槽标注示意

⑬ 平面过长可分段绘制，应在各段平面图上绘出组合示意图，表示出本段位置。各层平面的防火分区界线宜用粗点画线示出，并在分界线两侧框示出分区序号和建筑面积（有利于各专业进行设计）。绘多层退台平面时仅绘下一层投影可见轮廓。

⑭ 标注变形缝位置、尺寸及做法索引。

⑮ 主要建筑设备和固定家具的位置及相关做法索引，如卫生器具、雨水管、水池、台、橱、柜、隔断等。

⑯ 电梯、自动扶梯及步道（注明规格）、楼梯（爬梯）位置和楼梯上下方向示意和编号索引。

⑰ 标注车库的停车位（无障碍车位）和通行线路。

⑱ 标注图纸名称、比例。

（7）平面图尺寸标注的简化。

①定位尺寸的简化：当实体位置很明确时，平面图不必标注定位尺寸。如拖布盆（池）靠设在墙角处，地沟的尽端到墙为止等。

②细部尺寸的简化：当细部尺寸在索引的详图（含标准图）中已经标注时，则在各种平面图中可不必重复，例如拖布盆的尺寸、卫生隔间的尺寸等。若标准图中的细部尺寸有多种，则平面图应标明选用的是哪种尺寸，如地沟或明沟的宽度等；此外，大量性的细部尺寸可在图内附注中注写，不必在图内重复标注。如注写："未注明之墙身厚度均为 240，门洞高均为 2 100"等。

③当已索引局部放大平面图时，在该层平面图上的相应部位，即可不再重复标注相关尺寸。

④平面图尺寸和轴线，如系对称平面可省略重复部分的分尺寸。楼层平面除开间、跨度等主要尺寸及轴线编号外，与底层相同的尺寸可省略。

⑤钢筋混凝土墙应视情况确定是否简化标注，但应在图注中写明见结施图；复杂者则应画节点放大图；住宅单元放大平面和其他放大平面应将钢筋混凝土墙、柱的断面尺寸和定位尺寸标注清楚。

⑥在屋面中可以只标注端部和有变化处的轴线号以及其间的尺寸。

8.4.2 地下层平面图

（1）民用建筑的地下层内，一般均布置有设备机房（如风机房、制冷机房、锅炉房等），其设备的大小和定位在相应的专业施工图上表示，建施图上可用虚线示意。

（2）设备机座一般由各专业提出条件（尺寸、荷载、预埋件……），由结构专业在结施图上表示。有些机房（如水泵房、变配电室等）建筑要绘放大平面，并要绘出设备基础、排水沟、集水坑等的平面尺寸,同时要绘出或索引沟、坑的剖面详图。位于基础底板上的沟、坑,需在结构施工图上表示;垫层内的,由建筑施工图表示。

(3)绘制室内地沟平面图时应注意如下几个方面。

①地沟的净宽及定位尺寸、盖板标高、沟起坡深度尺寸、坡度及坡向应标注齐全,并与设备专业所提供的资料要求相一致。

②地沟剖面无适合的标准图可索引时,应绘制详图交代清楚。

③室内暖气沟一般由结构结合基础图一并交代。

(4)地下层平面的设备竖井、风井,应绘制平、剖面详图。

8.4.3 底层平面图

(1)建筑物的底层(一层或首层),应绘制出室外台阶、坡道、散水、花池、平台、落水管和室内的暖气沟、人孔等;地上层的柱网及尺寸、房间布置、交通组织、主要图纸的索引,应在底层平面图上表示。

(2)底层地坪的相对标高一般为 ±0.000,其相应的绝对标高值应分别在总平面图、设计说明中表示;各主要出入口处的室内、室外地坪应注标高,在室外地面有高低变化时,应在典型处分别注出设计标高(如踏步起步处、坡道起始处等)。

(3)剖切符号用粗线标注在底层平面图上。

(4)指北针应画在底层平面图上,宜位于图面的右上角。

(5)建筑平面分区段绘制时,其组合示意图的画法见《房屋建筑制图统一标准》(GB/T 50001—2017)。

(6)简单的地沟平面可画在底层平面图内,复杂的应单独绘制。

(7)部分建筑的底层入口应按照相关规范规定的范围进行无障碍设计。

8.4.4 楼层平面图

(1)完全相同的多个楼层平面(标准层)可共用一个平面图,但需注明各层标高,且图名应写明层次范围(如四~八层平面)。

(2)除开间、跨度等主要尺寸和轴线编号外,与底层或下一层相同的尺寸可省略,但应在图注中说明;窗号应保留,以便统计数量;如在“五层平面图”中注有“五层以上墙身厚度未注明者均同本层”,故六层及以上的楼层平面图中,只标注变化的墙厚,相同者不再重复标注。

(3)仅仅是某层墙体、门、窗等有局部少量变动时,可在共用平面中就近用虚线表示,注明用于的层次。

(4)某层的房间名称有变化时,需在共用平面的房间名称下另行加注说明。

(5)某层的局部变动较大,但其他部位仍相同时,可将变动部分画在共同平面图之外,写明层次并注写“其他部分平面仍同某层”。

(6)对称的平面,对称轴两侧的门窗号与洞口尺寸完全相同,可以省略一侧的洞口尺寸,注明同另一侧。门窗号仍保留,说明洞口应与另一侧相同。

(7)各层相同的详图索引,均在最初出现的层次上标注,其后各层则可省略,只注变化和新出现者。

8.4.5　屋顶层平面图

(1)平屋顶需绘出两端及主要轴线，绘出分水线、汇水线并标明定位尺寸；绘出坡向符号并注明坡度，落水口的位置应注定位尺寸（落水口间距在《全国民用建筑工程设计技术措施》中有规定），出屋面的人孔或爬梯及挑檐或女儿墙、防护栏杆、楼梯间、机房、天线基座、排烟道、排风道、变形缝要绘出，并注采用的详图索引号。

(2)坡屋顶应绘出平面坡度，注明屋面材料、屋脊、斜脊、檐沟、内天沟及落水口位置，沟的纵坡度和排水方向箭头；出屋面的排烟道、排风道、老虎窗等应绘出并注详图索引号；应在屋面下面一层平面上，以虚线表示屋顶闷顶检查孔位置。

(3)屋顶平面图一般用 1 : 100 比例，简单屋面平面可用 1 : 150 或 1 : 200 绘制。

(4)屋顶标高不同时，应标注清楚（均注结构板面标高），在建筑物下部各层平面中已有屋顶平面表示时，也可在平面中标注及索引，例如裙房、低跨、雨篷等。

(5)设置落水管的屋面，应确定落水管的管径和数量，并做好低处屋面保护（落水管下端拐弯、加混凝土水簸箕）。

(6)有屋顶花园时，应注明并绘出相应固定设施的定位，如灯具、桌椅、水池、山石、花坛、草坪、铺砌、排水等，并索引有关详图。

(7)有擦窗设施的屋面，应绘出相应的轨道或运行范围，详图应由专业厂家提供，并与结构密切配合。

(8)冷却塔、风机、空调室外机、屋面天线等露天设备除绘制出基础并注明定位尺寸外，宜用细线表示该设备的外轮廓。

(9)内排水落水口及落水管布置应与水专业共同商定，并注明落水口位置，排水系统见水专业设计图纸。

8.4.6　局部放大平面图

(1)住宅单元平面、卫生间、设备机房、变配电室、楼梯电梯间、车库的坡道、人防口部、高层建筑的核心筒等，需要绘制放大平面，放大平面常用的比例为 1 : 50，需要时索引节点详图。

(2)放大平面应在第一次出现的平面图中索引，其后重复出现的层次则不必再引；平面图中已索引放大平面的部位，可不再标注已在放大平面中交代的尺寸、标高、详图索引等。

(3)除住宅单元组合平面图外，放大平面图中的门窗可不再标注门窗号，即门窗号一律标注在组合平面图中。

(4)放大平面图中“留洞”宜标注完全，在平面图的相应部位可不必重复标注。

8.4.7　案例——某工程相关平面图

详细内容请扫描二维码在补充知识 8-2 中查看。

8.5 立面图

8.5.1 立面图的基本内容

(1)每一立面图应绘注两端的轴线号,如①~⑨立面图(立面为圆弧形或转折复杂时可用展开立面表示),并应绘制转角处的轴线号,正东、南、西、北向的立面可直接按方向命名(如东立面图、南立面图)。

(2)应把投影方向可见的建筑外轮廓、门窗、阳台、雨篷、线脚等绘出;凡相同的门窗、阳台等可局部绘出其完整形象,其余只画轮廓线;细部花饰可简绘轮廓,注索引号另见详图;如遇前后立面重叠时,前者的外轮廓线宜向外加粗,以示区别;立面的门窗洞口轮廓线亦宜粗于门窗和粉刷分格线,使立面有层次。

(3)立面图上应绘出平面图无法表示清楚的窗、进排气口等,并标注尺寸及标高,绘出附墙落水管和爬梯等。

(4)立面图的比例可不与平面图一致,以能表达清楚又方便看图为原则,常用比例为1:100、1:150或1:200。

(5)立面图标注。

①建筑的总高度、楼层位置辅助线、楼层数和标高以及关键控制标高的标注,如女儿墙或檐口标高等。

②平、剖面图未表示的标高或高度,标注关键控制性标高,其中总高度即自室外地坪至平屋面檐口上皮或女儿墙顶面的高度,坡顶房屋标注檐口及屋脊高度。

③应注出外墙留洞、室外地坪、屋顶机房等的标高(注:防火规范规定的建筑高度,当为坡屋面时,应为建筑物室外设计地面到其檐口的高度;当为平屋面,包括有女儿墙的平屋面时,应为建筑物室外设计地面到其屋面面层的高度)。外墙的留洞应标注尺寸与标高或高度尺寸(宽 × 高 × 深及定位关系尺寸)。

④平、剖面图未能表示出来的屋顶、檐口、女儿墙、窗台以及其他装饰构件、线脚等的标高或尺寸。

⑤在平面图上表达不清的窗编号。

⑥各部分装饰用料名称或代号,剖面图上无法表达的构造节点详图索引。

(6)外墙身详图的剖线索引号可以标注在立面图上,亦可标注在剖面图上。

(7)外装修用料、颜色等直接标注在立面图上,或用文字索引"国标图集"或"地方标图集",立面分格应绘清楚,线脚的宽深、做法宜注明或绘节点详图;当立面分格较复杂时,可将立面分格及外装修做法另行出图,以方便主体工程施工和外装修工程施工所需尺寸表达清晰。

(8)幕墙:简单幕墙可在立面图上表示立面分格线、材料、窗及开启扇、门等,复杂幕墙应绘制幕墙立面图。

(9)各个方向的立面应绘制齐全,但差异小、左右对称的立面或部分不难推定的立面可简略;内部院落或看不到的局部立面,可在相关剖面图上表示,若剖面图未能表示完全,则需单独绘出。

（10）标注图纸名称、比例。

8.5.2　案例——某工程相关立面图

详细内容请扫描二维码在补充知识 8-3 中查看。

8.6　剖面图

8.6.1　剖面图的基本内容

（1）剖面图是建筑物的竖向剖视图，按直接正投影法绘制。建筑空间局部不同处以及平面、立面均表达不清的部位，可绘制局部剖面。剖面图主要表示以下 3 项内容。

①用粗实线画出所剖切到的建筑实体切面（如墙体、梁、板等），标注必要的相关尺寸和标高。

②用细实线画出投影方向可见的建筑构造和构配件（如门窗洞口、梁、柱等）；剖切到的轻质墙体、地面构造、内外保温、幕墙也应用细实线表示出来。

③可以看到的室外局部立面，其他立面图没有表示时，可用细实线画出；否则可简化轮廓线或不表示。

（2）尺寸和标高标注。尺寸一般标注 3 道。

①第 1 道：各层门窗洞高度及其与楼面的关系尺寸。

②第 2 道：层高尺寸（有地下室者亦需注明）及层数和标高。

③第 3 道：建筑高度，由室外地坪至平屋面挑檐口上皮或女儿墙顶面、坡屋面挑檐口上皮的总高度，坡屋面檐口至屋脊高度单注，屋面之上的楼梯间、电梯机房、水箱间等另标注其高度。

④标注室外地坪、地面、楼面、女儿墙顶面、屋顶最高处的相对标高（屋面有保温找坡层，可注结构板面标高），内部有些门窗洞口、隔断、暖沟、地坑等尺寸可注在剖面图上。

⑤标注墙、柱、轴线和轴线编号。

（3）墙身详图索引方法。凡按墙身节点详图编号者，可索引在剖面图上（也有索引在立面图上的），凡按墙身剖断详图编号者，应在立面图上索引；各设计院因工程性质不同而做法不同。

（4）剖面图中应标注顶棚净高，特殊用房及锅炉房、机房、阶梯教室梁下皮高度、楼梯梯段和休息平台下通行人时的高度注标高，如有放大详图，可在详图中标。

（5）凡比例大于 1∶100 的剖面应绘出粉刷细线，比例不大于 1∶100 者楼地面应示意粉刷线，其余如墙体、顶棚视实际面层厚度而定，厚则绘出，否则可不绘。

（6）标注图纸名称、比例。

8.6.2　案例——某工程相关剖面图

详细内容请扫描二维码在补充知识 8-4 中查看。

8.7 详图(大样图)

8.7.1 详图(大样图)的基本内容

施工图设计应表示建筑各部位的建筑构造及实体定量的问题,要能够指导施工和设备安装,还应绘制详图,详图应表示各个部位的用料、做法、形式、大小尺寸、细部构造等。有些详图还应和结构、设备、电气等专业密切配合,以避免出现矛盾。

(1)建筑详图大致可划分为3类。

①构造详图:包括台阶、坡道、散水、楼地面、内外墙面、顶棚、屋面防水保温、地下防水等的构造做法。这部分大多可以引用或参见标准图集。另外,墙身、楼梯、电梯、自动扶梯、阳台、门头、雨篷、卫生间、设备机房等也可采用标准图集或自行绘制。

②配件和设施详图:包括内外门窗、幕墙、栏杆、扶手、固定的洗台、厨具、壁柜镜箱、格架等,随着国家经济的飞速发展,建筑配件、设施商业化、成套化,同时由于二次装修,有些详图不需要建造师绘制。除部分门窗、幕墙要绘制分格形式和开启方式的立面图及注明功能说明外,其他多采用标准图或由专业承包商与装饰设计公司设计、制作和安装。

③装饰详图:一些重要、高档的民用建筑,其建筑物的内外表面、空间,还需做进一步的装饰、装修和艺术处理,这类设计大多由专业装饰公司在二次装修中负责设计。

(2)采用标准图时应注意,仅有个别尺寸或构造不同者,应注明“参见”及不同之处。

(3)与装修设计的配合。

①属二次装修的房间部位应在“室内装修做法表”中列出。

②荷载预留,应将一些有二次设计的楼地面、吊顶可能的装修做法提供给结构,预留足够的荷载。

③面层厚度预留,应在“工程做法”中写明预留的面层厚度,以便控制其标高。

④埋件预留,专业公司应配合建筑设计,及早提出埋件的形状和位置。

8.7.2 墙身详图

多以1∶20绘制完整的墙身详图(简单工程可在剖面图上用方或圆形框线引出,就近绘制节点详图)。墙身详图一般应表达墙身基础、勒脚墙、门窗口立樘及洞口构造、楼板、阳台、女儿墙、挑檐屋面等构造,并表示建筑节能要求。

8.7.3 楼梯详图

楼梯平、剖面详图多以1∶50绘制,所注尺寸均为建筑完成面尺寸,宜注明墙轴线号、墙厚与轴线关系尺寸。详图应绘制梯段、休息平台并标注其尺寸和标高,标注各梯段步数和尺寸,表示上下方向、扶手、栏杆(板)、踏步、梯段侧面、板底装修等做法索引。

8.7.4 电梯、自动扶梯详图

(1)电梯应绘标准层井道平面和机房层平面,机房楼板留洞先暂按业主选定的样本预留。同时应绘出厅门立面及留洞图。电梯剖面面要绘出梯井坑道、不同层高楼层和机房层、机房顶板上预埋吊钩及荷载、井道墙上轨道预埋件，消防电梯还要绘坑底排水和集水坑。

（2）自动扶梯（含自动人行道）平、立、剖面宜按 1∶50 绘制，包括起始层平面图、标准层平面图和顶层平面图，将起始层、底坑和标准层、顶层的梯井平面绘注清楚。剖面图应根据各层层高和扶梯速度、角度及厂家型号绘出，底坑宜做成与下层封闭式，以利于防火分隔。无论是电梯还是自动扶梯，均应在图中注明：土建施工应以最终订货后厂家提供的技术资料作为依据。

8.7.5　阳台、平台、门头、雨篷、橱窗等详图

一般要绘放大的平、立、剖面图（1∶50 或 1∶30）和节点详图（1∶10 或 1∶5）。

8.7.6　局部房间放大图及详图

一般与设备、电气专业有关的诸如厕浴房、厨房、水泵房、冷冻机房、变配电室等应绘制 1∶50~1∶20 的放大平、剖面图和相关的地沟、水池、配电隔间、玻璃隔断、墙和顶棚吸声构造等详图。

8.7.7　案例——某工程相关详图

详细内容请扫描二维码在补充知识 8-5 中查看。

8.8　门窗

8.8.1　门窗表及门窗立面（含玻璃隔断）

由于有装修设计，所以很少需要绘制门窗节点详图。一般工程的门窗可直接引用标准图集，填写门窗表即可。而外门窗（各类材质）有建筑立面艺术构图的需要，需绘出门窗立面并编号，要反映出分格形式、开启方式、玻璃种类（夹层，中空玻璃等）、附纱与否等，并将其填入门窗表中。

1. 门窗立面的画法

画门窗立面时应由外向内视画，开启线为虚线时为内开，实线为外开。

2. 门窗设计号编号法

1）常用门窗类别编号

门：木门，M；钢门，GM；塑料门，SM；铝合金门，LM；卷帘门，JM；防盗门，FDM；防火门，FM 甲（乙、丙）；防火隔声门，FGM 甲（乙、丙）；防火卷帘门，FJM；门联窗，MLC。人防门，按《人防工程防护设备选用图集》或《防空地下室建筑设计》绘制。

窗：木窗，MC；钢窗，GC；铝合金窗，LC；木百叶窗，MBC；钢百叶窗，GBC；铝合金百叶窗，LBC；塑料窗，SC；防火窗，FC 甲（乙、丙）；隔声窗，GSC；全玻框窗，QBC；幕墙，MQ；玻璃隔断，GD。

2)编号方法

方法 1:类别代号后加顺序号,例如,LC-1、LC-2……M1、M2…… 再在门窗表中注洞口尺寸、所用标准图及其型号、功能备注。采用此法图面清晰,但在平面图上看不出门窗洞口尺寸。

方法 2:类别代号后加洞口高宽缩写及代号,例如, GC1215、GC1215A、GC1215B、GM1021、GM1021A、GM1021B……此法字数较多,但在平面图中可看出洞口尺寸。

3. 门窗名称的编排顺序

(1)外门、外窗(包括竖带形窗、横带形窗、大型组合窗及部分玻璃幕墙)、外门联窗。

(2)内门、内门联窗。

(3)内窗、内玻璃隔断。

(4)人防门窗应单独列表。

8.8.2 各类幕墙详图

(1)玻璃幕墙必须由专业厂家进行设计、制作和安装,建筑师只绘制立面、剖面形式图,提出防火、保温隔热、节能等要求,并配合预留埋件。

(2)金属、石材等其他幕墙与玻璃幕墙相同。

(3)无论何种幕墙,结构均应预留足够荷载,建筑师应在墙身详图中将凹凸线型、厚度尺寸、防火分隔等绘出,并提供给厂家,作为设计幕墙的依据。

8.8.3 案例——某工程门窗立面图

详细内容请扫描二维码在补充知识 8-6 中查看。

练习

参照施工图绘制的相关规定,绘制一套完整的施工图。

参考文献

[1] 建筑设计资料集编委会. 建筑设计资料集 [M].2 版. 北京：中国建筑工业出版社，1994.
[2] 中华人民共和国住房和城乡建设部. 砌体结构设计规范：GB 50003—2011[S]. 北京：中国计划出版社，2012.
[3] 中国建筑标准设计研究院. 外墙外保温建筑构造：10J121[S]. 北京：中国计划出版社，2010.
[4] 中国建筑标准设计研究院. 砖墙建筑、结构构造：15J101 15G612[S]. 北京：中国计划出版社，2015.
[5] 中国建筑标准设计研究院. 楼地面建筑构造：12J304[S]. 北京：中国计划出版社，2012.
[6] 中国建筑标准设计研究院. 楼梯 栏杆 栏板（一）：15J403-1[S]. 北京：中国计划出版社，2015.
[7] 中国建筑标准设计研究院. 平屋面建筑构造：12J201[S]. 北京：中国计划出版社，2012.
[8] 中国建筑标准设计研究院. 民用建筑工程建筑施工图设计深度图样：09J801[S]. 北京：中国计划出版社，2009.
[9] 中国建筑标准设计研究院. 坡屋面建筑构造（一）：09J202-1[S]. 北京：中国计划出版社，2009.
[10] 中国建筑标准设计研究院. 建筑防水系统构造（一）：13CJ40-1[S]. 北京：中国计划出版社，2012.
[11] 中国建筑标准设计研究院. 木门窗：16J601[S]. 北京：中国计划出版社，2016.
[12] 中华人民共和国住房和城乡建设部. 屋面工程技术规范：GB 50345—2012[S]. 北京：中国建筑工业出版社，2012.
[13] 中国建筑标准设计研究院.《民用建筑设计通则》图示：06SJ813[S]. 北京：中国计划出版社，2006.
[14] 杨善勤，郎四维，涂逢祥. 建筑节能 [M]. 北京：中国建筑工业出版社，1999.
[15] 中华人民共和国住房和城乡建设部. 建筑抗震设计规范：GB 50011—2011[S]. 北京：中国建筑工业出版社，2010.
[16] 李必瑜. 建筑构造：上册 [M]. 北京：中国建筑工业出版社，1996.
[17] 李必瑜，魏宏杨. 建筑构造：上册 [M].3 版. 北京：中国建筑工业出版社，2005.
[18] 住房和城乡建设部工程质量安全监管司，中国建筑标准设计研究院. 全国民用建筑工程设计技术措施：规划·建筑·景观 [M]. 北京：中国计划出版社，2010.
[19] 李国豪. 中国土木建筑百科辞典：建筑 [M]. 北京：中国建筑工业出版社，1999.
[20] 中国建筑标准设计研究院. 住宅建筑构造：11J930[S]. 北京：中国计划出版社，2011.
[21] 住房和城乡建设部强制性条文协调委员会. 工程建设标准强制性条文：房屋建筑部分

[M]. 北京:中国建筑工业出版社,2013.

[22] 傅信祁,广士奎. 房屋建筑学 [M].2 版. 北京:中国建筑工业出版社,1990.

[23] 刘昭如. 建筑构造设计基础 [M]. 北京:科学出版社,2000.

[24] 杨金铎,房志勇. 房屋建筑构造 [M].2 版. 北京:中国建材工业出版社,2000.

[25] 裴刚,沈粤,扈媛. 房屋建筑学 [M]. 广州:华南理工大学出版社,2002.

[26] 徐剑. 建筑识图与房屋构造 [M]. 北京:金盾出版社,2000.

[27] 舒秋华,李世禹. 房屋建筑学:精编本 [M]. 武汉:武汉理工大学出版社,2005.

[28] 同济大学,西安建筑科技大学,东南大学,等. 房屋建筑学 [M].3 版. 北京:中国建筑工业出版社,1997.

[29] 金虹. 建筑构造 [M]. 北京:清华大学出版社,2005.